Autres collections

Histoire
Histoire régionale
Astrologie
Aventures & Explorations

Tous nos ouvrages sont disponibles aux **Éditions Decoopman**
Ferrières - 30440 Saint-Laurent-le-Minier
Tel : +33 (0) 4.67.73.90.95
web : www.decoopman.com
e.mail : editions@decoopman.com

Catalogue gratuit sur simple demande

Dépot légal : 1er trimestre 2013

I.S.B.N. : 978-2-917254-80-6

Ouvrages parus
dans la même collection :

- *L'Artillerie moderne (Le Monde Industriel)* - L. Huard
- *La Marine de guerre (Le Monde Industriel)* - L. Huard
- *Engrenages et Distributions* - G. Franche
- *Locomotive et chemin de fer* - L. Figuier
- *La machine locomotive* - E. Sauvage
- *Gouvernails à vapeur FARCOT* - Joseph Farcot
- *La Marine de guerre - A. Sauvaire-Jourdan*
- *Les bateaux à vapeur* - Louis Figuier
- *Les Locomobiles* - Louis Figuier
- *La machine à vapeur T1* - E. Sauvage
- *La machine à vapeur T2* - E. Sauvage
- *Manuel des moteurs Stirling pour le modéliste* - D. Lyonnet
- *Les chemins de fer* - A. Guillemin
- *Tiroirs et distributeurs de vapeur* - A. Madamet
- *L'A.B.C. du Chauffeur* - H. Mathieu
- *La navigation sous-marine* - G.L. Pesce
- *Histoire de la machine à vapeur* - R.H. Thurston
- *Les paquebots à grande vitesse* - M. Dumoulin
- *Les Moteurs* – H. de Graffigny
- *Les Torpilles* - E. Hennebert
- *507 Mouvements mécaniques*
- *Les Machines* - E. Collignon
- *La Vapeur* - A. Guillemin

Olivier Lacaux
Jean Castanier

Ces ouvrages sont disponibles aux

Éditions **Decoopman**

Ferrières - 30440 Saint-Laurent-le-Minier

Tel : +33 (0)4.67.73.90.95

web : www.decoopman.com

e.mail : editions@decoopman.com

LES
MOTEURS

Léon LETOMBE

Ingénieur des Arts et Manufactures
Lauréat de la Société technique de l'Industrie du gaz

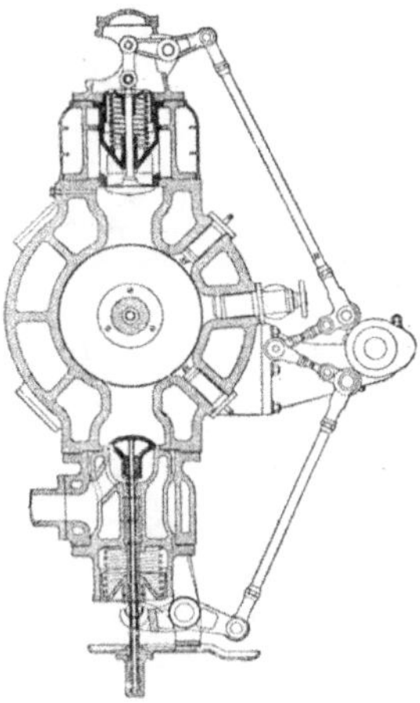

130 FIGURES

1909

PRÉFACE

L'expérience que nous avons acquise au cours de près de vingt années consacrées à l'étude et à la construction des moteurs à combustion interne en général, nous a permis de présenter les phénomènes qui régissent le fonctionnement de ces machines de façon à intéresser à la fois le jeune mécanicien qui recherche une initiation facile, l'industriel qui n'a pas le temps de lire de volumineux ouvrages et l'ingénieur spécialiste à qui des idées nouvelles peuvent ouvrir des horizons nouveaux.

Le lecteur remarquera que nous avons pu faire un exposé complet de la théorie des moteurs à explosion et à combustion en nous appuyant uniquement sur les données de la thermodynamique.

Nous n'avons d'ailleurs fait en cela que suivre l'exemple donné, dès 1883, par le savant professeur M. A. Witz, dans ses premières études sur les moteurs à gaz.

Cette méthode a été assez vivement critiquée dans ces dernières années par des théoriciens purs pour qui les applications semblent devoir demeurer lettre morte: on a bien proposé des théories nouvelles, mais comme celles-ci sont restées jusqu'ici à l'état d'énoncé de problèmes indéterminés, nous ne nous sommes pas arrêté à les discuter.

Du reste, complétant les études que nous avons présentées aux congrès de mécanique de Paris en 1900 et de Liège en 1905, nous démontrons avec quelle surprenante précision la thermodynamique a permis de contrôler et même de prévoir les résultats donnés par les moteurs à combustion interne.

Dans un exposé fait spécialement en vue de l'étude des machines thermiques, nous avons commencé par rappeler les éléments de mécanique et de thermodynamique sans la connaissance desquels la théorie des moteurs ne saurait être comprise.

Nous nous sommes toujours efforcé de donner, à côté de toute démonstration mathématique, une démonstration de contrôle tirée d'observations pratiques, moins rigoureuse peut-être, mais plus frappante pour ceux qui ont perdu l'habitude du calcul.

Après avoir étudié tous les cycles réalisés ou réalisables et déterminé la formule de rendement maximum de chacun d'eux, nous avons démontré dans un chapitre spécial pourquoi l'action des parois dans les moteurs à gaz n'a pas une influence aussi néfaste que celle que l'on est tenté de lui attribuer à priori.

Nous abordons ensuite, dans une deuxième partie, l'étude des moteurs proprement dits par l'histoire rapide des progrès accomplis dans la construction de ces machines depuis 1860 jusqu'à nos jours.

Dans la 3e partie, nous étudions avec quelques détails les propriétés des gaz combustibles spécialement au point de vue de leur emploi dans les machines à combustion interne. Nous passons ainsi en revue d'abord les gaz riches, c'est-à-dire les gaz qui ne contiennent que des éléments combustibles, puis les gaz pauvres qui comprennent les gaz de gazogènes et les gaz de hauts fourneaux.

La 4e partie est consacrée à l'étude des moteurs à gaz modernes à deux et à quatre temps. Afin de ne laisser dans l'esprit des lecteurs que des idées nettes et de ne pas les fatiguer par des descriptions qui ne peuvent que se répéter, nous avons groupé tous les systèmes de moteurs en classes bien distinctes et dans chacune d'elles nous n'avons décrit qu'un seul type de moteur pris simplement à titre d'exemple.

Nous examinons ainsi successivement les moteurs à simple effet, les moteurs à effets multiples et les moteurs à gaz de grande puissance, puis les systèmes de distribution et les principaux dispositifs d'allumage applicables à ces différentes catégories de machines.

Nous consacrons ensuite un chapitre aux moteurs à combustibles liquides et nous terminons enfin par l'exposé des méthodes permettant la détermination de la puissance et de la consommation des machines.

Comme complément à cet ouvrage nous nous proposons d'écrire un volume spécial sur les Gazogènes.

Depuis quelques années ces appareils ont pris en effet une telle importance qu'il n'est plus possible de se contenter d'en dire quelques mots en parlant des moteurs à gaz.

Ce sont les Gazogènes qui permettent aux moteurs à gaz de remplacer avantageusement, dans un grand nombre de cas, la machine à vapeur et cette tendance ne peut aller qu'en s'accentuant.

On a peu écrit jusqu'ici sur la matière et nous pensons que le public accueillera favorablement un exposé de la question, fait par un ingénieur ayant une longue pratique de ces appareils.

Nous terminerons ce deuxième volume par quelques aperçus sur *les applications des gaz combustibles en général* et nous parlerons en particulier à ce propos des appareils producteurs d'Acétylène.

Léon LETOMBE
30 Septembre 1908

Première Partie

THÉORIE DES MOTEURS THERMIQUES

CHAPITRE I

Généralités sur l'Énergie

1. La matière et l'énergie. — 2. La chaleur solaire source d'énergie universelle. — 3. Utilisation des forces dites naturelles. — 4. Différentes formes de l'énergie. — 5. Exemples de transformation d'énergie.

1. — Qu'on s'occupe de sciences pures ou de sciences appliquées, il ne faut jamais perdre de vue que tous les phénomènes qui s'accomplissent dans l'Univers sont régis par les deux grands principes de la conservation de la matière et de la conservation de l'énergie.

La matière c'est la partie matérielle et inerte de l'univers: on peut transformer cette matière, la modifier à l'infini, la décomposer mais jamais il ne sera possible d'en détruire la moindre parcelle.

Par contre, les plus savantes combinaisons n'arriveront jamais à créer de la matière.

La matière par elle-même est incapable de mouvement et elle ne peut se mouvoir que par l'intervention de quelque chose d'immatériel qu'on appelle l'Énergie.

L'énergie c'est la vie; la matière, sans l'Énergie, c'est la mort.

Il existe dans l'Univers une somme d'Énergie qui est immuable et pas plus que pour la matière il n'est possible ni d'en détruire, ni d'en créer.

2. — L'Énergie ne peut que se transformer.

Quand on examine attentivement les phénomènes terrestres on s'aperçoit qu'en somme toute l'Énergie dont nous pouvons disposer provient uniquement du soleil, soit directement, soit indirectement; par conséquent cette Énergie ne se manifeste à nous que sous forme de chaleur.

La chaleur c'est la forme de l'Énergie la plus nécessaire à la vie, mais c'est la moins favorable pour la mise en mouvement des machines, ainsi que nous le verrons plus loin.

Actuellement nous profitons non seulement de la chaleur solaire qui se déverse tous les jours sur la terre, mais encore de chaleur solaire accumulée sous diverses formes.

Les chutes d'eau, par exemple, n'ont d'autre origine que la chaleur solaire qui, en s'exerçant à la surface des Océans, provoque une évaporation intensive d'eau. Cette évaporation produit des nuages qui en se condensant déterminent des accumulations de neige sur les hautes montagnes.

Pendant la belle saison, cette neige fond et donne naissance à des chutes d'eau, qui captées sont capables de produire un travail mécanique. On voit qu'ainsi, une partie de l'Énergie calorifique du soleil s'est transformée en Énergie mécanique. — C'est la chaleur solaire qui fait pousser les arbres et son action se manifeste en particulier par un phénomène de régénération, les feuilles ayant la propriété de décomposer l'acide carbonique de l'air en ses éléments pour s'en approprier le carbone. — Il s'ensuit que le bois est essentiellement composé de carbone qui en redonne la quantité de chaleur absorbée pendant la croissance de l'arbre dont il provient.

Mais aux temps préhistoriques, la terre fut d'abord couverte de forêts, puis ces forêts furent englouties par des bouleversements énormes.

Ces phénomènes ont même dû probablement se répéter plusieurs fois. — Sous l'influence de compressions considérables, le bois ainsi enfoui se transforma et donna naissance aux bassins houillers.

Les lignites et les tourbes ne sont que des combustibles ligneux à l'état de transformation et dans les gisements houillers on retrouve parfaitement tous les indices d'une origine végétale. Les produits combustibles tels que les pétroles ont également une origine végétale ou animale.

Tous ces corps en brûlant mettent en liberté toute la chaleur solaire qu'ils avaient accumulée pendant un nombre incalculable d'années et il faut remarquer que si l'industrie a pris depuis cent ans un si grand développement, c'est grâce à la mise en valeur de ces immenses réserves de chaleur que sont les mines de houille. Nous puisons sans compter dans ces réserves qui pourtant s'épuiseront et que rien ne pourra remplacer.

Nous passons par conséquent actuellement par une époque privilégiée qui nous fait tendre vers le maximum possible de bien-être. Cet état de choses, qui ne semble pas en général apprécié à sa juste valeur, ne durera pourtant pas indéfiniment, car lorsque les gisements de houille seront épuisés, ce ne sont pas les forces dites naturelles, telles que le vent, les chutes d'eau, le mouvement des marées, etc. qui pourront maintenir l'énorme consommation journalière de calories que nous faisons actuellement.

Il est bien certain que l'homme pourra encore trouver de nouvelles transformations de l'Énergie et arriver de cette façon à faire faire à l'Industrie de nouveaux progrès, mais quant à trouver de nouvelles sources d'Énergie quand nos réserves en houilles n'existeront plus, on ne peut raisonnablement y compter.

3. — Il y a toujours eu, il y aura probablement toujours des inventeurs qui chercheront à tirer de la force du vent et du mouvement des marées, une puissance qu'ils croient considérable.

On ne peut pourtant fonder de grands espoirs sur de telles recherches, car la force du vent et le phénomène des marées ne sont que des manifestations diurnes de la chaleur solaire.

Or, l'expérience prouve surabondamment qu'on ne peut arriver à des résultats qu'en utilisant indirectement de l'énergie solaire préalablement emmagasinée.

Ainsi que nous l'avons vu plus haut, les chutes d'eau sont un exemple de cette vérité et c'est pourquoi ces chutes ne sont utilisables à leur maximum d'intensité que pendant une partie de chaque année.

Il est remarquable de constater que les mouvements de l'atmosphère qui constituent le vent par exemple ne sont déterminés que par des variations faibles de température.

Il en résulte que pour manifester leur puissance, ces mouvements nécessitent des étendues considérables. Les moulins à vent les plus grands et les plus compliqués ne sont capables de produire que quelques chevaux, tout en nécessitant des frais d'établissement considérables ; les moulins à vent ne pourront donc jamais fournir à l'industrie qu'un appoint insignifiant.

L'emmagasinement de l'eau des marées pour une puissance de quelques centaines de chevaux seulement nécessiterait des travaux énormes et l'intérêt du capital engagé pour la réalisation de ces travaux serait de beaucoup supérieur au prix du combustible consommé par une machine thermique de puissance équivalente pour produire le même travail.

Il en est quelquefois déjà ainsi pour les chutes d'eau qui ne peuvent jamais donner leur plein qu'avec le secours de machines à vapeur ou de moteurs à gaz pauvre.

On voit dans tous les cas que les forces dites naturelles ne sont pas, par cela même, gratuites. La puissance des chutes d'eau se vend, et c'est pourquoi certaines machines thermiques arrivent quelquefois à leur faire concurrence lorsqu'elles utilisent des combustibles à bas prix.

Les mines de houille sont d'ailleurs aussi des sources d'énergie naturelle, mais comme il a fallu risquer des capitaux pour les mettre en valeur et que l'exploitation d'une mine ne se fait qu'à grands frais, le charbon est devenu une marchandise dont le prix est soumis aux fluctuations de l'offre et de la demande.

Si le charbon ne coûtait rien on se préoccuperait vraisemblablement peu d'en user peu ou beaucoup ; mais c'est précisément parce que le charbon a une valeur marchande qu'on s'efforce tous les jours d'en améliorer l'emploi par raison d'économie.

La houille se consomme toujours pourtant de plus en plus, mais pour des usages nouveaux, de sorte que d'année en année nous nous hâtons de plus en plus vers l'épuisement sans nous soucier de ce que pourront penser de nous les générations qui nous succéderont. Ce qui restera de mieux à faire après la disparition de la houille ce sera de planter un peu partout des arbres à pousse rapide dont le bois servira de combustible, mais il n'est pas probable qu'on arrive ainsi à une accumulation de calories compensant les consommations de charbon actuelles.

4. — Nous n'avons encore parlé jusqu'ici que de l'Énergie calorifique qui nous vient, comme nous l'avons dit, soit directement, soit indirectement du soleil, mais nous connaissons d'autres formes de l'Énergie qui sont l'Énergie mécanique, l'Énergie chimique, l'Énergie électrique et l'Énergie cinétique.

Ces formes de l'Énergie n'existent pas par elles-mêmes ; elles dérivent toutes de l'Énergie calorifique, mais elles ont la précieuse propriété de pouvoir se transformer, au moins théoriquement, intégralement l'une dans l'autre. En fait, ces transformations se font d'ailleurs avec des pertes minimes.

Mais pour transformer l'Énergie calorifique, la seule dont nous disposions, en l'une quelconque des formes de l'Énergie citée ci-dessus, on éprouve toujours des difficultés considérables et on n'y arrive qu'avec des pertes énormes.

Par contre toutes les formes de l'Énergie se transforment en chaleur avec une facilité déplorable. Aussi l'apparition de la chaleur dans les phénomènes mécaniques, chimiques ou électriques est considérée comme une dégradation de l'Énergie.

La chaleur est la force inférieure de l'Énergie au point de vue industriel. Elle n'acquiert quelque qualité que lorsqu'elle se manifeste à haute température.

Il est vrai que la chaleur au point de vue naturel n'existe que pour entretenir la vie dans l'Univers et non pour servir à des transformations. C'est un fait remarquable et constant d'ailleurs que la nature tend toujours à s'opposer aux phénomènes qui contrarient ses lois.

5. — Citons quelques exemples remarquables de transformations de l'Énergie.

Le charbon porté à une température initiale suffisante brûle en dégageant une quantité de chaleur considérable.

La combustion n'est autre chose qu'un phénomène chimique, résultant de la combinaison du carbone et de l'hydrogène contenus dans le charbon avec l'oxygène de l'air. On obtient ainsi de la chaleur, c'est-à-dire une Énergie calorifique précieuse parce qu'elle se manifeste à haute température.

Cette chaleur est par exemple employée à chauffer une chaudière qui produit de la vapeur à une pression élevée. On n'a ainsi qu'un déplacement de l'Énergie calorifique qui passe des gaz de la combustion à la vapeur contenue dans la chaudière.

Cette vapeur envoyée dans une machine à vapeur permet de recueillir du travail, c'est-à-dire de l'Énergie mécanique mais en petite quantité. La majeure partie de la chaleur ainsi employée se retrouve à l'échappement sans avoir été transformée. Par contre le mouvement de la machine à vapeur peut être employé à faire tourner une dynamo qui donnera de l'Énergie électrique sans grande perte.

L'Énergie électrique n'existe pas dans la nature sous une forme directement utilisable : il faut la produire au dépens d'une autre forme de l'Énergie, mais dès qu'elle est obtenue, elle devient, notamment pour le transport de l'Énergie à distance, la forme la plus précieuse de l'énergie.

L'électricité n'intervient que comme transformateur, mais toutes ses transformations sont intéressantes.

Elle permet en particulier, en passant dans des résistances convenablement disposées, d'atteindre des températures impossibles à obtenir par la combustion directe de combustible quelconque.

Il y a encore une autre forme de l'Énergie qui n'a reçu d'application industrielle que dans ces dernières années : nous voulons parler de l'Énergie cinétique. Cette Énergie est essentiellement éphémère ; elle représente l'Énergie emmagasinée dans un corps en mouvement. Cette énergie se transforme immédiatement en énergie mécanique ou en énergie calorifique lorsqu'on s'oppose au mouvement du corps considéré.

Un boulet, par exemple, sous l'influence de la déflagration de la poudre, acquiert une énergie cinétique qui ne se manifeste qu'à la rencontre d'un obstacle. La vapeur qui s'échappe en liberté d'une chaudière acquiert également, en vertu de sa vitesse d'écoulement, une énergie cinétique qui pourra se transformer en énergie mécanique en agissant sur les aubes d'une turbine à vapeur, procédé devenu tout à fait industriel.

En résumé on voit que dans les transformations de l'Énergie, le mot *perte* pris dans son sens absolu est impropre. Il peut, dans une transformation, y avoir perte pour la forme de l'Énergie qu'on se propose d'obtenir, mais il n'y a pas disparition d'Énergie, la portion d'énergie non transformée apparaissant toujours à l'état de chaleur.

Pourtant au point de vue de la transformation de l'Énergie proprement dite la perte dans ce cas est bien réelle car la chaleur libérée à basse température ne peut d'elle-même remonter à une température plus élevée et perd par conséquent ainsi toute valeur.

Le court exposé ci-dessus suffit pour faire comprendre toute l'importance des deux grands principes de la conservation de la matière et de la conservation de l'Énergie.

En gardant présent à l'esprit l'énoncé de ces deux principes, on est pour toujours à l'abri des erreurs de raisonnement qui conduisent les utopistes à la recherche soit du mouvement perpétuel soit de la transformation de la matière en Énergie.

Avant d'aborder l'étude des machines motrices qui va faire l'objet principal de ce livre, rappelons quelques éléments de mécanique indispensables à connaître.

CHAPITRE II

Éléments de Mécanique

6. Force. — 7. Travail. — 8. Puissance. — 9. Unités industrielles de puissance. — 10. Accélération. — 11. Vitesses. — 12. Masse. — 13. Différentes sortes d'accélération. — 14. Force centrifuge. — 15. Puissance vive. — 16. Moteurs thermiques.

6. Force. — On confond trop souvent la notion de force avec celle de travail. — Pour qu'il y ait travail, il faut qu'il y ait mouvement.

La force en elle-même peut être comparée à un effort statique : ainsi, un poids de 1 kilogramme placé sur une table exerce sur elle un effort égal à son poids, mais ne produit aucun travail.

Une force peut en général se représenter soit par une pression, soit par une résistance. La pression de la vapeur sur les parois de la chaudière qui la renferme est une force. Une traction exercée sur un câble retenu à un point fixé à l'une de ses extrémités est également une force et la résistance opposée par le câble à la rupture en est une autre égale et opposée à la première.

Mais parler de la force d'une machine à propos du travail que cette machine peut fournir n'a en réalité aucun sens.

7. Travail. — Il y a travail dès que sous l'influence d'une force ou d'un effort une masse arrive à se déplacer. Considérons par exemple un piston sur lequel de la vapeur exerce une pression de

5 kilogrammes par centimètre carré. La pression totale que reçoit le piston est une force. A partir du moment où le piston se met en mouvement, le travail commence.

Le travail a pour expression le produit de la force par le chemin que celle-ci parcourt, si le mouvement a lieu dans le sens même de la force.

Les forces s'expriment en kilogrammes et les chemins parcourus en mètres. Le produit donne des kilogrammètres. Ainsi un poids de 1 kilogramme, tombant de 1 mètre de hauteur, produit un kilogrammètre qui est l'unité de travail.

Le piston d'une machine à vapeur ayant 20 cm de diamètre, et par conséquent 314 cm^2 de section, soumis à une pression de vapeur de 5 kilogrammes par cm^2 est en réalité sollicité par une force de 1570 kilogr.

Lorsque le piston aura parcouru une course de 1 mètre, il aura accompli un travail de 1570 kilogrammètres.

8. Puissance. — Connaître le nombre de kilogrammètres produits par une machine est industriellement un renseignement insuffisant. Les kilogrammètres peuvent en effet avoir été produits dans un temps plus ou moins long et c'est ce qu'il est important de définir. De là la nécessité de faire intervenir dans les calculs la notion de temps.

Le travail que peut fournir une machine par « secondes » est ce qu'on a appelé la « puissance » de cette machine.

Bien que le mot « puissance » ait été officiellement adopté, on lui préfère souvent l'ancienne expression incorrecte de « force » ce qui prête à confusion. C'est ainsi qu'on entend dire qu'une machine a une force de 100 chevaux au lieu d'une puissance de 100 chevaux.

Si au lieu d'employer le seul mot « force » quand il s'agit du travail d'une machine, on employait l'expression « force motrice » il ne pourrait y avoir ambiguïté.

En effet, dire qu'une machine a une « force motrice » de 100 chevaux, laisse parfaitement entendre qu'on veut parler de la puissance de cette machine. Nous considérerons donc les expressions « puissance » et « force motrice » comme équivalentes.

9. — Unité industrielle de puissance ou de force motrice. — L'unité de puissance ou de force motrice la plus employée est le « cheval vapeur » et plus simplement le « cheval ».

Le cheval vaut 75 kilogrammètres par seconde. Cette unité, toute arbitraire, a été conservée par l'usage, bien qu'on essaye depuis quelques années de lui substituer l'unité plus logique de 100 kilogrammètres à laquelle on a donné le nom de « *Poncelet* ». Cette unité n'est pour ainsi dire pas employée.

Mais il est une autre unité dont il est fait de plus en plus usage, en raison des applications électriques sans cesse croissantes : c'est le « kilowatt ».

Le kilowatt ou mille watts est l'unité industrielle de puissance électrique.

Le watt est le produit 1 volt, unité de tension, par un ampère, unité d'intensité d'un courant électrique.

1 cheval vaut 736 watts et par conséquent un kilowatt vaut 1 cheval 36.

Il est donc facile de passer d'une puissance exprimée en kilowatts à une puissance en chevaux et inversement. Nous verrons plus loin que lorsqu'on parle de la puissance d'une machine, il faut encore dire en quel point de cette machine cette puissance est évaluée.

S'il s'agit d'un groupe électrogène avec machine à piston, il est nécessaire de savoir si la puissance est comptée sur le piston, ce qui correspond à un travail dit « indiqué », ou sur l'arbre moteur, ce qui donne un travail dit « effectif » ou aux bornes de la dynamo, ce qui devient un travail dit « électrique ».

Faute de spécification suffisante, il y a souvent à ce sujet des contestations entre acheteurs et vendeurs.

Il est vrai que bien souvent l'acheteur ne connaît pas la valeur de ces différentes expressions. On se demande d'ailleurs pourquoi on n'enseigne pas ces éléments de la mécanique dès l'école primaire. Ces éléments ne sont en effet pas plus difficiles à apprendre que le système métrique et ils sont au moins aussi utiles à connaître.

10. Accélération. — Lorsqu'une force agit d'une façon continue sur un corps libre ou seulement retenue par une force d'importance moindre, on conçoit que ce corps se mettra d'abord en mouvement, puis prendra une vitesse de plus en plus accélérée. Dans ce cas l'énergie développée se transforme en Énergie cinétique qui se transformera plus tard en Énergie mécanique lorsqu'on s'opposera au mouvement, du corps considéré.

11. — Lorsqu'un corps se meut d'un mouvement uniforme, c'est-à-dire sans tendance à l'accélération, la longueur du chemin parcouru par seconde est ce qu'on appelle la vitesse de ce corps.

L'accélération, dans un mouvement uniformément varié, est la quantité constante dont varie la vitesse par unité de temps.

Si l'accélération n'est pas constante, le mouvement devient varié suivant une loi qui dépend de la variation de l'accélération.

L'accélération due à la pesanteur est constante en un lieu déterminé. On la désigne par la lettre g. Sa valeur à Paris est de 9,81 m.

12. Masse. — La masse d'un corps est le quotient du poids du corps par l'accélération due à la pesanteur.

P désignant le poids d'un corps, m sa masse, on a donc :

$$(1) \quad m = P / g \quad \text{et par conséquent } P = mg \quad (2)$$

D'une manière générale d'ailleurs quand, d'une force F appliquée à un corps naît une accélération j, on a la relation :

$$F = mj \quad (3)$$

Ce qui exprime que les forces sont proportionnelles aux accélérations qu'elles impriment.

13. — Lorsqu'un corps ne décrit pas une trajectoire rectiligne il y a lieu de considérer deux sortes d'accélération : l'accélération tangentielle et *l'accélération normale* dont la composante prend le nom d'*accélération totale.*

Considérons par exemple un corps entraîné par le bouton de manivelle d'une machine dans un mouvement circulaire uniforme, l'accélération tangentielle sera nulle puisque le mouvement est uniforme, mais le centre de gravité du corps n'en sera pas moins soumis à l'effort d'une accélération normale φ dont la valeur est donnée par la formule :

$$\varphi = v^2/\rho \qquad (4)$$

v étant la vitesse uniforme du mobile autour du centre de rotation et ρ la distance du centre de gravité du corps à ce centre.

Dans ce cas le corps de masse m exerce sur le bras de la manivelle et dans le sens du rayon de rotation un effort F qui a pour expression :

$$F = mj = (m\,v^2)\,/\,\rho \qquad (5)$$

Cette force s'appelle la force centrifuge.

En appelant ω la vitesse angulaire, c'est-à-dire la vitesse d'un mobile qui se meut sur un cercle de rayon égal à 1, on peut écrire :

$$v = \omega\rho \qquad (6)$$

Portant cette valeur dans la formule (5) ci-dessus l'expression de la force centrifuge devient :

$$F = m\omega^2\rho \qquad (7)$$

forme souvent employée.

15. Puissance vive. — Considérons maintenant un corps animé d'un mouvement rectiligne uniformément varié.

Dans ce cas nous savons par ce qui précède que le corps est soumis à l'action d'une force constante F qui lui procure une accélération j.

Supposons que le corps possède une vitesse initiale au moment où la force F entre en action. Au bout du temps *t*, d'après la définition même de l'accélération, la vitesse devient :

$$v = v_0 + jt \qquad (8)$$

On démontre que dans ce cas le chemin *e*, parcouru par ce corps, est représenté par l'expression :

$$e = v_0 t + 1/2\, jt^2 \qquad (9)$$

La première expression élevée au carré peut se mettre sous la forme :

$$v^2 - v_0^2 = 2j\,(v_0 t + 1/2\, jt^2) = 2je \qquad (10)$$

Mais on sait que $F = mj$ d'où $j = F / m$

On peut donc écrire la relation :

$$v^2 - v_0^2 = 2\,(F / m)\, e \qquad (11)$$

d'où l'on déduit :

$$1/2\, m\, v^2 - 1/2\, m\, v_0^2 = F'e = T \qquad (12)$$

$1/2\, m\, v^2$ est appelé la puissance vive d'un corps et l'on voit par conséquent que la variation de puissance vive d'un corps soumis à l'effet d'une force est égal au travail de cette force.

L'accroissement de puissance vive d'un corps représente l'énergie cinétique ou l'énergie potentielle du corps.

La vapeur qui se détend dans un conduit distributeur avant d'agir sur les aubes d'une turbine acquiert une énergie cinétique.

Un volant qui contribue à maintenir uniforme le mouvement d'un arbre de machine possède une énergie potentielle.

L'Énergie potentielle constitue un emmagasinement d'Énergie déterminée dont l'effet est différé.

L'Énergie cinétique devient de l'Énergie potentielle, quand elle cesse de croître ou de décroître.

16. Les moteurs thermiques. — On désigne sous le nom de Moteur thermique les machines qui ont pour mission d'opérer la transformation de l'Énergie la plus difficile à obtenir: nous voulons parler de la transformation de la chaleur en travail.

Ainsi que nous l'avons déjà fait remarquer, cette transformation n'a jamais été et ne pourra jamais être qu'incomplète. Nous le démontrerons.

L'étude de ces machines est particulièrement attachante parce qu'on peut toujours espérer les perfectionner et que, destinées à donner le mouvement, elles semblent en quelque sorte avoir une vie propre. Pourvu qu'on fournisse à ces machines l'alimentation qui leur convient, elles se distribuent à elles-mêmes ce qui leur faut, en passant par toutes les inégalités de puissance qui leur sont demandées jusqu'au maximum dont elles sont capables et tout cela avec une régularité d'allure, impossible à obtenir de l'effort musculaire des hommes ou des animaux.

La machine à vapeur est la machine thermique la plus anciennement connue: lorsqu'elle est bien construite et bien conduite, son fonctionnement ne laisse rien à désirer, mais elle a le grave défaut de ne transformer en travail que très peu de la chaleur qu'on dépense pour l'alimenter.

Sous ce rapport le moteur à gaz ou plus généralement le moteur à combustion interne lui est incomparablement supérieur.

Malgré cet avantage primordial le moteur à gaz n'a progressé que lentement et il n'est entré réellement en concurrence avec la machine à vapeur que depuis une dizaine d'années, mais il a brillamment regagné le temps perdu.

On fait aujourd'hui des moteurs à gaz de plusieurs milliers de chevaux et il existe déjà en Allemagne des stations centrales de 10 000 à 35 000 chevaux d'où les machines à vapeur sont complètement exclues.

S'il fut un temps où l'on pouvait dire du moteur à gaz qu'il était peu sûr de fonctionnement et illuminait de régularité, il n'en est plus de même aujourd'hui, car dans les stations centrales où le moteur à gaz est employé, il est astreint aux mêmes travaux que la machine à vapeur qu'il a remplacée. On est arrivé en particulier à construire des moteurs à gaz assez réguliers pour permettre le couplage en parallèles certain d'alternateurs montés directement sur leur arbre. Or cette opération est une difficulté, même pour des machines à vapeur.

Avant que les moteurs à gaz prissent leur essor on fonda pendant assez longtemps de grandes espérances sur les machines à air chaud, mais le mauvais rendement mécanique de ces machines et leur encombrement excessif les firent rapidement abandonner.

Aujourd'hui il ne reste plus en présence, comme moteurs thermiques, que les *machines à vapeur* et les *moteurs à gaz.*

CHAPITRE III

De la transformation de la chaleur en travail

17. Emploi d'un fluide élastique. — 18. La machine thermique élémentaire; nécessité d'une perte de chaleur. — 19. Machines thermiques à pression.

17. — De quelle manière arrive-t-on transformer de la chaleur en travail ? C'est ce que nous allons examiner.

Cette transformation dans la pratique se fait toujours par l'intermédiaire d'une vapeur ou d'un gaz, le mot gaz étant pris évidemment ici dans le sens le plus général. Une vapeur non saturée est d'ailleurs tout à fait comparable à un gaz et d'autre part tous les gaz peuvent être considérés comme des vapeurs puisqu'on a reconnu que tous étaient liquéfiables dans des conditions déterminées.

On donne plus généralement le nom de vapeur à des produits gazeux qui dans les conditions atmosphériques ordinaires se réduisent facilement à l'état liquide. Le mot gaz est réservé aux gaz qui peuvent être considérés comme permanents parce que dans les conditions ordinaires de la pratique ils restent très loin de leurs points de liquéfaction.

Ce qui a fait choisir les corps gazeux comme transformateurs d'énergie, c'est qu'ils jouissent de propriétés très particulières ; ils sont en effet éminemment compressibles et extensibles et leurs changements de volume s'accomplissent avec des variations de température considérables.

18. Machine thermique élémentaire. — Une vessie fermée contenant une certaine quantité d'air présente tous les éléments d'un moteur thermique.

Posons par exemple cette vessie sur une table et appuyons sur elle une planche chargée d'un poids. La vessie va s'étendre jusqu'à ce que son volume soit assez réduit pour que la compression intérieure de l'air emprisonné fasse équilibre à la charge que supporte la vessie. Si alors par un courant d'air chaud on chauffe cette vessie, on verra celle-ci se gonfler sous l'influence de la dilatation par la chaleur de l'air qu'elle contient et le poids avec la planche qui le supporte seront soulevés.

Le poids dans cette expérience représente un effort ou une force et lorsqu'il se déplace, il y a bien travail produit.

A quoi est dû ce travail ? évidemment à la chaleur transmise à l'air de la vessie (fig. 1).

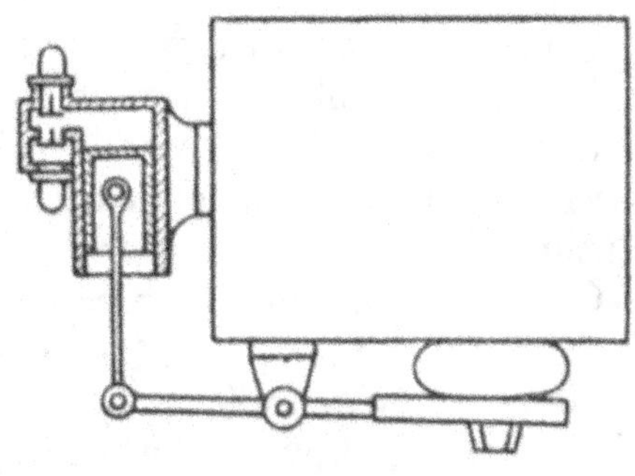

Fig. 1. — Machine thermique élémentaire.

Remplaçons la planche et le poids par un bras de levier pesant tournant autour d'un axe et dont l'autre extrémité agit par une tringle sur le piston d'une pompe dont le cylindre est rempli d'eau. On comprend que sous l'influence du gonflement de la vessie, l'eau de la pompe sera refoulée.

Si tout demeurait en ce nouvel état, la vessie, gardant sans changement la température prise par elle sous l'influence du courant d'air chaud, il ne serait plus possible de recommencer le travail effectué. Pour que le piston de la pompe puisse se remplir à nouveau d'eau il est nécessaire que le levier qui le commande reprenne sa position primitive.

Que faut-il faire pour cela ? Rien d'autre que de laisser refroidir l'air de la vessie en détournant le courant d'air chaud. On voit qu'on perdra ainsi une partie de la chaleur primitivement dépensée sans espoir de la faire resservir puisque celle-ci va se dissiper en s'abaissant à la température du milieu environnant, c'est-à-dire à la température qui se trouve être naturellement la plus basse possible.

Cet exemple montre de façon évidente que, pour produire un travail répété ou continu à l'aide de la chaleur, il faut d'abord disposer d'une source chaude et rejeter ensuite nécessairement une partie de la chaleur empruntée à cette source à un réfrigérant qui, s'il n'est pas l'atmosphère, ne peut être qu'un milieu dans lequel la plus basse température qui puisse y régner est celle de l'atmosphère.

On conclut immédiatement de ceci que la transformation de la chaleur en travail ne pourra jamais être intégrale.

La chaleur agit sur les corps de trois façons différentes : elle fait varier leur température, donne naissance à un travail intérieur de leurs molécules et produit un travail extérieur par leur dilatation.

Chacun de ces effets absorbe une portion de la quantité de chaleur fournie.

Le travail intérieur d'un corps est la variation d'attraction des molécules de ce corps, molécules qui s'éloignent les unes des autres pendant la dilatation, à la façon de deux masses qu'on s'efforcerait d'écarter et qui seraient retenues par un ressort à boudin.

Mais le corps choisi comme transformateur d'énergie doit toujours revenir à son état initial ; dans ce cas le travail des attractions moléculaires, qui ne peut s'exercer qu'en ligne droite, ayant été produit une fois dans un sens et une fois en sens inverse en parcourant les mêmes chemins est, par conséquent, périodiquement nul et il n'y a pas lieu d'en tenir compte dans la théorie des machines. D'ailleurs pratiquement le travail intérieur des gaz peut être considéré comme nul.

Tous les corps susceptibles de se dilater notablement par la chaleur, même les corps solides, pourraient servir pour la transformation de chaleur en travail, mais pratiquement les corps gazeux seuls sont susceptibles d'emploi.

La vessie remplie partiellement d'air que nous avons considérée plus haut représente, abstraction faite du poids de cette enveloppe extensible, une masse de gaz susceptible d'évoluer sous l'influence de la chaleur.

D'une manière générale lorsqu'une masse gazeuse change de volume, elle produit toujours un travail, même si en apparence elle ne supporte aucune charge, parce qu'elle est toujours au moins soumise à l'action de la pression atmosphérique qui représente une force constante agissant sur elle pendant ses déplacements.

19. — Les machines thermiques à pression sont en principe constituées par un piston P capable de se mouvoir d'un mouvement alternatif de grandeur limitée dans un cylindre A fermé par un bout (fig. 2).

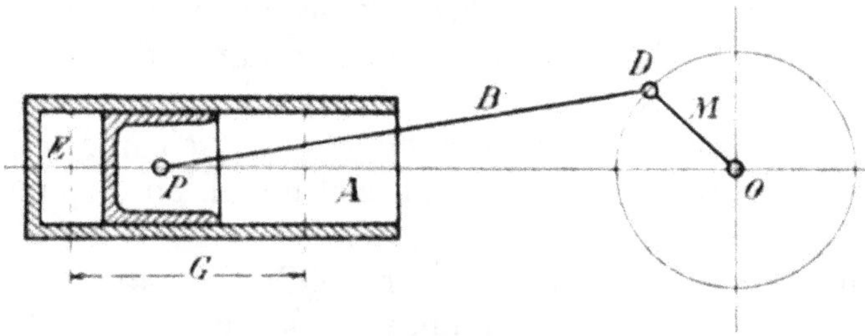

Fig. 2. — Machine thermique à pression.

A, Cylindre. — P, Piston — G, Course de ce piston. — B, Bielles. M, Manivelle. — O, Arbre. — E, Chambre du cylindre.

Soit G la longueur de la course alternative du piston. — Le mouvement du piston P peut être employé soit pour actionner directement un piston de pompe, soit pour déplacer les poulies à moufle d'un monte-charge, soit pour faire tourner un arbre, etc., opérations qui représentent toujours des courses limitées et la nécessité de revenir au point de départ pour pouvoir répéter à volonté le travail effectué.

Pour l'instant il nous suffit de considérer le mouvement du piston en lui-même et d'admettre qu'il a toujours à vaincre dans ses déplacements des efforts extérieurs faisant constamment équilibre à la pression du gaz emprisonné dans le cylindre.

Supposons le piston P dans la position de la fig. 2 et l'espace E rempli d'air à la pression atmosphérique. Chauffons cet air par un moyen quelconque. Si le piston est lourd et que les résistances à vaincre sont grandes, la chaleur aura pour effet d'échauffer l'air sans qu'il change d'abord de volume; dans ce cas la pression augmentera jusqu'à ce qu'elle soit devenue suffisante pour déplacer le piston. Si l'afflux de chaleur continue à se faire, à partir de ce moment l'air se dilatera sans changement de pression et si, avant que le piston atteigne la fin de sa course, l'apport de chaleur est suspendu, l'air se détendra comme un ressort en baissant de pression et en continuant à pousser le piston.

Mais quand le piston est arrivé au bout de sa course, le travail obtenu ne pourra être répété que si le piston revient d'abord à sa position initiale. Il suffit pour cela de refroidir l'air contenu dans le cylindre en perdant la chaleur qu'il possède encore.

Quand par contraction la masse gazeuse évoluante contenue dans le cylindre est revenue à son étal initial, on dit que cette masse gazeuse a parcouru un cycle fermé.

Dans la pratique, au lieu de refroidir l'air après le travail accompli, on trouve plus commode, par le jeu d'un distributeur, de le rejeter dans l'atmosphère, puis de remplir l'espace E par de l'air frais à fin de course.

En agissant ainsi le cycle n'est plus fermé, puisque après chaque période de travail la masse gazeuse a changé, mais nous verrons plus loin que ce fait, au point de vue théorique, n'a aucune importance.

Si l'air de l'espace E reçoit la chaleur d'une source extérieure, le dispositif représente une machine à air chaud.

Si l'espace E contient de l'eau qu'on réduit en vapeur pour actionner le piston, vapeur qu'on laisse ensuite se condenser, on réalise ainsi une machine à vapeur, mais pratiquement la vaporisation et la condensation se font aujourd'hui en dehors du cylindre.

Quand l'espace E au lieu de contenir simplement de l'air est rempli d'un mélange gazeux combustible dont on provoqué la combustion, on a un moteur à combustion interne ou simplement un moteur à gaz.

On déduit de ceci que le moteur à gaz n'est qu'un moteur à air chaud dont l'apport de chaleur se fait dans l'intérieur même de la machine, c'est-à-dire dans les meilleures conditions possibles.

CHAPITRE IV

Représentation graphique des états d'un gaz

20. Équivalent mécanique de la chaleur. — 21. Hypothèse des gaz parfaits. — 22. Loi de Mariotte. — 23. Loi de Gay-Lussac. — 24. Équation générale des gaz. — 25. Chaleurs spécifiques. — 26. Diagrammes en pression-volumes. — 27. Le travail est représenté par une surface. — 28. Équivalent calorifique du travail. — 29. Évolutions réversibles. — 30. Propriétés des cycles fermés réversibles. — 31. Lignes isothermiques — 32. Lignes de pression constante. — 33. Lignes de volumes constants. — 34. Lignes adiabatiques. — 35. Construction des adiabatiques. — 36. Propriétés des courbes adiabatiques et isothermiques. — 37. Expression du travail effectué en suivant ces courbes. — 38. Entropie et diagramme entropique.

20. — Ce qu'il importe de déterminer maintenant ce sont les cycles que peuvent parcourir les gaz dans les machines thermiques et les rendements que ces cycles peuvent donner. Il faut entendre par rendement le rapport des proportions de chaleur que peuvent transformer en travail ces machines à la quantité totale de chaleur dépensée pour les alimenter.

On observe que lorsqu'un travail est produit, il disparaît toujours une quantité de chaleur rigoureusement proportionnelle à ce travail.

Expérimentalement, on a reconnu qu'une calorie équivalait à 425 kilogrammètres.

La calorie, prise pour unité, est la quantité de chaleur nécessaire pour élever de un degré la température de 1 kilog. d'eau.

Ces vérifications se font non en transformant de la chaleur en travail, mais au contraire en transformant du travail en chaleur, ce qui revient au même et se fait bien plus facilement. Nous ne décrirons pas les procédés employés; on les trouve dans tous les traités de physique. Ils consistent en général à freiner dans l'eau d'un calorimètre un mouvement mécanique donnant lieu à un travail mesurable.

L'élévation de température de l'eau du calorimètre dont on connaît le poids permet de calculer le nombre de calories équivalent au travail disparu.

21. — Pour l'étude des cycles nous allons nous placer dans le cas le plus général et considérer simplement que nous avons affaire à un gaz parfait, c'est-à-dire à un gaz dont la nature ne peut varier, quelles que soient les actions extérieures.

Cette hypothèse est d'autant plus admissible que tous les gaz jouissent de propriétés identiques dont la principale est d'avoir le même coefficient de dilatation.

Une masse gazeuse a trois éléments variables: son volume, sa pression et sa température.

Ces trois valeurs sont intimement liées l'une à l'autre par des relations que nous allons établir.

Si par exemple on maintient constant le volume d'un gaz, la chaleur aura pour effet d'augmenter la pression de ce gaz et sa température; si c'est la pression qui reste constante c'est le volume qui augmentera avec la température et si la température ne peut varier c'est le volume et la pression qui seront modifiés.

22. — Supposons un gaz dont le volume est v_0, la pression p_0 et la température t_0.

Si on communique à ce gaz de la chaleur de façon que le volume devienne v_1 et la pression p_1, tout en s'arrangeant pour que la température ne change pas, les variations de volume et de pression se feront selon la formule :

$$v_1p_1 = v_0p_0 \qquad (13)$$

qui n'est autre que l'expression de la *Loi de Mariotte.*

Cette loi peut s'énoncer ainsi : à température constante et pour une masse de gaz déterminée, le produit du volume par la pression est une constante ; ou encore le rapport des volumes est égal au rapport inverse des pressions, car l'équation précédente peut s'écrire :

$$v_2 / v_0 = p_0 / p_1 \qquad (14)$$

23. — Si d'une autre manière on avait communiqué au gaz de la chaleur en maintenant sa pression constante, les variations de température et de volume seraient déterminées par la relation :

$$v_2 / v_0 = (1+\alpha t_2) / (1+\alpha t_0) \qquad (15)$$

v_2 étant le nouveau volume et t_2 la nouvelle température du gaz.

Dans cette dernière formule qui exprime la *Loi de Gay-Lussac,* α est le coefficient de dilatation des gaz, 1/273, valeur constante pour tous les gaz.

L'équation peut s'écrire :

$$v_2 / v_0 = 273 + t_2 / 273 + t_0 \qquad (16)$$

On voit ainsi que si on convient d'appeler température absolue, la température centigrade augmentée de 273° (ce qui revient à compter la température à partir d'un zéro conventionnel qui se trouverait à 273° en dessous de zéro), l'expression ci-dessus devient, en appelant T_o et T_2 les températures absolues :

$$v_2 / v = T_2 / T_0 \qquad (17)$$

La Loi de Gay-Lussac veut donc dire qu'*à pressions constantes, les variations de volume d'un gaz, sous l'influence de la chaleur, sont en raison directe des binômes de dilatation ou*, ce qui revient au même, *des températures absolues.*

24. — L'équation générale des gaz s'obtient par la combinaison des Lois de Mariotte et de Gay-Lussac[1].

L'état d'un gaz étant toujours défini par son volume, sa pression et sa température. Considérons le passage d'un état initial p_0, v_0, t_0, à un état intermédiaire p, v_1, t_0.

D'après la Loi de Mariotte on peut écrire :

$$pv_1 = P_o v_o \qquad (18)$$

Passons maintenant à un nouvel état p, v, t de la même masse de gaz :

D'après la loi de Gay-Lussac on a la relation :

$$v / v_1 = t / t_0 \qquad (19)$$

Éliminant v_i entre les équations (18) et (19) il vient :

$$v / v_0 = (p_0 / p)\ (t / t_0) \qquad ou$$

$$v\,p = ((p_0 v_o) / t_0)\ t \qquad (20)$$

p_0, v_0, t_0 étant des constantes fixant l'état initial du gaz, si nous posons :

$$p_0\ v_0 / t_0 = \mathrm{R} \qquad (21)$$

L'équation devient :

$$pv = \mathrm{R}t \qquad (22)$$

C'est l'équation générale des gaz.

25. — Proposons-nous maintenant de rechercher les quantités de chaleur nécessaires pour opérer les changements d'état d'un gaz.

On appelle chaleur spécifique d'un corps la quantité de chaleur nécessaire pour élever de un degré la température d'un kilogramme de ce corps, la chaleur spécifique de l'eau étant prise pour unité.

1) Dans ce qui va suivre les températures seront toujours exprimées en températures absolues.

Pour les gaz, la chaleur spécifique varie suivant la manière dont la chaleur leur est communiquée. Il est évident en effet qu'il faudra plus de chaleur pour élever de 1 degré la température d'un kilogramme d'un gaz qu'on laisse se dilater, que pour élever également de 1 degré la température du même poids de gaz dont le volume sera maintenu constant, attendu que dans le premier cas, il faut fournir au gaz, outre la quantité de chaleur nécessaire à l'élévation de sa température, la quantité de chaleur équivalente au travail produit par sa dilatation.

L'équation $pv = \mathrm{R}t$ montre que si la pression et le volume d'un gaz varient d'une façon quelconque, la température sera toujours déterminée, mais l'équation ne montre rien quant à la quantité de chaleur qu'il faudra fournir pour opérer le changement d'état.

On ne peut parler de la chaleur spécifique absolue d'un gaz ; l'expression n'a pas de sens, mais on peut dire que le nombre des chaleurs spécifiques d'un gaz est infini.

La chaleur spécifique d'un gaz ne peut se définir qu'autant qu'elle a trait à un changement d'état du gaz parfaitement déterminé.

L'apport de la chaleur peut d'ailleurs être négatif c'est-à-dire qu'au lieu d'apporter de la chaleur à un gaz, on peut considérer qu'on lui en soustrait.

26. — Pour la clarté de ce qui va suivre, convenons de représenter graphiquement les états d'un gaz en fonction de son volume et de sa pression (fig. 3). Considérons deux axes rectangulaires *ox* et *oy*.

Nous compterons les volumes en abscisse sur la ligne *ox* et les pressions *m* en ordonnées dans la direction *oy*.

Le poids du gaz considéré est toujours supposé être égal à 1 kilogramme.

La position d'un point quelconque du plan situé dans l'angle *yox* définit l'état d'un gaz.

En effet si nous abaissons du point M des perpendiculaires sur les axes *ox* et *oy*, nous voyons, d'après nos conventions, que la longueur *om* représente le volume du corps et M*m* sa pression. Ces valeurs portées dans l'équation fondamentale $pv = Rt$ donnent pour chaque point tel que M, la température $t = pv / R$.

Avec la représentation graphique adoptée, les changements d'état d'un gaz sont représentés par une courbe continue.

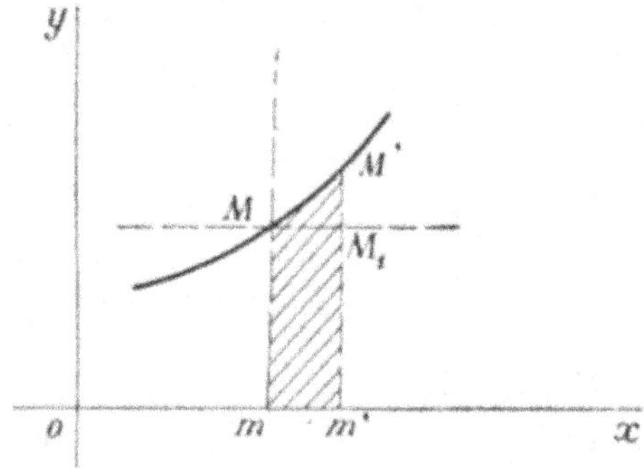

Fig. 3 — Représentation graphique des états d'un gaz.

Considérons deux points infiniment voisins M et M'.

Pour faire passer le gaz de l'état M à l'état M' on peut d'abord lui fournir de la chaleur sans changer sa pression, de manière à passer par l'état intermédiaire M, par une augmentation infiniment petite de volume $dv = MM_1$ puis, maintenant le volume dès lors constant et continuant à fournir de la chaleur, passer à l'état M par une augmentation infiniment petite de pression $dp = M_1M'$.

A la limite, lorsque la distance M M' tend vers 0, le point M_1 vient se confondre avec les points M et M'. On voit ainsi qu'on peut successivement parcourir par échelons infiniment petits une courbe quelconque représentant les états successifs d'un gaz et ne considérer en somme toujours que des apports de chaleur soit à pression constante soit à volume constant. Il suffit donc, pour mesurer les quantités de chaleur nécessitées par les changements d'état d'un gaz, de connaître les chaleurs spécifiques à pression constante et à volume constant de ce gaz.

On désigne par C la chaleur spécifique à pression constante d'un gaz et par c sa chaleur spécifique à volume constant.

Appelons dt_1 et dt_2 les élévations de température de ce gaz lorsqu'on passe successivement et respectivement de M en M_1 et de M_1 en M'.

La quantité de chaleur infiniment petite fournie pendant ces passages est d'après la définition des chaleurs spécifiques à pression constante et à volume constant :

$$dQ = C\,dt_1 + c\,dt_2 \qquad (23)$$

Mais l'équation $pv = R\,t$ donne :

$$dt_1 = pdv / R \text{ et } dt_2 = vdp / R$$

d'où l'on tire :

$$dQ = (Cpdv / R) + (cvdp / R) \qquad (24)$$

27. — Remarquons avant d'aller plus loin que la surface comprise entre un élément de courbe M M' et l'axe *ox* représente le travail effectué par le gaz pendant son changement d'état. En effet la surface du rectangle M M_1 *m, m'* est *pdv*, produit d'un effort par un déplacement, par conséquent *pdv* exprime bien le travail produit pendant l'instant considéré[2].

Dans le raisonnement on a négligé la surface curviligne $MM'M_1$, mais cette surface est évidemment inférieure au rectangle *dp dv*, et on démontre en mathématique que cette surface est un infiniment petit de second ordre et comme tel négligeable.

On peut évidemment décomposer la surface comprise entre une courbe et l'axe *ox* en une infinité de petits rectangles tels que M M_1 *m, m'*, auxquels les raisonnements ci-dessus sont applicables. Finalement, passant à la limite, et faisant la somme de tous ces petits rectangles, on a pour l'expression du travail :

$$T = \Sigma pdv$$

28. — La formule (24) peut prendre une autre forme en y faisant figurer l'accroissement de température *dt*.

---

2) *p* est une pression par unité de surface, et *dv* peut être considéré comme une petite portion cylindrique de la masse de gaz de surface *s* et de hauteur *de*, de sorte qu'on peut écrire *pdv = psdc*. ps est bien un effort, une force par conséquent, et *c* un déplacement.

De l'équation pv = Rt, on peut tirer par différenciation :

$$dt = (pdv + vdp) / R \qquad (25)$$

Éliminant *dp* entre les relations (24) et (25) on a :

$$dQ = cdt + ((C - c) / R)\, pdv \qquad (26)$$

Le deuxième membre de cette dernière équation a une forme remarquable: *cdt* représente en effet la quantité de chaleur dq_1 dépensée pour élever la température du gaz de *dt*, à volume constant, et :

$$((C - c) / R)\, pdv$$

la quantité de chaleur dq_2, absorbée par le travail produit *pdv*.

Si nous désignons par E l'équivalent mécanique de la chaleur, qui est égale à 425 kilogrammètres et si nous posons A = I / E, la valeur A représente ce qu'on appelle l'équivalent calorifique du travail.

Pour exprimer l'équivalence qui existe entre le travail produit et la chaleur dépensée, on peut écrire:

$$dq_2 = Apdv$$

et par conséquent :

$$Apdv = ((C - c) / R)\, pdv$$

ce qui donne :

$$A = (C - c) / R$$

29. — Si ayant fourni de la chaleur à un gaz suivant une certaine loi, on obtient, une courbe représentant les états successifs de ce gaz en allant par exemple de M' vers M (fig. 4), on

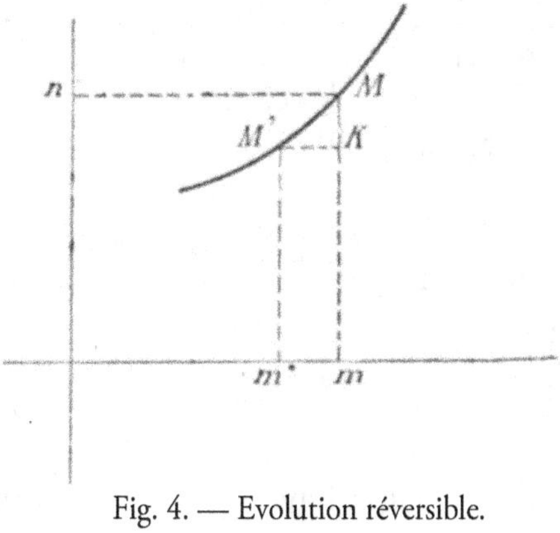

Fig. 4. — Evolution réversible.

reprend ensuite la chaleur de la même manière qu'on l'a fournie, on repassera par les mêmes points de la courbe AB, mais en sens inverse, c'est ce qu'on exprime en disant que l'évolution est réversible.

30. — Si partant d'un point figuratif de l'état d'un gaz A, on y revient en lui fournissant d'abord de la chaleur, puis en la lui enlevant d'une manière différente, on dit que le gaz a parcouru un cycle fermé. D'après ce que nous venons de dire ci-dessus, un tel cycle est réversible au même titre que l'élément de courbe que nous avons d'abord considéré.

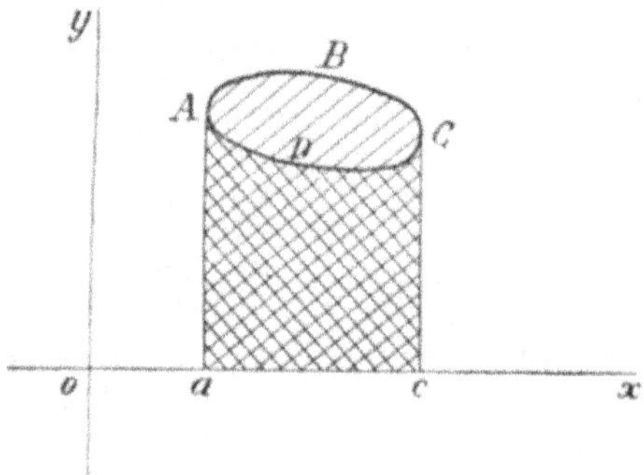

Fig. 5. — Représentation de travail d'un cycle fermé.

Soit ACDC, le cycle considéré (fig. 5).

La surface ABC*c* *a*A représente le travail positif effectué dans un sens par exemple; la surface C*ca*ADC représente un travail effectué en sens inverse et par conséquent négatif. Il s'ensuit que le travail extérieur produit par le gaz a pour valeur l'aire de la courbe ABCDA. Ceci est général.

Parmi toutes les courbes représentatives des états d'un gaz il en est de remarquables.

31. Lignes isothermiques. — Supposons que nous fournissions de la chaleur à un gaz en maintenant sa température constante, nous avons :

$$pv = \mathrm{R}\,t = \mathrm{C}^{te} \qquad (28)$$

p et y sont alors les ordonnées d'une branche d'hyperbole équilatère (fig. 6) ayant pour asymptotes les axes *ox* et *oy*.

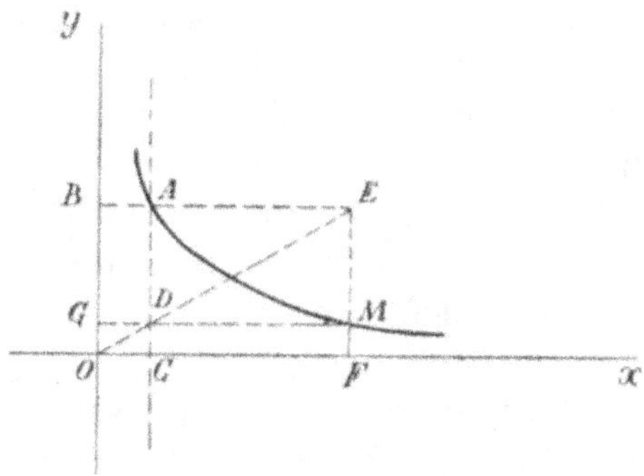

Fig 6. — Courbe isothermique.

Cette courbe est une isothermique.

Pour construire cette courbe graphiquement il suffit d'en connaître un point A, par exemple.

Par le point A faisons passer deux droites AB et AC parallèles aux axes *ox* et *oy*, et par O menons une droite quelconque comprise dans l'angle *yox*. Cette droite coupe en D et E les lignes AB et AC prolongées. Si de E nous menons une parallèle à l'axe *oy* et de D une parallèle à l'axe *ox*, ces deux droites se coupent en un point M qui se trouve sur l'isothermique passant par le point A.

En effet, les triangles rectangles GOD et EDM sont semblables et on a :

$$GD / GO = DM / EM$$

ou en additionnant membre à membre les termes de cette égalité :

$$GD / GO = GM / AC$$

car GO = DC et EM = AD

D'où l'on tire GD x AC = GM x GO

Mais pour le point A,

$$GD = vo \text{ et } AC = po$$

et pour le point M,

$$GM = v \quad \text{et} \quad GO = p$$

La construction donne donc l'égalité :

$$povo = pv$$

qui satisfait à l'équation de l'isothermique $pv = C^{te}$.

Remarquons que lorsque de la chaleur est fournie à un gaz qui évolue suivant une isothermique, cette chaleur est intégralement transformée en travail puisqu'aucune partie de celle-ci n'est employée à élever la température du gaz.

Comme on ne considère ici qu'une évolution dans un seul sens, la remarque ne veut rien dire au point de vue du rendement d'un cycle bien entendu.

32. Lignes de pression constante. — Dans l'équation : $pv = Rt$, p étant constant les valeurs de v et de t seules alors varient. Les variations de volumes du gaz sont représentées par une parallèle à l'axe *ox*.

Il est clair que, dans ce cas, sous l'influence d'un apport de chaleur, la température du gaz augmente proportionnellement à l'augmentation de volume.

33. Ligne de volume constant. — Contrairement au cas précédent, dans l'équation $pv = Rt$, p et t sont seules variables. Les variations de pression du gaz sont alors représentées par une parallèle à l'axe *oy*.

La chaleur ici a pour effet de faire monter la température proportionnellement à l'augmentation de pression (Ligne *cd*, fig. 20).

34. Lignes adiabatiques. — Lorsqu'on laisse un gaz augmenter de volume sans lui fournir ni lui soustraire de chaleur, ou lorsqu'on le comprime dans les mêmes conditions, on recueille du travail dans le premier cas, et on en dépense dans le second.

La pression, le volume et la température du gaz varient alors en même temps et les états successifs du gaz sont représentés par une courbe appelée « ligne adiabatique ».

On voit de suite que, dans le cas d'une détente, puisqu'on recueille du travail sans qu'il ait été fourni de chaleur, ce travail ne peut être produit qu'aux dépens de la chaleur propre du gaz et que par conséquent la température de celui-ci ira en s'abaissant.

Inversement lorsqu'on comprime un gaz, le travail dépensé pour le comprimer doit se retrouver dans ce gaz et sa température augmentera.

Cherchons les relations qui lient entre eux les volumes et les pressions dans ces cas particuliers.

Reprenons l'équation $dQ = (Cpdv / R) + (cvdp / R)$ (24)

Par hypothèse $dQ = 0$

donc on a :

$$Cpdv + cvdp = 0$$

ou $$C\,(dv / v) + c\,(dp / p) = 0$$

dont l'intégrale est :

$$C \log v + c \log p = \text{constante}$$

$$pv^{\gamma} = C^{te} \qquad (29)$$

En appelant γ le rapport des chaleurs spécifiques à pression constante et à volume constant. Cette expression importante est connue sous le nom de la Loi de Poisson.

36. — L'adiabétique peut aussi se construire graphiquement lorsqu'on connaît deux points de la courbe, points qui peuvent être déterminés par le calcul.

Soit M et N les deux points connus (fig. 7).

Faisons passer par l'origine *o*, deux droites *o*F et *o*K.

Abaissons des points M et N des perpendiculaires sur les axes ox et oy jusqu'à leur rencontre

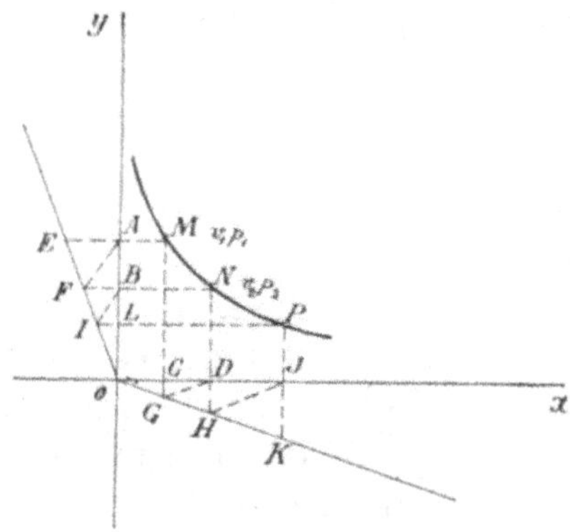

Fig. 7. — Courbe adiabatique.

avec les droites oF et oK, arbitrairement tracées. Menons BI parallèle à AF et HJ parallèle à GD, puis par I menons une parallèle à ox et par J une parallèle à oy. Le point d'intersection P de ces deux droites est un point de la courbe adiabatique passant par M et N.

En effet, posons OC = $v1$, oD = v_2, oA = p_1, oB = p_2.

Par hypothèse on a :

$$p_1 v_1^\gamma = p_2 v_2^\gamma \text{ ou } \frac{p_1}{p_2} = \frac{v_2^\gamma}{v_1^\gamma} \qquad (30)$$

Le point P fera partie de la courbe si posant :

$$\text{OJ} = v_3, \text{ PJ} = p_3, \text{ on a}$$
$$p_3 v_3^\gamma = p_1 v_1^\gamma = p_2 v_2^\gamma$$

Les triangles semblables formés par la construction donnent :

$$\frac{\text{OC}}{\text{OD}} = \frac{\text{OG}}{\text{OH}} = \frac{\text{OD}}{\text{OJ}} \text{ ou } \frac{v_1}{v} = \frac{v_2}{v_3}$$

D'autre part, on a:

$$\frac{\text{OA}}{\text{OB}} = \frac{\text{OF}}{\text{OI}} = \frac{\text{OB}}{\text{OL}}$$

ou en tenant compte des équations précédentes :

$$\frac{p_1}{p_2} = \frac{p_2}{p_3} = \frac{v_2^\gamma}{v_1^\gamma} = \frac{v_3^\gamma}{v_2^\gamma}$$

d'où l'on tire $p_2 v_2 \gamma = p_3 v_3 \gamma$, ce qu'il fallait démontrer.

36. — On conçoit que, par un point donné, on puisse toujours faire passer une courbe isothermique et une courbe adiabatique. Remarquons qu'en évoluant dans le sens de la production d'un travail extérieur, c'est-à-dire dans le cas d'un abaissement de pression par détente à partir du point considéré, la courbe adiabatique restera toujours en dessous de l'isothermique, puisque par détente adiabatique, la température s'abaisse et que, par conséquent, la pression du gaz diminuera plus vite que lorsque la température est maintenue constante.

C'est l'inverse qui se produit si on part du même point que précédemment en comprimant le gaz.

L'isothermique restera alors constamment sous l'adiabatique, puisque, pour maintenir dans ce cas la température, il faut enlever de la chaleur au gaz et que, par conséquent, la pression montera moins vite.

Il résulte de ceci que par un point on ne peut faire passer qu'une seule adiabatique : donc deux adiabatiques représentant les états d'un même gaz en partant d'états différents ne pourront jamais se couper. Il en sera de même pour les lignes isothermiques.

37. — Les travaux produits par des évolutions isothermiques et adiabatiques entre deux points déterminés $p_1v_1t_1$ et $p_2v_2t_2$ peuvent s'exprimer facilement. Ces travaux sont proportionnels aux surfaces comprises entre la portion de courbe considérée et l'axe *ox*, c'est-à-dire qu'on a :

$$T = \int p dv$$

qui, pour le cas de l'isothermique devient, en s'appuyant sur l'équation générale des gaz, $pv = Rt$

$$T = Rt \int_{v_1}^{v_2} \frac{dv}{v} = Rt \log \frac{v_2}{v_1} \qquad (31)$$

S'il s'agit d'une adiabatique, on aura les équations (26) et (27) :

$$dQ = Cdt + Apdv = 0 \qquad (32)$$

Intégrant entre les températures t1 et t2, il vient :

$$C(t_1 - t_2) + A \int_{v_1}^{v_2} pdv = 0$$

d'où l'on tire :

$$\int_{v_1}^{v_2} p dv = \frac{C}{A} (t_1 - t_2)$$

Remarquons, par cette formule, que le travail produit par une évolution adiabatique entre deux points déterminés ne dépend uniquement que de la chute de température du gaz entre ces points. On en déduit qu'en passant d'un isothermique à un autre par une adiabatique, on produit toujours le même travail extérieur.

Entropie. — Reprenons l'équation (24)

$$dQ = C \frac{pdv}{R} + c \frac{vdp}{R}$$

Divisons le premier membre de cette relation par *t* et le deuxième par la valeur de *t* tirée de l'équation générale des gaz, soit $t = (pv / R)$ on aura :

$$\frac{dQ}{t} = c \frac{dp}{p} + C \frac{dv}{v} \qquad (34)$$

d'où l'on tire :

$$\int \frac{dQ}{t} = C \log \frac{p_2}{p_1} + C \log \frac{v_2}{v_1} \qquad (35)$$

Il est évident que pour un cycle fermé $v_2 p_2$ redevenant respectivement égaux à $v_1 p_1$, la valeur de l'intégrale est nulle, car le log de 1 est égal à zéro.

$\int \frac{dQ}{t}$ est appelée l'entropie d'un gaz. On désigne cette valeur par S. D'après ce que nous venons de dire, la variation d'entropie pour un cycle fermé est nulle.

La considération de l'entropie permet de représenter les états successifs d'un gaz d'une manière distincte de celle que nous avons employée jusqu'ici.

Au lieu du volume et de la pression, on peut considérer l'entropie et la température du gaz.

Prenant deux axes rectangulaires *ox* et *oy*, on peut convenir de compter les valeurs de l'entropie le long de l'axe des *x*, c'est-à-dire en abscisse et les températures en ordonnée suivant l'axe *oy*.

Pour toute évolution d'un gaz, le diagramme entropique donne une courbe continue, comme le diagramme des pressions.

Dans ce système, il existe également des lignes remarquables.

L'isothermique, par exemple, sera représentée par une droite parallèle à l'axe *ox*, puisque, dans ce cas, *t* est invariable.

L'adiabatique sera représentée par une parallèle à l'axe *oy*, car pour une telle ligne on a $dQ = O$. Par contre les évolutions du gaz, soit à volume constant soit à pression constante seront représentées par des courbes qu'on ne peut tracer que par points.

Remarquons qu'entre deux adiabatiques, les variations d'entropie sont égales. En effet, deux évolutions quelconques en sens inverse reliant deux adiabatiques constituent un cycle fermé pour lequel la variation d'entropie est nulle. — Comme d'autre part suivant les adiabatiques les variations d'entropie sont également nulles, il s'ensuit que les deux évolutions considérées doivent avoir des variations d'entropie égales et de signes contraires.

La particularité du diagramme entropique c'est de représenter à chaque instant les quantités de chaleur mises en œuvre.

Considérons un élément de courbe infiniment petit M M' (fig. 3).

Pour atteindre M' en partant de M, supposons que nous ayons suivi le chemin MM_1M', faisant d'abord varier l'entropie à la température constante *t* et ensuite élevant la température de *dt* en gardant l'entropie invariable.

La surface comprise entre MM' et la ligne *ox*, en négligeant la surface du rectangle curviligne MM_1M' qui est un infiniment petit de second ordre, a pour expression :

$$dS \times t = \frac{dQt}{t} = dQ \qquad (36)$$

Décomposant toute la courbe en une infinité de petits rectangles tels que MM' *mm'*, et additionnant leur surface on voit que la chaleur Q mise en oeuvre est représentée par la surface totale comprise entre la courbe et l'axe *ox*.

Un cycle fermé est encore ici représenté évidemment par une courbe fermée.

Soit ABCD, cette courbe. Dans le parcours ABC, (fig. 5) on a apporté une quantité de chaleur ABC *ca*; dans le parcours CDA, exécuté en sens inverse forcément, on a repris une quantité de chaleur C*ca* ADC.

La surface de la courbe ABCD représente par conséquent la quantité de chaleur transformée en travail et le simple aspect de la figure donne une idée de la proportion de chaleur utilisée par rapport à la quantité de chaleur fournie. En vertu du principe de l'équivalence, la surface ABCD représente évidemment aussi le travail produit.

Dans le diagramme pressions-volumes, la surface du cycle est bien proportionnelle au travail produit, mais la chaleur dépensée n'est pas mise en lumière[3]. Le diagramme entropique est intéressant à considérer pour certaines démonstrations, mais en ce qui concerne les moteurs à combustions internes, il n'apprend rien de plus que le diagramme pressions-volumes qui lui, a la supériorité incontestable de pouvoir être relevé expérimentalement sur les machines.

3) Remarquons que lorsqu'on connaît la valeur du rendement du cycle, le principe de l'équivalence permet également ici de connaître les quantités de chaleur totale et relative mises en jeu.

CHAPITRE V

Cycle de Carnot

39. Définition du cycle de Carnot. — 40. Cycle de Carnot en diagramme entropique. — 41. Calcul du rendement d'un cycle de Carnot. — 42. Entre deux températures données, le rendement du cycle de Carnot est maximum. — 43. Inutilité de comparer le rendement des cycles réels à celui d'un cycle de Carnot.

Bien que ce cycle ne soit pas réalisable dans les machines et que pratiquement même il n'y ait pas lieu d'en rechercher l'application, nous devons tout d'abord en parler parce qu'il jouit de la propriété remarquable d'avoir un rendement maximum entre deux températures déterminées (fig. 8).

Supposons un gaz représenté à l'étal initial par le point A, son volume étant v_0 à la pression atmosphérique p_0 et à la température ambiante t_0. On comprime d'abord ce gaz de A en B suivant une adiabatique : la pression devient p_1, le volume v_1 et la température T. On fournit ensuite de la chaleur à ce

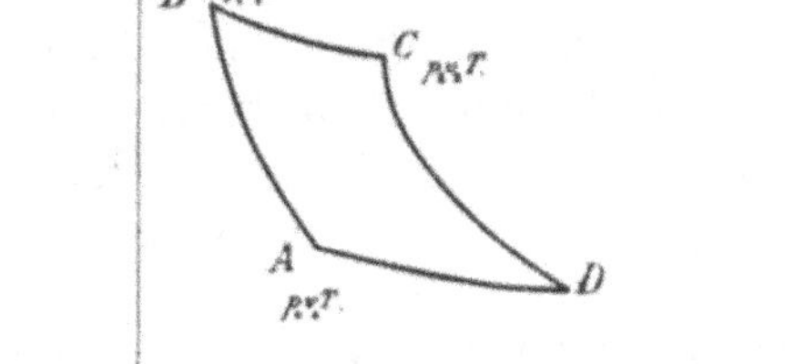

Fig. 8. — Cycle de Carnot représenté en pression-volume.

gaz de B en C à la température constante T. C'est-à-dire que la courbe BC est un isothermique.

L'état du gaz en C devient p_2v_2T. Or à ce moment, on laisse détendre le gaz suivant une adiabatique, c'est-à-dire sans lui fournir ni lui enlever de chaleur. La détente abaisse la température qui finit par tomber à la température ambiante t_0. Supposons que ce point D représente l'état $p_3v_3t_o$; ce point se trouve évidemment sur l'isothermique passant par le point A. Pour revenir à l'état initial, nous comprimerons le gaz de D en A, en lui enlevant toute la chaleur qui tend à se produire de façon à suivre l'isothermique DA.

40. — Si nous représentons ces évolutions par le diagramme entropique (fig. 9) nous voyons, en conservant les mêmes lettres que ci-dessus, que nous obtenons pour la figuration du cycle de Carnot un rectangle ABCD.

En effet AD et BC sont les adiabatiques et AB et CD les isothermiques du cycle.

Le rectangle AB*ba* représente la quantité de chaleur totale mise en oeuvre, le rectangle DC*ba* la quantité de chaleur rejetée en réfrigérant et le rectangle ABCD la quantité de chaleur transformée en travail (Q - *q*).

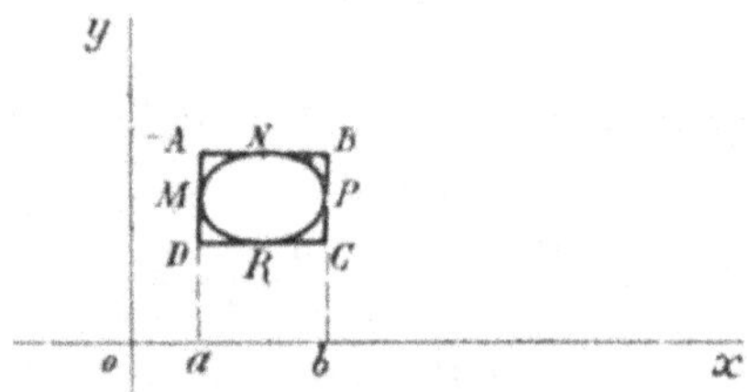

Fig. 9. — Diagramme entropique

Le rendement thermique du cycle, c'est-à-dire le rapport de la quantité de chaleur transformée en travail à la quantité de chaleur fournie en gaz se mesure par le rapport des surfaces ABCD et AB*ba*.

41. — Cherchons l'expression de ce rendement en fonction des températures extrêmes du cycle.

Nous savons (n° 38) qu'entre les adiabatiques BA et CD (fig. 8), les variations d'entropie du gaz sont égales.

Or de B en C :

$$\int \frac{dQ}{t} = \frac{Q}{T}$$

et de D en A :

$$\int \frac{dQ}{t} = \frac{q}{t}$$

Par conséquent on peut écrire :

$$\frac{Q}{T} = \frac{q}{t}$$

d'où :

$$\rho = \frac{Q - q}{Q} = \frac{T - t}{T} = 1 - \frac{t}{T} \quad (37)$$

Le rendement d'un cycle de Carnot dépend donc uniquement de la température de la source de chaleur et de la température du réfrigérant dont on dispose.

Le rendement est d'autant plus élevé que la différence de ces deux températures est plus grande. Or la température du réfrigérant est naturellement limitée à la température de l'atmosphère, de sorte que le rendement d'un tel cycle ne peut croître qu'en augmentant la température de la source de chaleur.

42. — Il nous reste à démontrer qu'entre deux températures extrêmes considérées, tout cycle quelconque a un rendement inférieur ou au plus égal à celui d'un cycle de Carnot évoluant entre les mêmes températures.

Supposons que MNPR représente un cycle quelconque en coordonnées entropiques (fig. 9).

On peut toujours encadrer un tel cycle par un rectangle ABCD de tangentes, parallèles aux axes *ox* et *oy*.

Or les côtés AB et CD du rectangle représentent des isothermiques correspondant aux températures extérieures du cycle et DA et BC deux adiabatiques correspondant à la plus grande variation d'entropie du même cycle.

Donc ABCD représente un cycle de Carnot qui par construction renferme complètement le cycle considéré.

Le rendement du cycle MNPR a pour valeur le rapport de la surface MNPR à la surface *a*MNP*b*.

Nous allons démontrer que ce rendement est toujours inférieur au rendement du cycle de Carnot correspondant, c'est-à-dire que :

$$\frac{\text{Surface MNPR}}{\text{Surface } a\text{MNP}b} < \frac{\text{Surface ABCD}}{\text{Surface } a\text{AB}b} \qquad (38)$$

Ce qui est mis en évidence par les inégalités :

$$\frac{\text{MNRP}}{a\text{MNP}b} < \frac{\text{DMNPC}}{a\text{MNP}b} < \frac{\text{ABCD}}{a\text{BA}b}$$

En effet le 2e rapport de cette dernière inégalité ne diffère du premier que par l'addition en numérateur des surfaces curvilignes RDM et RCP qui rapprochent sa valeur de l'unité. Or le 2e rapport est lui-même plus petit que le 3e car il ne diffère de ce dernier que par l'addition au numérateur et au dénominateur de la somme des surfaces curvilignes MAN et NBP, ce qui rapproche également la valeur de l'unité. Par conséquent l'inégalité (38) est toujours satisfaite.

Il est donc bien entendu qu'avec tout gaz susceptible d'évoluer entre deux températures déterminées, on obtiendra le maximum de transformation de chaleur en travail en faisant parcourir au gaz un cycle de Carnot.

43. — Comme la valeur du rendement $\rho = ((T- t) / T)$ se calcule dans ce cas très facilement, on a la mauvaise habitude en général de considérer tout d'abord que le fluide évoluant dans une machine thermique quelconque peut suivre un cycle de Carnot et faisant ressortir la température extrême du cycle réellement décrit, on en déduit une valeur de rendement qu'on donne comme un idéal vers lequel on peut tendre. On donne ainsi aux constructeurs et aux chercheurs des espérances tout à fait illusoires en ce qui concerne les moteurs à gaz notamment. En effet les mélanges gazeux évoluant dans ce genre de machines ne sont pas susceptibles de suivre des cycles de Carnot dans les conditions envisagées ci-dessus. Pour les mélanges gazeux le cycle de Carnot n'est pas seulement un maximum, mais un maximum maximorum qu'il est par conséquent totalement inutile de considérer.

Pour chaque genre de moteurs thermiques il existe un cycle idéal de rendement maximum duquel on doit chercher à s'approcher le plus possible et quand on veut juger de la perfection du cycle réel d'une machine c'est à son cycle idéal propre qu'il faut le comparer et non à un cycle de Carnot qui n'a du reste aucun rapport avec lui.

CHAPITRE VI

Cycles des machines à pistons

44. Machines élémentaires à pistons à mouvements alternatifs. — 45. Principe du fonctionnement d'un moteur à gaz moderne. — 46. Le cycle réel d'un moteur est-il assimilable à un cycle fermé réversible. — 47. Le principe de l'équivalence est général. — 48. Le rendement d'un cycle réel ne peut être qu'inférieur au cycle fermé réversible qu'il représente.

44. — Après cet exposé général nous allons étudier les cycles qui sont applicables aux machines réelles et déterminer la valeur de leur rendement. Afin de faciliter l'établissement des formules, leur discussion et leur application nous adopterons les notations spéciales que nous avons fait connaître lors de notre communication au congrès de mécanique de Paris en 1900[4].

Fixons d'abord les données générales d'une machine à piston.

Une telle machine se compose essentiellement d'un cylindre C dans lequel se meut un piston P dont le mouvement alternatif est transformé en mouvement rotatif par l'action d'une bielle B reliée à une manivelle M tournant autour d'un arbre O.

Les courses du piston sont évidemment égales au diamètre décrit par le bouton de la manivelle M (fig. 2).

L'arbre O est muni d'un volant qui accumule de l'énergie pendant les courses motrices du piston pour en restituer autant

4) Contribution à l'Étude des moteurs thermiques.

qu'il est nécessaire pour satisfaire aux travaux négatifs du cycle des gaz évoluant dans le cylindre et pour régulariser le mouvement dû à l'action inégale du piston qui, à chaque fin de course en particulier, reste sans action sur la manivelle. Ces positions extrêmes de course s'appellent des points morts en raison même de l'inaction du piston en ces points. Avec un volant suffisamment lourd, on peut considérer qu'en marche, les points morts n'existent pas.

Dans toute machine munie de volant, les points morts ne sont à considérer qu'au moment de la mise en marche. Si l'arrêt a eu lieu en l'un de ces points, il faut nécessairement agir par un moyen quelconque extérieur sur le volant pour amener le piston dans une position convenable pour le démarrage.

Lorsque le piston est à fin de course, vers le fond du cylindre, il reste toujours entre ce fond et le piston un volume plus ou moins grand qui dans les machines à vapeur est considéré comme un espace nuisible mais qui est au contraire un espace utile dans les moteurs à gaz.

Ordinairement cet espace est désigné dans les moteurs à gaz modernes sous le nom de chambre de compression et nous l'appellerons tout simplement « chambre du cylindre ».

45. — Supposons pour fixer les idées qu'il s'agisse d'un moteur à gaz moderne.

Nous ferons pour le moment abstraction du genre de distribution des machines. Il reste seulement entendu que le cylindre doit être muni d'orifices pour l'admission des gaz et leur échappement.

Lorsque le piston est le plus près possible du fond du cylindre, nous disons qu'il est à fin de course arrière ou AR et lorsqu'il est dans la position opposée nous disons qu'il est à fin de course avant ou AV.

Considérons le cylindre rempli d'un mélange détonnant, c'est-à-dire d'un mélange gazeux susceptible de fournir de la chaleur en un instant très court lorsqu'il sera enflammé. Le régime de marche étant établi, l'énergie emmagasinée dans le volant fait revenir le piston vers l'arrière en comprimant le mélange suivant une adiabatique. A fin de course AR le mélange est allumé: la chaleur développée élève la pression du gaz par échauffement et le piston, chassé vers l'avant, accomplit sa course motrice.

En fin de course AV on rejette brusquement alors dans l'atmosphère les gaz encore chauds contenus dans le cylindre de façon que leur pression tombe très rapidement à la pression la plus basse possible, c'est-à-dire à la pression atmosphérique. On répète ensuite les mêmes opérations après avoir chargé le cylindre à nouveau de gaz frais.

46. — Peut-on assimiler ces différentes phases à celles d'un cycle fermé reversible ?

Oui, disons-nous. — Non, répondent quelques théoriciens qui, avant que d'avoir rien fait pour acquérir quelques notions pratiques du fonctionnement des moteurs à gaz, brûlent néanmoins du désir de doter ces intéressantes machines de théories nouvelles dont le besoin ne se fait d'ailleurs nullement sentir. — A les en croire il n'y aurait eu avant eux que vieilles méthodes et vieux auteurs. Et cependant leur manière de faire se résume le plus souvent à traduire le principe de l'équivalence ou celui de la conservation de l'énergie en des équations dont les termes aussi généraux que vagues sont impossibles à préciser lorsqu'on veut seulement passer au calcul.

Faute de mieux on se contente alors de quelques exemples numériques en se servant, sans le dire, des formules ordinaires de la thermodynamique.

Quand par ces procédés peu mathématiques on arrive à démontrer des vérités que tout le monde connaît, il n'y a encore rien à dire, mais certains dépassent vraiment la mesure lorsqu'ils prétendent démontrer par exemple qu'un moteur à gaz peut avoir un rendement supérieur à celui d'un cycle de Carnot.

Lorsqu'il s'agit de sciences appliquées ces erreurs sont malheureusement assez communes, parce que dans ce cas, les problèmes sont toujours difficiles à mettre en équations, en raison même de la multiplicité des phénomènes secondaires qui peuvent se produire.

Parmi tous ces phénomènes, il faut savoir distinguer ceux qui peuvent ou doivent être négligés de ceux qu'il importe au contraire de mettre en lumière, et il est bien certain qu'une pratique longue et approfondie permet seule d'avoir des idées nettes à ce sujet.

Dans tous les cas en ce qui concerne les moteurs à combustion interne on constate qu'en assimilant leurs cycles à des cycles fermés réversibles, de façon à pouvoir les étudier par les procédés ordinaires de la thermodynamique, on arrive à des résultats qui concordent avec la pratique, d'une façon vraiment remarquable.

Pour une fois que la pratique et la théorie se montrent d'accord, il parait au moins excessif de prétendre *a priori* que les théories employées sont fausses.

La seule chose à faire dans ce cas ce n'est pas de nier mais de rechercher les raisons de cet accord.

47. — Prendre un mélange gazeux déterminé, en changer la nature par une réaction chimique qui dégage de la chaleur, faire des compressions et des détentes adiabatiques dans un cylindre métallique et rejeter ensuite le résidu gazeux pour reprendre du gaz frais, ne sont pas des opérations réversibles au vrai sens du mot.

Mais toutes les sciences, et la thermodynamique en particulier, ne sont-elles pas dominées par le principe de l'équivalence qui n'est lui-même qu'une forme du principe plus général de la conservation de l'énergie ? Pourquoi le principe de l'équivalence ne s'appliquerait-il pas ici ?

Il est évident que pour avoir le droit d'appliquer les principes de la thermodynamique à l'étude des cycles réels des moteurs, il suffit de prouver que, dans toutes leurs parties, ces cycles donnent lieu à des phénomènes « équivalents » à ceux des cycles fermés réversibles.

Remarquons d'abord qu'un mélange gazeux combustible pour moteurs contient toujours une très forte proportion de gaz inerte constitué par l'azote de l'air. D'autre part, les produits de la combustion ont à température et pression égales, sensiblement le même volume et les mêmes chaleurs spécifiques que les mélanges gazeux qui leur ont donné naissance.

Les réactions chimiques qui se produisent au moment de l'inflammation n'interviennent donc que comme un moyen d'apporter de la chaleur, sans perte, au sein même de la masse gazeuse en évolution.

En considérant donc le moteur à gaz comme un moteur qui marche avec des gaz qui sont ceux des produits de la combustion et dont l'échauffement résulte d'un apport de chaleur extérieur, on fait une erreur de peu d'importance et dans tous les cas une erreur qui ne peut que faire attribuer au moteur un rendement un peu plus élevé que celui qu'il a réellement.

En ce qui concerne les compressions et les détentes adiabatiques dans une enceinte métallique, nous verrons plus loin qu'en raison même de l'alternance des phénomènes et de leur faible durée, les cylindres des moteurs à gaz peuvent être considérés pratiquement comme athermanes. — Ici encore d'ailleurs, s'il y a perte, le cycle réel sera moins avantageux que le cycle théorique mais la considération du cycle théorique garde toute sa valeur.

On peut encore remarquer qu'au lieu de refroidir les gaz pour les ramener à l'état initial, on les rejette pour reprendre des gaz frais, c'est vrai, mais ce n'est qu'un artifice pour revenir plus facilement à l'état initial.

D'ailleurs ce volume étant occupé par des gaz chauds sous pression, il serait impossible de les refroidir brusquement pour faire tomber leur pression à la valeur de la pression atmosphérique. En les rejetant dans l'atmosphère, tout se passe comme si on les avait refroidis, puisque pour recommencer le cycle on reprend des gaz frais.

On ne changerait rien à la surface du cycle en opérant par refroidissement direct et puisque la chaleur restante est à ce moment inutilisable, peu importe que l'on perde les gaz résiduaires en même temps que leur chaleur.

Il en est de même si on substitue à un refroidissement à pression constante un échappement à la même pression.

Il y a en fait équivalence absolue entre un refroidissement des gaz et un échappement, parce que dans l'un et l'autre cas, aux mêmes moments, on met en jeu les mêmes quantités de chaleur pour produire les mêmes travaux avec les mêmes variations de pressions et de volumes.

Reste l'objection de la non réversibilité.

Remarquons que le mot réversible a été appliqué à un cycle thermique bien avant qu'on s'occupe de la théorie des machines et il n'y a pas lieu de prendre le mot dans son sens abstrait.

On a voulu dire par là que les gaz évoluant suivant un cycle doivent toujours être soumis à un travail résistant en équilibre constant avec le travail qu'ils développent, c'est-à-dire en somme que leur propre pression doit correspondre à une pression égale extérieure quel qu'en soit le sens, avec des variations de températures en correspondance avec les détentes ou les compressions, les échauffements ou les refroidissements qui peuvent survenir.

On a quelquefois dit que pour qu'il en soit ainsi, il faudrait des mouvements extrêmement lents ; il y a au contraire intérêt à avoir des mouvements rapides, car les pertes par rayonnement ou conductibilité sont, toutes choses égales d'ailleurs, moindres à grande qu'à petite vitesse.

D'autre part est-il possible de concevoir un piston qui marcherait tellement vite que la pression des gaz qui agit sur lui ne puisse le suivre dans ses mouvements : évidemment non, car les mouvements du gaz sont extrêmement rapides et d'ailleurs le gaz qui se détend librement acquiert une énergie cinétique qui est intégralement récupérable et, comme les mouvements sont périodiques, en admettant que le phénomène puisse se produire, il n'y aurait pas plus lieu d'en tenir compte, que de tenir compte de l'inertie des pièces en mouvement pour le calcul de la puissance des machines.

Si d'ailleurs à partir d'un certain moment on voulait décrire en sens inverse un cycle réel, on se rapprocherait alors plus du cycle théorique que dans la marche directe parce qu'en retournant à la température la plus élevée, on n'aurait plus qu'à perdre de la chaleur sans qu'il soit nécessaire de recourir à des réactions chimiques pour absorber cette chaleur.

Dans tous les cas, si un cycle devient par moment irréversible, c'est qu'il est déformé par une perte et son rendement ne pourra être alors qu'inférieur au rendement du cycle théorique correspondant.

48. — En résumé, en assimilant les cycles réels à des cycles fermés réversibles, on fait une étude qu'il serait sans profit de rendre plus ardue, car on arrive ainsi dans tous les cas à donner la limite des perfectionnements qu'on peut espérer, et c'est le principal.

Il ne peut servir à rien, sous prétexte de théorie impeccable, de considérer un idéal irréalisable qui ne fait que paraître plus décevants les résultats pratiques qu'on obtient. Il est illusoire de prétendre qu'on doit suivre de plus près les phénomènes réels alors qu'on est impuissant à donner aucune méthode acceptable pour mieux observer ceux-ci.

CHAPITRE VII

Étude des cycles principaux des moteurs à combustion interne

49. Choix des notations. — 50. Formes particulières que peuvent prendre les équations des gaz. — 51. Cycle Beau de Hochas. — 52. Formules de détermination des volumes, pressions et températures des différents points remarquables du cycle. — 53. Différentes expressions de rendement du cycle. — 54. Le rendement croit avec la compression, mais non proportionnellement à celle-ci. — 55. Constance théorique du rendement pour des mélanges tonnants variables. — 56. Inconvénients du réglage qualitatif. — 57. Démonstration sans calcul de l'avantage des compressions élevées. — 58 Avantages des compressions adiabatiques :leur réversibilité. — 59. Inutilité de chercher à réaliser des compressions isothermiques dans les moteurs à gaz. — 60. Cycles à volume constant à détente complète. — 61. Limites inférieure et supérieure de rendement dans ce cas. — 62. Théorème I. — Conditions d'égalité de rendement des cycles ayant même courbe de compression adiabatique. — 63. Principes importants résultant de la démonstration du théorème I. — 64. Cycles à combustion à pression constante et détente limitée.

49. — Lorsqu'on emploie pour l'étude des cycles des moteurs à gaz les notations ordinaires et générales *v*, *p*, *t*, pour désigner les volumes, les pressions et les températures, on arrive à des formules qui ne se prêtent ni aux discussions, ni aux applications. Ce qu'il faut surtout éviter dans l'établissement de pareilles formules, c'est l'introduction de termes qui ne sont pas pratiquement mesurables ou qui ne le sont que très difficilement.

Tel est le cas des températures par exemple en ce qui concerne les moteurs à gaz.

Il faut remarquer du reste que dans les machines thermiques réelles on ne recherche pas l'obtention de telle ou telle température, mais le plus grand travail pour la moindre reprise de chaleur. Quand la température intervient, on la subit, mais sans en rechercher la valeur.

Ce qu'il faut donc c'est arriver à l'établissement de formules dans lesquelles il n'entre que des données comme les volumes et les pressions et même mieux, des rapports de volumes ou de pressions, ce qui d'ailleurs n'empêche pas de passer au calcul des températures quand on le désire.

Nous avons montré pour la première fois au congrès de mécanique de Paris en 1900 que l'établissement de semblables formules convient parfaitement à l'étude des moteurs à combustion interne.

C'est sur ces premières données que nous nous appuierons pour étudier ici le cycle de ces machines.

50. — Nous avons vu précédemment (n° 44), en décrivant élémentairement une machine à mouvement alternatif, que le piston à fin de course AR laissait toujours derrière lui un volume v que nous avons appelé la « chambre » (fig. 2).

Nous allons faire dès maintenant la convention de prendre dans nos calculs pour unité de volume le volume de la « chambre » des cylindres. Nous aurons donc toujours ainsi $v = 1$.

De plus nous supposerons que ce volume v est le volume d'un kilogramme du mélange gazeux évoluant dans la machine.

D'autre part, nous prendrons pour unité de pression la pression atmosphérique H, et pour unité de température, la température du mélange gazeux avant compression. Nous aurons donc toujours $H = 1$ et $t_0 = 1$.

Nous voyons que le volume total d'un cylindre, ou la cylindrée décrite par le piston, sera représenté, d'après nos conventions, par un nombre de fois le volume de la chambre. Autrement dit, les volumes seront exprimés par des nombres qui représentent le rapport des volumes observés au volume des chambres.

Les formules que nous obtiendrons ainsi ne contiendront alors, comme termes, que des rapports. Elles seront donc absolument générales car elles seront indépendantes des dimensions des machines.

Rien n'est plus facile, du reste en pratique, que la mesure de rapports de volumes.

Nous verrons combien ces simples hypothèses peuvent rendre claires les formules les plus abstraites.

51. — Pour fixer les idées, considérons d'abord le cycle de Beau de Rochas qui est le plus ordinairement appliqué. La fig. 10 représente un diagramme en volume-pression ; en dessous, nous avons figuré un cylindre avec son piston.

Les volumes sont comptés suivant *ox*, direction de déplacement du piston, et les pressions suivant *oy*.

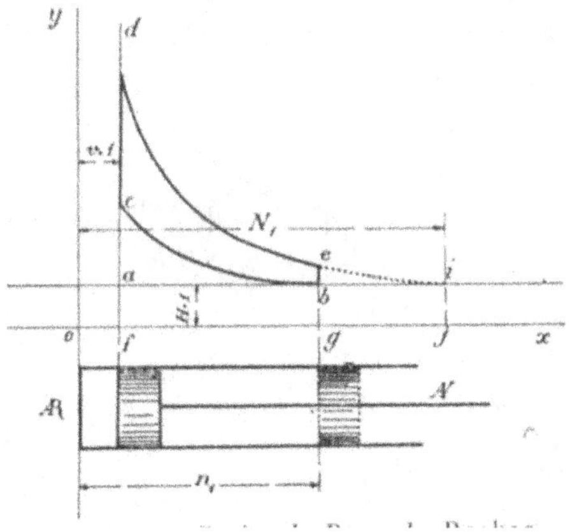

Fig. 10. — Cycle de Beau de Rochas.

La « chambre » est représentée par *of* = 1. n_1 désignera le volume total du cylindre *og*.

La pression atmosphérique est représentée par *fa* = 1.

Pratiquement, le mouvement du piston de *a* en *b*, à la pression atmosphérique, détermine l'aspiration du mélange tonnant et le retour de *b* en *c*, la compression de ce mélange ; en *c* se produit l'allumage et par conséquent l'apport de chaleur qui fait monter, à volume constant, la pression en *d*. De *d* en *e*, par détente des gaz, le piston accomplit sa course motrice; puis les gaz sont rejetés dans l'atmosphère, d'abord de *e* en *b*, puis de *b* en *a*, au retour du piston.

Remarquons que la ligne *ab* est parcourue deux fois en sens contraire par le piston : une fois pour l'aspiration et une fois pour l'échappement. Théoriquement, il n'y a donc pas lieu de tenir compte de ces parcours qui s'annulent. Tout se passe comme si, de *e* en *b*, par refroidissement à volume constant, la masse gazeuse en évolution reprenait son état initial et comme si, d'autre part, de *c* en *d*, les gaz recevaient un apport de chaleur extérieur.

En *b* le volume du gaz est n_1, la pression H = 1 et la température t_0= 1.

La température t_0 est exprimée en degrés absolus, c'est-à-dire en supposant que l'échelle thermométrique commence à 273° au-dessous du zéro centigrade, mais dans nos formules, les températures seront simplement un nombre de fois t_0.

Avec ces données, l'équation fondamentale des gaz pv= Rt devient :

$$1 \times n_1 = \mathrm{R} \times 1$$

$$\text{ou} \qquad n_1 = \mathrm{R} \qquad (39)$$

Et désignant par *n, p, t,* les volume, pression et température d'un point quelconque, on a :

$$pn = n_1 t \qquad (40)$$

Quels que soient donc les gaz considérés, il n'y a aucun calcul à faire pour la détermination de la valeur R, ce qui est déjà une grande simplification.

La loi de Mariotte donne pn = Cte.

La constante est déterminée par l'état initial de volume n_1.

On a donc $pn = 1 \times n_1$ ou $pn = n_1$ (41)

La loi de Poisson s'exprime par $pn^{\gamma} = C^{t}$ et l'état initial donne encore ici :

$$pn^{\gamma} = 1 \times n_1^{\gamma} \quad \text{ou} \quad pn^{\gamma} = n_1^{\gamma} \qquad (24)$$

Considérons encore la courbe de détente *de* idéalement prolongée jusqu'à la pression atmosphérique et appelons N_1, le volume ainsi obtenu (fig. 10).

Déterminons les états du mélange gazeux aux différents points remarquables du cycle. En *c*, désignons la pression par π, et la température par θ ; le volume est 1.

En *d*, le volume étant toujours 1, appelons la pression P, et la température T.

En *e*, le volume étant redevenu n_1, représentons la pression par p' et la température par t'.

Pour un point quelconque de la courbe de détente, nous désignerons le volume par n_d, la pression par p_d, la température par t_d, et respectivement par $n_c\, p_c\, t_e$ les caractéristiques d'un point de la courbe de compression.

Par définition la quantité de chaleur apportée de *c* en *d* est :

$$Q = c\,(T - \theta) \quad \text{ou} \quad Q = cT_0 \qquad (43)$$

en posant : $$T - 0 = T_0 \qquad (44)$$

c étant la chaleur spécifique à volume constant.

Remarquons que pour un mélange combustible gazeux déterminé, T_0 est une « constante ».

Ce T_0 s'exprime en nombre de fois t_0, comme toutes les températures, mais c'est ici un « nombre » de degré et non à proprement parler une température. Ce nombre T_0 est déterminé uniquement par la quantité de calories contenues dans le poids du mélange gazeux en évolution.

Nous insistons sur ces remarques qui, malgré leur importance, ne semblent pas avoir retenu l'attention des auteurs.

La valeur $T - \theta$ dont on n'avait pas remarqué la constance a souvent donné lieu à des interprétations erronées.

52. — De la combinaison des équations (40), (41), (42), (43) et (44) ... on déduit les formules remarquables suivantes :

(45) $\pi = n_1^{\gamma}$ pression } de compression.

(46) $\theta = \dfrac{n_1^{\gamma}}{n_1}$ température } de compression.

(47) $P = N_1^{\gamma}$ pression } d'explosion.

(48) $T = \theta + T_0$ température } d'explosion.

(49) $N_1^{\gamma} - n_1^{\gamma}$ ou $P - \pi = n_1 T_0$ augmentation de pression due à l'explosion et directement proportionnelle à T_0, c'est-à-dire à Q, quantité de chaleur fournie au cycle.

(50) $t' = T \dfrac{n_1}{n_1^{\gamma}}$ ou $t' = \dfrac{T}{\theta}$ température } de fin de détente dans le cylindre.

(51) $p' = \dfrac{N_1^{\gamma}}{n_1^{\gamma}}$ ou $p' = \dfrac{P}{\pi}$ pression } de fin de détente dans le cylindre.

(52) $p_d = \dfrac{N_1^{\gamma}}{n^{\gamma}}$ pression } en un point quelconque de la courbe de détente.

(53) $t_d = T \dfrac{n}{n^{\gamma}}$ température } en un point quelconque de la courbe de détente.

(54) $p_c = \dfrac{n_1^{\gamma}}{n^{\gamma}}$ pression } en point quelconque de la courbe de compression.

(55) $t_c = \theta \dfrac{n}{n^{\gamma}}$ température } en point quelconque de la courbe de compression.

Ainsi que nous l'avons vu la chaleur fournie au cycle est :

$$Q = cT_0$$

La chaleur reprise est $q = c\,(t' - 1)$.
Par définition le rendement du cycle est :

$$\rho = \frac{Q - q}{Q} = 1 - \frac{q}{Q} = 1 - \frac{c\,(t' - 1)}{c\,T_0}$$

Ou :

$$\rho = 1 - \frac{t' - 1}{T_0}$$

Mais d'après les équations ci-dessus :

$$t' = \frac{T\,n_1}{n_1{}^{\gamma}} \quad \text{et} \quad T_0 = T - \theta$$

On a donc :

$$\rho = 1 - \frac{\frac{T}{\theta} - 1}{T - \theta} \text{ et en simplifiant } \rho = 1 - \frac{1}{\theta}$$

d'où :

$$\rho = 1 - \frac{n_1}{n_1{}^{\gamma}} \qquad (56)$$

ou :

$$\rho = 1 - \frac{n_1}{\pi} \qquad (57)$$

Remarquons que si la compression, au lieu d'être adiabatique était isothermique, c'est-à-dire si cette compression se faisait suivant la loi de Mariotte, sa valeur à fin de course AR du piston serait $\omega = n_1$.

On peut donc écrire :

$$\rho = 1 - \frac{\omega}{\pi} \text{ ou } l = \frac{\pi - \omega}{\pi} \qquad (58)$$

Ce qui explique encore que l*e rendement d'un cycle de Beau de Rochas est égal au rapport de la différence entre les compressions adiabatiques et isothermiques et la valeur de la compression adiabatique.*

Les formules (56) et (57) sont tout à fait remarquables.

Elles montrent en effet que dans un cycle Beau de Rochas (qui est à détente limitée au volume d'aspiration puisque dans un tel cycle le volume initial de compression est le même que celui de détente) le rendement thermique ne dépend uniquement que de la valeur de la compression et par conséquent du rapport du volume de la chambre de compression au volume total du cylindre.

Les températures n'interviennent en aucune façon dans les formules et par conséquent pour faire produire à un moteur son maximum de puissance, il faut introduire dans son cylindre la charge de gaz à la plus basse température possible[5], c'est-à-dire à son maximum de densité, afin que pour un mélange de proportion donnée, on introduise dans la machine le maximum de calories et par conséquent de chaleur à transformer.

54. — L'exposant y étant plus grand que 1 (y = 1,30 à 1,35 pour les moteurs à gaz) n_1^y croit plus vite que n_1 et par conséquent, n_1 / n_1^y devient de plus en plus petit à mesure que n_1 augmente. Comme ce rapport est retranché de 1 pour exprimer le rendement, on voit que ce rendement augmente avec la compression.

Cette remarque a été faite pour la première fois par M. A. Witz en 1883 et elle a été depuis constamment contrôlée par la pratique.

Nous verrons, en traçant la courbe des rendements, que leur augmentation n'est pourtant pas proportionnelle à l'augmentation des compressions. Le calcul indique qu'au-dessus de 15 kilog., il n'y a plus grand chose à gagner par la compression, du moins pour les moteurs à explosions à volume constant.

55. — Remarquons encore que les formules (56 et 57) montrent que pour un cycle Beau de Rochas, le rendement est indépendant de la quantité de chaleur qui lui est fournie, c'est-

5) Contrairement à l'idée admise autrefois qu'on opérait une récupération en chauffant par les gaz d'échappement le mélange tonnant avant son introduction.

à-dire que quelle que soit la valeur de $P - \pi = n_1 T_0$, la proportion de chaleur transformée ne changera pas et restera proportionnelle à T_0.

Or on ne demande pas à une machine de fournir constamment le maximum de sa force. Quand le travail effectif diminue, il faut bien, pour conserver au moteur son allure régulière, réduire son travail indiqué. La remarque ci-dessus fait voir que théoriquement, il serait excellent pour diminuer la surface des diagrammes, qui ne sont que l'image du cycle, de réduire T_0, et par conséquent le nombre des calories par charge introduites dans le moteur proportionnellement au travail exigé.

En fait il existe beaucoup de moteurs qui sont réglés de cette manière. Par ce procédé on admet dans la machine toujours le même volume gazeux mais avec des proportions décroissantes de gaz combustibles, le gaz manquant étant remplacé soit par de l'air, soit par des gaz brûlés. Otto fut le premier à appliquer ce mode de réglage à ses machines.

C'est ce qu'on a appelé le réglage par appauvrissement avec compression constante ou réglage qualitatif.

56. — Malheureusement la pratique montre que plus les mélanges gazeux s'appauvrissent en gaz combustible et plus ils brûlent lentement.

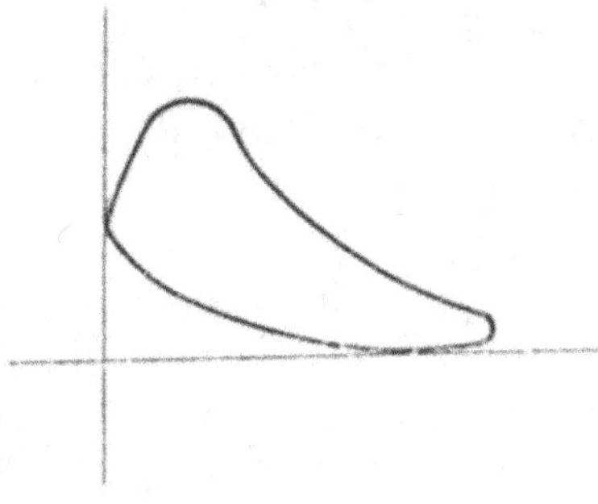

Fig. 11. — Diagramme à combustion ralentie.

Or si ces mélanges brûlent lentement, l'apport de chaleur ne se fait plus à volume constant et la ligne de combustion, au lieu de rester verticale, s'incline de plus en plus et la combustion s'achève pendant la course motrice du piston, comme l'indique la fig. 11.

Dans ces conditions, le cycle décrit n'est plus celui de la fig. 10. C'est un autre cycle qui peut parfaitement s'étudier et se discuter par l'examen des diagrammes relevés sur les moteurs et dont le rendement est d'autant plus inférieur au cycle normal que la courbe de combustion est plus infléchie.

Il en résulte que le réglage par simple appauvrissement d'un mélange gazeux n'est pas favorable au point de vue des consommations à charge réduite.

Nous reviendrons sur ce sujet lorsque nous parlerons du réglage des machines.

57. — Sans calcul il est facile de faire comprendre pourquoi une augmentation de compression améliore le rendement d'un moteur à gaz lorsque le diagramme reste ce que nous appelons « correct », c'est-à-dire lorsque l'explosion du mélange gazeux se fait pratiquement à volume constant, et pourquoi cet effet est en partie détruit par une combustion ralentie.

Nous avons vu qu'un gaz sous pression produit d'autant plus de travail, toutes choses égales d'ailleurs, que sa détente est poussée plus loin.

Le travail étant en effet mesuré par l'aire comprise entre la courbe représentative des états du gaz pendant sa détente et l'axe suivant lequel on mesure les volumes, il est clair que plus la courbe s'allongera et plus la surface qu'elle couvrira sera grande.

Remarquons en passant que c'est par erreur qu'on considère souvent qu'un moteur a une détente d'autant plus longue que la course de son piston est plus allongée.

La simple considération de la course du piston n'a aucun sens au point de vue des détentes.

On peut faire des détentes très longues avec des courses de piston très courtes et inversement faire de courtes détentes avec des courses très longues.

La valeur d'une détente en effet ne peut s'exprimer que par le rapport entre le volume des gaz au moment où tout apport de chaleur a cessé et le volume obtenu quand on arrête la détente.

Ainsi pour un cycle Beau de Rochas que nous avons défini comme correct, le volume initial avant la détente est celui de la

« chambre » de compression et le volume final après détente est celui de la totalité du cylindre.

Or, plus la chambre sera petite par rapport au volume du cylindre, plus le volume possible de détente sera grand par rapport au volume initial et par conséquent plus on obtiendra de travail pour un apport de chaleur déterminé, c'est-à-dire plus le rendement du moteur augmentera.

Remarquons que le nombre n_1 de nos formules exprime précisément le rapport de détente du cylindre auquel il s'applique.

Donc plus n_1 sera grand, c'est-à-dire plus la chambre sera petite, et plus la détente du gaz et par conséquent le rendement de la machine augmentera.

L'élévation de compression qui résulte d'un rétrécissement de la « chambre » n'est donc qu'une conséquence des dispositions adoptées pour la réalisation de la marche et non la cause directe de l'augmentation du rendement.

La compression a d'ailleurs un effet favorable sur la rapidité des combustions. On conçoit en effet que la flamme se propagera d'autant plus rapidement dans un milieu gazeux combustible que les molécules des gaz seront plus rapprochées. La remarque a sa valeur pour les mélanges pauvres en calories. Du reste on ne fait pas ce que l'on veut avec les compressions : leur valeur doit être proportionnée à la richesse des mélanges gazeux à employer.

58. — Certains auteurs ont considéré la compression adiabatique préalable comme une perte qu'il faudrait éviter ou du moins réduire ; c'est une grave erreur. La compression adiabatique donne bien lieu à un travail négatif, au moment où on la produit, mais ce n'est pas un travail perdu ; ce travail est intégralement rendu par la détente des gaz après combustion.

En somme, la compression adiabatique fait l'effet d'un ressort qui restitue en entier le travail qu'on a dépensé pour le comprimer.

D'ailleurs, lorsqu'on relève avec un indicateur en bon état un diagramme sur un moteur en marche, après avoir supprimé l'allumage par exemple, on remarque que la courbe de détente qui suit la compression adiabatique recouvre complètement la courbe de compression, produisant ainsi par réversibilité absolue, un travail positif égal au travail négatif effectué d'abord.

Remarquons encore que la compression adiabatique échauffe le gaz et produit par conséquent de la chaleur, mais une détente subséquente et immédiate retransforme en travail la chaleur apparue avec par conséquent, un rendement égal à 1. C'est le seul cas du reste où, de la chaleur apparaissant, il est possible de la transformer intégralement en travail.

Théoriquement, le phénomène se comprend de lui-même. En pratique, il semble *a priori* que la courbe de détente d'un gaz qu'on vient de comprimer adiabatiquement ne devrait pas suivre la courbe de compression adiabatique, car une partie de la chaleur produite devrait être absorbée par les parois du cylindre et la courbe de détente devrait passer par conséquent eu dessous de la courbe de compression, en décrivant une aire négative; l'observation directe prouve que s'il en est ainsi dans un cylindre froid et pour la première course du piston, il n'en est rien dans un moteur dont le régime de chaleur est établi.

Nous expliquerons pourquoi les choses se passent ainsi lorsque nous nous occuperons de l'action des parois.

Dans tous les cas, lorsqu'en coupant l'allumage sur un moteur, on trouve des courbes de compression et de détente qui ne se recouvrent pas, c'est que l'appareil indicateur employé est en mauvais état ou est mal monté.

La constatation est facile car, lorsque le mécanisme d'inscription d'un indicateur a du jeu, c'est la courbe de détente qui passe au-dessus de la courbe de compression, ce qui, évidemment, ne peut se produire normalement.

59. — Les auteurs qui considèrent à tort, comme nous le verrons plus loin, que le travail d'une compression adiabatique constitue une perte, voient une amélioration importante des moteurs à gaz dans la substitution d'une compression isothermique à la compression adiabatique dans les cylindres.

Disons tout de suite que la compression isothermique est irréalisable dans le cylindre de travail parce qu'il n'existe aucun moyen pratique de refroidir les mélanges gazeux admis. Pour empocher l'élévation de la température pendant sa compression, il faudrait faire la compression dans des cylindres séparés, mais la pratique a déjà reconnu que le procédé était mauvais et même dangereux.

Il n'y a pas lieu de se désoler qu'il en soit ainsi, car une compression isothermique ne donnerait qu'un abaissement de rendement.

Cette question étant très controversée, nous l'étudierons aussi complètement que possible.

C'est certainement par une fausse interprétation des moyens auxquels il faut recourir pour produire de l'air comprimé destiné à une distribution de force motrice qu'est venue l'idée de préconiser des compressions isothermiques dans les moteurs.

Dans les compresseurs d'air on cherche avec raison à empêcher l'échauffement de l'air qu'on comprime et on ne recule pas devant la complication de l'emploi de compressions étagées pour arriver à ce résultat.

Si, en effet, on faisait dans les compresseurs d'air des compressions adiabatiques, on monterait plus vite en pression, il est vrai, mais on enverrait dans les réservoirs de l'air chaud comprimé. Or cet air ne pouvant être conservé chaud, il se refroidirait forcément et par conséquent sa pression irait en baissant jusqu'à ce que sa température soit égale à la température ambiante. Comme inévitablement, dans ce cas, on perdrait la chaleur produite, chaleur précieuse puisqu'elle provient d'un travail mécanique, il vaut mieux ne pas la produire et par conséquent ne pas perdre le travail auquel elle correspond. C'est pourquoi dans les compresseurs on s'efforce de réaliser des compressions isothermiques.

Pour les moteurs à gaz au contraire, dans lesquels les gaz sont employés chauds et où les phénomènes se suivent avec une extrême rapidité, le problème est tout différent.

Supposons pour un instant qu'on ait réalisé un moteur à gaz à compression isothermique et observons d'abord le diagramme qu'on obtiendrait en coupant l'allumage. La détente qui suivrait la compression serait évidemment adiabatique car il ne serait pas possible de rendre au gaz pendant cette détente la chaleur qu'on lui aurait enlevée pendant la compression. Or, d'après ce que nous avons vu précédemment (n° 36), nous savons que partant d'un point, la courbe de détente adiabatique est toujours en dessous de la courbe isothermique. Il reste donc ainsi un travail négatif non compensé.

Autrement dit l'effet de « ressort » que produit une compression adiabatique n'existe plus ici et le travail dépensé pour la compression n'est pas intégralement rendu.

A priori, du reste, on ne comprend pas pourquoi on pourrait gagner quelque chose au début d'un cycle en commençant par perdre de la chaleur, surtout lorsque cette chaleur provient d'un travail.

La nécessité de comprimer isothermiquement l'air dans les compresseurs n'est en somme qu'une manière de perdre un peu pour ne pas perdre plus et d'ailleurs la transmission de la force motrice par l'air comprimé n'a jamais été donnée comme un procédé économique.

Mais indépendamment de ces remarques on peut démontrer directement qu'un cycle à compression isothermique est toujours inférieur au cycle à compression adiabatique réalisable dans le même cylindre de travail.

C'est ce que nous ferons plus loin d'une manière générale lorsque notre étude des cycles sera plus avancée.

60.— Supposons maintenant que le moteur étudié soit disposé de telle manière que la détente, au lieu d'être limitée au volume d'aspiration, puisse être prolongée jusqu'à ce que la pression des gaz évoluant tombe à la valeur de la pression atmosphérique en *i* (fig. 10), on obtient ainsi ce que quelques auteurs ont appelé un *cycle à détente complète*.

Dans ce cas la température de fin de détente a pour expression :

$$(58) \qquad t'' = \frac{N_1}{n_1} \qquad \text{ou} \qquad t'' = T\frac{N_1}{N_1^{\gamma}} \qquad (59)$$

suivant qu'on compare l'état actuel du gaz à l'état initial en *b* ou à son état au commencement de la détente en *d*.

La quantité de chaleur Q fournie au cycle n'a pas varié et est toujours représentée par la relation $Q = cT_o$.

Mais la chaleur non transformable *q* à rejeter est reprise à pression constante de *i* en *b*. Sa valeur est :

$$q = C\,(t'' - 1)$$

L'expression du rendement est donc :

$$\rho = \frac{Q - q}{Q} = \frac{cTo - C\,(t'' - 1)}{cT_0} = 1 - \frac{C}{c}\left(\frac{t'' - 1}{T_0}\right)$$

Mais $C / c = y$. Remplaçons t" et T_o par leur valeur calculée en fonction des volumes N_1 et n_1, on a finalement :

$$\rho = 1 - \gamma\,\frac{N_1 - n_1}{N_1^{\gamma} - n_1^{\gamma}} \qquad (60)$$

Ce qui peut encore s'écrire :

$$(61) \qquad \rho = 1 - \gamma\frac{N_1 - n_1}{P - \pi}$$

61. — On voit ici que n_1 étant fixe, le rendement n'est plus indépendant de la quantité de chaleur fournie au cycle comme dans le cas simple de Beau de Rochas, attendu qu'il dépend maintenant de la pression d'explosion P qui elle-même dépend de T_o et par conséquent de Q, l'apport de chaleur. $P = N_1^{\gamma}$ figurant positivement au numérateur du terme négatif de l'équation (60), il est évident que plus P sera grand et, plus le rendement sera élevé.

Inversement N_1 - n_1 diminue le rendement mais cette diminution a une limite. En effet la limite inférieure de la valeur de N_1, c'est n_1 puisque à ce moment la courbe de détente recouvre la courbe de compression et l'apport de chaleur est nul.

Que devient alors l'équation (60) ?

Quand N_1, seule variable, tend vers n_1 considéré comme une constante a priori, le problème reste indéterminé puisque le numérateur et le dénominateur du second nombre deviennent nuls en même temps.

En passant par le rapport des dérivés du numérateur et, du dénominateur de l'expression (60) pour lever l'indétermination et en passant à la limite, il vient :

$$\rho = 1 - \frac{n_1}{n_1^{\gamma}}$$

Le rendement du cycle à détente prolongée a donc pour limite inférieure le rendement du cycle Beau de Rochas correspondant à sa compression et il croit au fur et à mesure que la pression d'explosion croit ainsi que nous l'avons montré plus haut.

Il est d'ailleurs évident que le cycle à détente prolongée donne un rendement plus élevé que le cycle Beau de Rochas de même compression, puisqu'on obtient ainsi pour une même dépense de chaleur un travail augmenté de toute la surface couverte par la prolongation même de la détente.

Nous voyons par ce qui précède qu'en réglant une machine dont le cycle est à détente prolongée par réduction de l'explosion, c'est-à-dire par un appauvrissement en gaz combustible du mélange introduit, le rendement diminue.

Indépendamment donc de la difficulté qu'on éprouve à faire détoner dans le même temps des mélanges de plus en plus dilués, le procédé n'est pas à recommander si la compression reste constante.

Nous avons encore à faire une remarque sur la formule (60).

Nous pouvons en effet considérer N_1 comme constant et n_1 comme variable à l'inverse de ce que nous avons fait plus haut.

Dans ce cas lorsque n_1 tend vers N_1, il se produit également un appauvrissement du mélange tonnant allant jusqu'à la suppression de tout apport de chaleur.

En opérant comme dans le cas précédent on trouve alors qu'à la limite la formule (60) devient :

$$\rho = 1 - \frac{N_1}{N_1^{\gamma}}$$

Par conséquent le rendement d'un cycle à détente prolongée est toujours compris entre ceux de deux cycles Beau de Rochas dont l'un aurait la même courbe de compression et dont l'autre aurait pour courbe de compression la courbe de détente même du cycle considéré. Cette remarque nous servira.

62. — En recherchant directement l'expression du rendement d'un cycle Beau de Rochas, nous n'avons fait qu'envisager un cas particulier du théorème suivant :

Théorème I : *Pour tous les cycles fonctionnant entre deux adiabatiques l'un de compression, l'autre de détente, si l'adiabatique de compression leur est commune et que la chaleur à rejeter est pour chaque cycle reprise avec les mêmes valeurs de coefficients de chaleur spécifique que la chaleur qui a été rapportée, le rendement thermique ne change pas et a pour valeur celui d'un cycle de Carnot qui fonctionnerait entre les températures initiales et finales de compression.*

La fig. 12 représente quelques-uns de ces cycles :

1°. *bcdeb*, cycle Beau de Rochas, avec apport et reprise de chaleur à volume constant.

2°. *bchjb*, cycle à combustion à détente complète avec apport et reprise de chaleur à pression constante.

3°. *bcszb*, cycle de Carnot avec apport et reprise de chaleur à température constante. La détente dans ce cas se prolonge en dessous de la pression atmosphérique jusqu'à ce que la température devienne égale à la température initiale du cycle en *b*.

4°. *bclmb*, cycle quelconque pour lequel les fragments de courbes d'apport et de reprise de chaleur tels que *qr* et *np*, déterminés par le tracé de deux adiabatiques voisines, correspondent au même coefficient de chaleur spécifique.

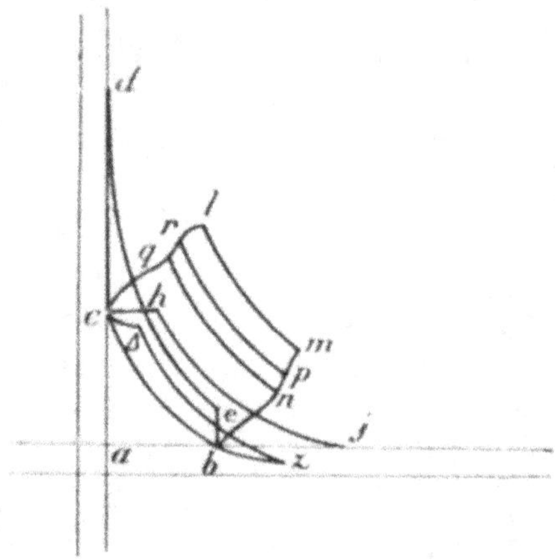

Fig. 12.— Cycles de rendements égaux.

Pour la démonstration de ce théorème nous renvoyons le lecteur au mémoire que nous avons communiqué au congrès de mécanique de l'exposition universelle de 1900[6].

Pour toute la classe des cycles considérés, on trouve pour l'expression du rendement :

$$\rho = 1 - t / \theta$$

Cette formule est en somme la même que celle que nous avons déjà trouvée (n° 53), en posant $t = 1$: elle est absolument générale.

Cette formule s'applique notamment à tous les cycles considérés ci-dessus et en particulier au cycle de Carnot *bcszb*.

Il ne faudrait pas conclure de là que les cycles des moteurs à gaz sont équivalents à des cycles de Carnot, car nous n'avons pas du tout considéré dans la démonstration ci-dessus les températures extrêmes des cycles, mais seulement les températures initiales et finales de compression.

La comparaison avec un cycle de Carnot dans le cas qui nous occupe n'a pas d'autre valeur que celle d'une remarque intéressante.

6) *Contribution à l'étude des moteurs thermiques*, par L. Letombe, Dunod et Pinat, éditeurs.

63. — Du théorème I nous pouvons déduire quelques principes très importants au point de vue des applications.

1.° De tous les cycles considérés à rendements égaux, le plus facile à réaliser est sans conteste le cycle à apport et reprise de chaleur à volume constant, c'est-à-dire le cycle Beau de Rochas.

2.° Pour tous les cycles considérés le rendement croit quand la compression augmente.

3.° Pour ces cycles, le rendement est d'autant plus élevé que l'exposant y est plus grand. Ce qui revient à dire que pour les moteurs à gaz, il y a avantage à marcher avec un mélange dilué dans un grand volume d'azote ou d'air, cas pour lesquels le y est maximum.

4.° A compression égale, le cycle à combustion sous pression constante est toujours inférieur à un cycle Beau de Rochas puisque, pour avoir un rendement seulement égal à celui de ce dernier, il lui faudrait une détente complète, ce qui est pratiquement impossible.
Les cycles à combustion pour être économiques devront donc avoir des compressions notablement plus élevées que celles des cycles à explosion.

5.° A compression égale un cycle à combustion isothermique est toujours inférieur à un cycle à combustion sous pression constante, car les détentes en dessous de la pression atmosphérique ne sont pas possibles.
Loin donc de rechercher une combustion isothermique, il faut l'éviter. Une combustion isothermique est d'ailleurs elle-même impossible à obtenir pratiquement.

6.° Le cycle Beau de Rochas peut être amélioré par une prolongation de détente.

7.° Cette dernière remarque suffit à démontrer que, pour une compression donnée, le cycle à explosions à volume constant et détente prolongée est supérieur à tout autre cycle quelconque.

8.° Dans un cycle à combustion sous pression constante la température monte, proportionnellement à la durée de la combustion mais sans aucun profit pour le rendement.

On voit, par ce dernier postulat qu'un cycle qui, en pratique, donne des résultats médiocres mais qui accuse des températures élevées, n'est pas par le fait même perfectible. C'est ainsi que pour les turbines à gaz, on ne peut, contrairement à ce qui a été déjà dit et écrit, compter, pour améliorer le rendement, pouvoir suppléer à un manque de compression par une élévation de la température de combustion à pression constante.

Nous constatons donc ainsi une fois de plus que la simple observation des températures pour juger de la valeur d'un cycle, est insuffisante : il faut dans chaque cas particulier déterminer le rendement maximum réel dont le cycle considéré est capable.

64. — Comme *cycle élémentaire, nous avons encore à examiner celui des moteurs à combustion à pression constante dont le volume de détente est égal au volume initial de compression.* C'est le véritable cycle des moteurs du genre Diesel.

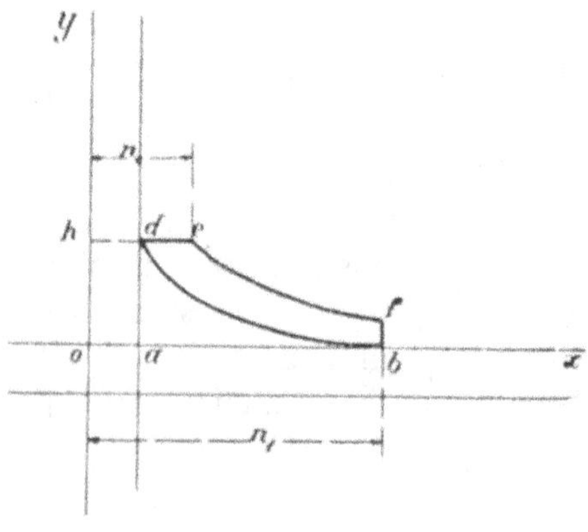

Fig. 13. — Cycle à combustion à détente limitée.

Un tel cycle est représenté par *bdefb* (fig. 13). De *b* en *d* on a une compression d'air et de *d* en *e* un apport de chaleur, par une injection de pétrole par exemple qui brûle au fur et à mesure de son introduction. De *e* en *f* a lieu la détente des gaz et de *f* en *b* un refroidissement à volume constant ou un échappement.

D'après nos notations $ob = n_1$ (n° 52) posons $he = n_0$

En effectuant les calculs, on trouve pour l'expression du rendement :

$$\rho = 1 - \frac{1}{\gamma} \frac{n_0^\gamma - 1}{n_0 - 1} \frac{n_1}{n_1^\gamma} \qquad (67)$$

Par un raisonnement analogue à ceux que nous avons déjà faits, on voit d'après cette formule que le rendement d'un cycle à combustion à détente limitée au volume initial de compression croît quand n_1 augmente, c'est-à-dire avec l'augmentation de compression.

On voit, d'autre part, fait très important, que le rendement d'un tel cycle augmente également quand n_0 décroît, puisque n_0^γ se trouve au numérateur du terme négatif de la formule considérée. Ceci veut dire que dans un cycle à combustion, il y a avantage, pour améliorer le rendement, à faire des combustions courtes, c'est-à-dire précisément à ne pas chercher à monter en température.

Le raccourcissement de la période de combustion est de ce fait un excellent moyen de réglage pour ce genre de machine et c'est aussi d'ailleurs le moyen le plus naturel à employer.

Nous venons de voir que le rendement du cycle à combustion augmente quand n_0 diminue ; il est intéressant de rechercher vers quelle valeur tend ce rendement lorsque n_0 tend lui-même vers sa plus petite valeur qui est 1.

Disons tout de suite qu'on trouve pour limite en effectuant les calculs convenables :

$$\rho = 1 - \frac{n_1}{n_1^\gamma}$$

valeur qui correspond précisément à un cycle de Beau de Rochas ou à un cycle à combustion à détente complète.

CHAPITRE VIII

Cycles complexes

65. Décomposition d'un cycle quelconque en cycles élémentaires. — 66. Théorème II : le rendement d'un cycle quelconque est égal à la somme algébrique des rendements des cycles qui le composent. 67. Théorème III : à détente et pression d'explosion égales, le rendement d'un cycle croit quand la compression augmente. — 68. Principe du réglage par sur-compression — 69. Données indispensables à connaître pour juger des qualités d'un moteur. — 70. Cycle mixte à explosion et combustion à détente prolongée. — 71. Cycle ordinaire des moteurs à gaz. — 72. Exemple d'un calcul de rendement. — 73 Importance d'une combustion courte, qui suit une explosion. — 74. Inconvénients d'une combustion prolongée. — 75. Cycles à combustion irrégulière. — 76. Cycles à combustion isothermique. — 77. Remarques sur les chaleurs spécifiques des gaz. — 78. Les chaleurs spécifiques des gaz considérés comme permanents sont constantes. — 79. Conditions d'application des formules de rendement.

65. — Les cycles des machines réelles n'ont pas toujours les formes simples que nous venons d'étudier. Le plus souvent ces formes sont complexes et il est nécessaire de les étudier telles qu'elles sont et non pas de les considérer comme une simple déformation de cycles élémentaires.

C'est ainsi que dans les moteurs dits à explosions, le cycle suivi est presque toujours mixte, partie à volume constant et partie à pression constante, c'est ce qui se présente lorsqu'après une élévation de pression rapide on observe un arrondi sur les diagrammes avant le commencement de la détente.

L'arrondi est d'ailleurs absolument nécessaire si on veut obtenir des diagrammes très nourris, c'est-à-dire si on cherche à faire produire aux machines le maximum de travail possible eu égard à leurs dimensions.

Pour l'étude des cycles complexes nous avons d'ailleurs un excellent moyen à notre disposition, c'est de décomposer ces cycles en cycles élémentaires déjà étudiés et dont nous connaissons par conséquent les valeurs de rendement.

On peut en effet toujours considérer qu'un cycle a été parcouru en plusieurs fois, en le coupant par des lignes quelconques qu'il suffit alors de supposer avoir été parcourues une fois dans un sens et une fois en sens contraire.

Soit le cycle *abcd*, couponsle par la ligne *ac*. On peut considérer qu'on a d'abord décrit le cycle *cdac* puis le cycle *cabc* (fig. 14).

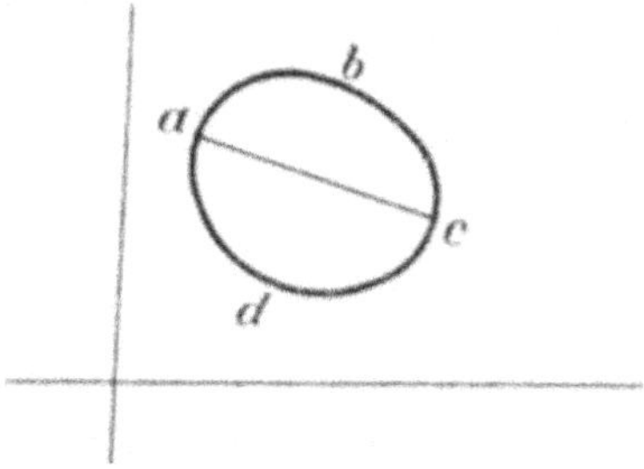

Fig. 14. — Cycle décomposé.

La ligne *ac* ayant été parcourue dans deux sens différents a donné lieu à des travaux égaux et de sens contraire qui s'annulent rigoureusement. Après la décomposition d'un cycle en cycles élémentaires, la valeur de son rendement s'obtient facilement en appliquant les théorèmes suivants dont nous avons donné la démonstration au Congrès de mécanique de 1900.

66. Théorème II. — *Le rendement d'un cycle quelconque est égal à la somme algébrique des rendements des cycles élémentaires en lesquels on l'a décomposé, rendements évalués proportionnellement à la quantité de chaleur absorbée par chacun d'eux.*

En général, pour décomposer les cycles à étudier en cycles élémentaires, il suffit de les couper par des adiabatiques convenablement choisis.

67. — Théorème III. – *A détente et pression d'explosion égales, le rendement d'un cycle augmente quand la compression augmente.*

Considérons un cycle à détente prolongée (fig. 15), dont nous supposons *ad* constant et par conséquent *ae*. Découpons ce cycle par une infinité de courbes adiabatiques partant de *cd* et correspondant à des élévations de pression infiniment petites *dp*.

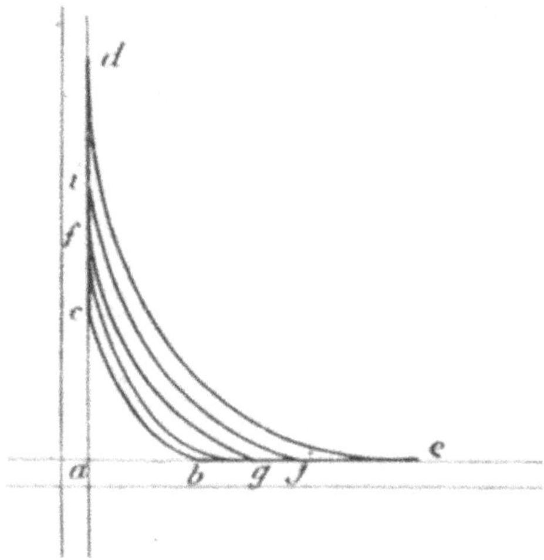

Fig. 14. — Cycle décomposé.

Nous avons ainsi décomposé le cycle en cycles élémentaires infiniment petits, tels que *gfij*, tous à détentes complètes. Or, d'après ce que nous avons vu (n° 61), chacun de ces cycles, lorsque *dp* tend vers *o*, a pour valeur limite de rendement, celui d'un cycle Beau de Rochas ayant même courbe de compression *gf*.

Le cycle *bcde* se compose donc de cycles dont les rendements vont en croissant au fur et à mesure qu'on approche de *de*.

Or, le rendement du cycle total se compose, d'après le théorème II, de la somme algébrique des rendements des cycles élémentaires considérés. Il est clair par conséquent que si on supprime en partant de *de* un nombre de plus en plus grand de cycles élémentaires dont le rendement est inférieur aux rendements de ceux qui restent, le rendement total du cycle composé de la somme des cycles élémentaires conservés ira en augmentant et tendra vers la valeur $\rho = 1 - N_1 / N_1^{\gamma}$ limite déjà trouvée d'une autre façon (n° 53).

68. — Remarquons qu'en opérant de cette manière, on diminue la surface du cycle : on a donc ainsi un procédé de réglage applicable à une machine, procédé qui consiste à augmenter la compression de la charge introduite en faisant entrer dans le cylindre plus d'air par exemple et moins de gaz combustible. Ce mode de réglage, que nous avons appelé réglage par sur-compression, est théoriquement le meilleur, puisqu'il est le seul qui permette à un moteur à explosion une augmentation de rendement à charge décroissante.

Remarquons que le réglage par sur-compression exige une marche normale à détente prolongée : au point de vue du rendement, cette marche est avantageuse par elle-même, mais elle exige, à puissance égale, des cylindres plus volumineux. On sait qu'il en est de même pour les machines à vapeur lorsqu'on veut prolonger leur détente dans le but de diminuer leur consommation : ces machines sont alors d'autant plus volumineuses que les détentes réalisées sont plus longues.

C'est d'ailleurs pour pouvoir faire de très longues détentes sans inconvénient que l'on fait des machines à vapeur à détentes successives dans plusieurs cylindres de volumes croissants, alors que, même à détente égale, le plus gros des cylindres employés doit avoir des dimensions telles qu'à lui seul, il serait capable de produire toute la puissance de la machine, s'il recevait directement la vapeur de la chaudière.

Par conséquent, il est évident qu'une machine à vapeur doit coûter d'autant plus cher à l'achat qu'elle est plus capable de marcher économiquement. Ce sont là des faits connus et admis qu'on ne discute même plus.

69. — En ce qui concerne les moteurs à gaz, comme leur théorie ne s'est pas encore très répandue, on apprécie mal en général les différences qui peuvent exister entre deux systèmes différents de réglage par exemple. C'est ainsi que les industriels se laissent quelquefois prendre à des promesses exagérées de rendement tout à fait illusoires.

On est bien plus renseigné sur la valeur d'un moteur par la connaissance de son régime de compression et de détente que par des chiffres de consommation plus ou moins justifiés.

Dans les contrats de vente de machines à vapeur on spécifie toujours le degré de détente : pour les moteurs à gaz il serait au moins aussi utile de donner les valeurs de n_1, rapport du volume du cylindre au volume de la chambre de compression et, s'il s'agit d'un moteur à détente prolongée, la valeur de N_1 qui exprime le degré de détente en fonction également de la chambre de compression.

Dans tous les cas annoncer un rendement thermique pour un moteur sans donner les nombres n_1 et N_1 déduits de sa construction, c'est donner un renseignement tout à fait incomplet et incontrôlable a priori.

Nous allons maintenant indiquer par quelques exemples comment il faut décomposer les cycles complexes pour les analyser.

70. – Considérons le cas très général d'un cycle mixte à explosion et combustion à détente prolongée sans pourtant être complète, c'est-à-dire à détente non poussée jusqu'à la pression atmosphérique (fig. 16).

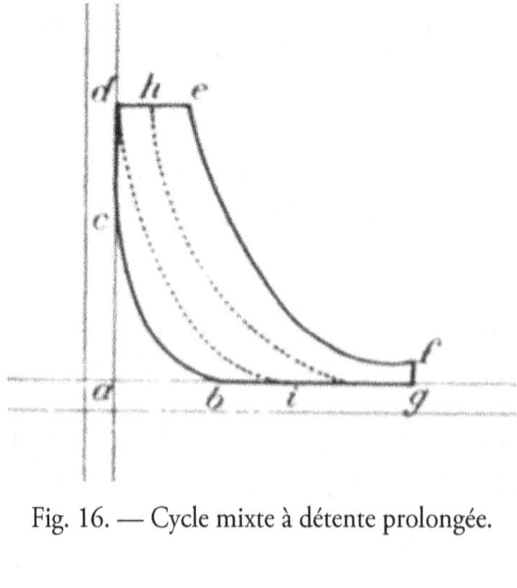

Fig. 16. — Cycle mixte à détente prolongée.

Remarquons d'ailleurs qu'une détente poussée jusqu'à la pression atmosphérique (et même au-delà si on trouvait le moyen pratique de refroidir rapidement les gaz en maintenant un vide relatif dans les cylindres) ne peut être intéressant à réaliser qu'autant que le travail supplémentaire obtenu ainsi au diagramme ne soit pas plus petit que le supplément de résistance passive qu'apporte une augmentation de volume des machines.

Pour déterminer le rendement du cycle mixte considéré il suffit de le décomposer en faisant passer des adiabatiques par les points remarquables *d* et *g*.

On obtient ainsi :

1°. Un cycle à explosion à volume constant et détente complète *bcdi* ;

2°. Un cycle à combustion à pression constante et détente complète *idhg* ;

3°. Un cycle à combustion à pression constante et minimum de détente *ghef*.

Pour ces trois genres de cycles nous connaissons les formules de rendement ; il suffit donc, pour établir le rendement total du cycle *bcdefg*, de connaître la proportion de chaleur fournie respectivement à chacun d'eux.

Remarquons que si nous appelons n_o' le volume des gaz en *e* et n_o le volume en *h*, il faut considérer, pour le calcul du rendement du cycle élémentaire *ghef*, que tout se passe pour lui comme si le volume de la « chambre » était n_o et non 1. Il suffira donc, pour l'application de nos formules, d'y remplacer n_o par n_0' / n_0 et N_1 par N_1 / n_0.

Quant aux quantités de chaleur apportées à chacun des cycles, elles sont proportionnelles à $T_o = (P - \pi) / n_1$ pour le premier cycle et respectivement à :

$$T'_0 = n_0(T_0 + \theta) \quad (70) \quad \text{et} \quad T''_0 = \frac{n''_0 - n_0}{n_0}(T'_0 + T_0 + \theta)$$

pour les deux autres.

La quantité de chaleur totale fournie au cycle étant :

$$Q = cT_0 + C(T'_0 + T''_0) \qquad (71)$$

Ayant ainsi déterminé les quantités de chaleur q_1, q_2, q_3 afférente à chaque cycle de rendement respectif ρ_1, ρ_2, ρ_3, on obtient pour le rendement composé :

$$\rho = \alpha_1\rho_1 + \alpha_2\rho_2 + \alpha_3\rho_3 \qquad (72)$$

71. — Nous allons faire l'application de cette théorie un cas simple qui concerne le cycle réel ordinaire de la généralité des moteurs à gaz : *Cycle mixte à minimum de détente, bcdef.*

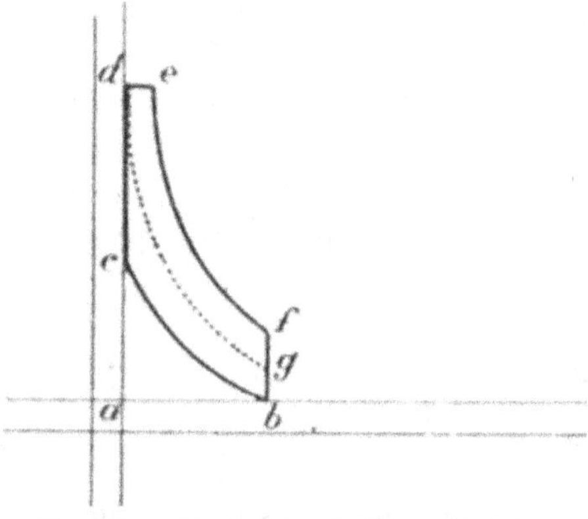

Fig. 17. — Cycle mixte à détente limitée.

Considérons l'adiabatique *dg* qui divise le cycle en deux autres : *bcdg*, cycle Beau de Rochas, et *gdef*, cycle à combustion à détente minimum (fig. 17).

Appelant Q_1 et Q_2 les quantités de chaleur fournies à chacun d'eux et ρ_1 et ρ_2, leur rendement respectif on a :

Pour le 1er :

$$\rho_1 = 1 - \frac{n_1}{n_1^{\gamma}}$$

Et pour le 2° :

$$\rho_2 = 1 - \frac{1}{\gamma}\,\frac{n_0^{\gamma} - 1}{n_0 - 1}\,\frac{n_1}{n_1^{\gamma}}$$

Car la position surélevée de celui-ci ne change rien à la valeur de n_1.

Q_1 et Q_2 se calculent par les formules établies ci-dessus et en déterminant α_1 et α_2 par la considération que l'on doit avoir $Q_1 = \alpha_1 Q$ et $Q_2 = \alpha_2 Q$ c'est-à-dire $\alpha_1 + \alpha_2 = 1$.

Remarquons d'ailleurs qu'il n'est nullement nécessaire de calculer Q_1 Q_2 et Q en valeur absolue, il suffit de considérer, comme il ne s'agit que de valeurs relatives, que Q_1 et Q_2 sont proportionnelles à T_o et $y\,T_0'$.

On a finalement :

$$(73) \quad \rho = \alpha_1 \left(1 - \frac{n_1}{n_1^{\gamma}}\right) + \alpha_2 \left(1 - \frac{1}{\gamma} \frac{n_0^{\gamma} - 1}{n_0 - 1} \frac{n_1}{n_1^{\gamma}}\right)$$

D'après ce que nous avons dit plus haut (n° 64) du cycle à combustion sous pression constante, ρ_2 sera toujours plus petit que ρ_1 ; par conséquent une combustion qui suit une explosion à volume constant abaisse le rendement, surtout si α_2 croit au détriment de α_1.

On peut d'ailleurs très bien marcher avec $\alpha_2=0$, mais alors on ne retire pas du moteur employé le maximum de puissance dont il est capable.

En pratique on sacrifie en fait un peu du rendement thermique des machines pour gagner de la puissance sans exagérer les pressions d'explosion.

Il faut remarquer d'ailleurs qu'une très faible combustion absorbe une forte proportion de chaleur et renfle notablement les diagrammes.

Ceci se conçoit aisément puisque la combustion à pression constante fait non seulement croître la température des gaz proportionnellement à la température finale de l'explosion qui la précède, mais produit encore du travail.

Faute d'avoir fait ces remarques on a souvent donné de fausses interprétations de certains phénomènes thermiques.

C'est ainsi qu'on s'est étonné souvent de constater que sur les diagrammes des machines les pressions d'explosions n'atteignaient en général pas les valeurs calculées. On a attribué ce fait soit à une action de parois, soit à des variations de chaleurs spécifiques. Certains ont même vu là une preuve que les lois de la thermodynamique ne pouvaient s'appliquer aux moteurs réels.

Or, les petits arrondis qui terminent les courbes d'explosion, arrondis qui paraissent négligeables à première vue, suffisent à expliquer très clairement les phénomènes qui se produisent sans que la théorie soit d'aucune manière en défaut.

72. — *Exemple.* — Faisons un exemple d'application de calcul de rendement.

Supposons un moteur à gaz de hauts-fourneaux à haute compression à cycle mixte et détente minimum (fig. 16).

Soit $n_1 = \pi = 15$ atmosphères (14,5 kg. effectifs) la valeur de la compression.

$y = 1,35$, valeur moyenne relevée sur les diagrammes. Dans ce cas $n_1 = 8$.

Supposons d'autre part que la pression d'explosion monte à 31 atm. ou 30 kg. suivie d'une combustion de longueur $n_0 - 1 = 0,25$

Le rendement ρ_1 du cycle élémentaire à explosion est :

$$\rho_1 = 1 - \frac{n_1}{n_1^{\gamma}} = 1 - \frac{8}{15} = 0,466$$

Le rendement ρ_2 du cycle élémentaire à combustion est :

$$\rho_2 = 1 - \frac{1}{\gamma}\frac{n_0^{\gamma} - 1}{n_0 - 1} \cdot \frac{n_1}{n_1^{\gamma}} = 1 - \frac{1}{1,35}\frac{0,355}{0,25} \times 0,534$$

$$\rho_2 = 0,437.$$

Le rendement total sera :

$$\rho = \alpha_1\rho_1 + \alpha_2\rho_2$$

Pour le calcul de α_1 nous avons :

$$T_0 = \frac{P - \pi}{n_1} = \frac{16}{8} = 2$$

nombre proportionnel à Q_1 et pour le calcul de α_2 on a successivement :

$$T_0' = T' - T, \quad T = \theta + T_0, \quad \theta = \frac{n_1^{\gamma}}{n_1} = 1{,}88$$
$$T = 1{,}88 + 2 = 3{,}88$$
$$T' = n_0 T = 1{,}25 \times 3{,}88 = 4{,}85$$
$$T_0' = 4{,}85 - 3{,}88 = 0{,}97$$

yT_0' étant proportionnel à Q_2.
$Q = Q1 + Q2$ est proportionnel à :

$$T_0 + \gamma T_0' = 2 + 1{,}35 \times 0{,}97 = 3{,}31.$$

D'où l'on tire :

$$\alpha_1 = 2 / 3{,}31 = 0{,}603$$

et :

$$\alpha_2 = 1{,}31 / 3{,}31 = 0{,}973$$

finalement on a :

$$\rho = 0{,}603 \times 0{,}466 + 0{,}397 \times 0{,}437 = 0{,}455$$

On constate par cet exemple ce que nous avions vu directement en discutant les formules générales (n° 62) qu'une combustion courte ne diminue pas sensiblement le rendement des cycles et qu'il est par conséquent avantageux d'y recourir pour augmenter la puissance des machines.

73. — Dans l'hypothèse ci-dessus, comme on a $n_1 - 1 = 7$, $n_0 - 1 = 0{,}25$ représente seulement 3,65 % de la course théorique du piston.

Comme pratiquement on ne peut remplir les cylindres qu'aux 85 centièmes de leur volume, la combustion par rapport à la course du piston n'est que de 3,12 %, quantité qui peut paraître insignifiante au premier abord, et qui pourtant absorbe près de 40 % de la chaleur totale fournie au cycle.

Comme d'autre part les valeurs de rendement des cycles élémentaires ρ_1 et ρ_2 sont très voisines, leur surface, respectivement équivalente aux travaux produits sont sensiblement dans la proportion de 40 à 60, c'est-à-dire que dans les conditions supposées ci-dessus, une combustion d'environ 3 % sur la course du piston permet d'augmenter la puissance du moteur de 66 % par rapport au cycle simple à explosion.

En tenant compte de cette observation, on pourrait être tenté, pour pousser les machines, de chercher à faire de longues combustions en réduisant d'autant la période d'explosion, c'est-à-dire chercher à produire des diagrammes aplatis. On obtiendrait bien ainsi de gros diagrammes, mais on n'y gagnerait pas, au contraire, d'abord parce que l'allongement de la période de combustion diminue sensiblement le rendement thermique et qu'ensuite il est mauvais de balayer l'alésage d'un cylindre par une flamme qui, en brûlant l'huile de graissage, abaisse considérablement les rendements mécaniques des moteurs. D'ailleurs avec des diagrammes couchés on observe que les cylindres deviennent très difficiles à refroidir. C'est la conséquence d'une mauvaise utilisation de la chaleur.

74. — Pour juger de l'effet d'une combustion trop prolongée, supposons que dans l'exemple donné ci-dessus, pour une même quantité de chaleur, la pression ne monte par explosion qu'à 20 atmosphères, le reste de la chaleur étant apportée par une combustion à pression constante.

On a par conséquent :

$$T_0 = \frac{P - \pi}{n_1} = \frac{4}{8} = 0{,}5$$

Et puisque la chaleur totale fournie au cycle est représentée par 3,31, il s'ensuit qu'on a :

$$\gamma T_0' = 3{,}31 - 0{,}5 = 2{,}81$$

ou $$T_0' = \frac{2,81}{1,35} = 2,08$$

Dans ce cas

$$T = \theta + T_0 = 1,88 + 0,5 = 2,38$$
$$T' = T + T_0' = 2,38 + 2,08 = 4,46$$

et

$$n_0 = \frac{T'}{T} = \frac{4,46}{2,38} = 1,87$$

Le rendement du cycle élémentaire ρ_1 ne change pas. Le rendement ρ_2 se modifie de la manière suivante :

$$\rho_2 = 1 - \frac{1,87 - 1}{1,35\,(1,87 - 1)}\ 0,534 = 0,395$$

α_1 et α_2 sont entre eux comme les nombres 0,5 et 2,81 par rapport à leur somme 3,31 représentant l'apport de chaleur total, c'est-à-dire que :

$$\alpha_1 = 15,2\ \% \text{ et } \alpha_2 = 84,8\ \%.$$

Donc on a :

$$\rho = 15,2 \times 0,466 + 84,8 \times 0,395 = 0,405$$

Soit une diminution de 13 % par rapport au cycle à explosions et de 7 % par rapport au cycle mixte précédent.

Si à la compression déjà élevée de 15 atmosphères, le diagramme s'inclinait assez pour devenir tout entier à combustion à pression constante, le rendement diminuerait beaucoup. On aurait dans ce cas :

$$n_0 = 2,5 \quad \text{et} \quad \rho = 0,355$$

le rendement serait donc alors inférieur de 24 % à celui du cycle à explosion et de 18,5 % à celui du cycle mixte précédemment considéré.

75. — Cycle à combustion irrégulière. Si l'on voulait étudier le rendement d'un cycle à combustion irrégulièrement arrondie suivant la forme des diagrammes qu'on relève quelquefois sur les moteurs, on le ferait très aisément en prenant pour guide un diagramme réel et en inscrivant dans la courbure de combustion une série de droites alternativement horizontales et verticales représentant des apports successifs de chaleur à pression constante à volume constant (fig. 18). Il est évident que plus les échelons seront rapprochés, plus l'approximation sera grande. En faisant passer des adiabatiques par tous les angles des échelons, on décomposera ainsi le cycle en une série de cycles élémentaires dont on sait trouver et le rendement propre et la fraction de chaleur fournie à chacun d'eux.

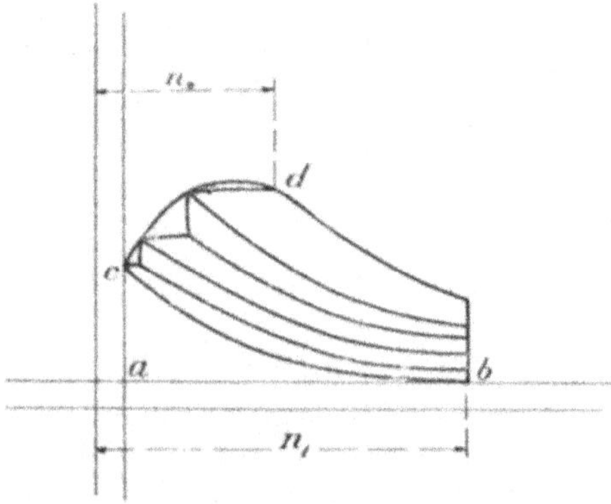

Fig. 18. — Cycle à combustion irrégulière.

Par l'application du théorème II (n° 66), on aura ensuite le rendement du cycle considéré.

Mais d'après nos études précédentes, sans faire aucun calcul nouveau, on prévoit que plus la courbe de combustion s'arrondira en s'étendant et plus le rendement ira en s'amoindrissant.

D'ailleurs, par un raisonnement analogue à celui que nous avons fait quand nous avons expliqué l'avantage des compressions élevées en dehors de toute considération de formules, nous pouvons également faire comprendre qu'une combustion qui se prolonge de plus en plus pendant la course du piston d'un moteur ne peut que diminuer le rendement du cycle de ce moteur.

En effet, pour tout cycle, la détente adiabatique ne commence que lorsque la combustion des gaz est terminée. Or, dans le cas d'une combustion qui affecte la forme de celle du diagramme (fig. 17), le mélange finit de brûler au plus tôt en *d*. Si même on constatait que la courbe de détente avait un *y* plus grand que 1,30, c'est que la combustion serait continuée jusqu'à l'échappement. Dans le cas le plus favorable donc, c'est-à-dire lorsque l'arrêt de la combustion a lieu en *d*, le rapport de détente, au lieu d'être n_1, comme dans le cas du cycle à explosion, n'est plus que de n_1 / n_0 et comme c'est surtout par détente que la transformation de la chaleur en travail se fait, il est évident qu'en réduisant cette détente on ne fait que réduire le travail produit et par conséquent le rendement du cycle.

Il faut donc chercher à éviter les longues combustions de quelques formes qu'elles soient. Malheureusement nous verrons plus loin que la plupart des méthodes de réglages employées pour les moteurs modernes ont précisément l'inconvénient de favoriser les longues combustions, ce qui fait qu'à charge réduite, beaucoup de ces moteurs ne sont pas économiques et qu'il faut chercher à la maintenir dans le voisinage de leur pleine charge. Il reste donc des progrès à faire dans cette voie.

76. Cycles à compression isothermique. — Nous pouvons maintenant terminer ce que nous avions à dire du rendement des cycles à compression isothermique, comparé aux rendements des cycles à compression adiabatique. Il n'est pas inutile de faire d'abord remarquer que les compressions isothermiques sont difficiles à obtenir, tandis que les compressions adiabatiques se font tout naturellement.

Plusieurs cas sont à considérer :

1er Cas. — *Étant donné un moteur existant, qu'arriverait-il si, sans rien changer à ses dispositions on pouvait faire en sorte qu'une compression isothermique* bf *fut substituée à l'adiabatique* bc.

La courbe *f* passera naturellement en dessous de la courbe *bc* et la compression en *f* aura pour valeur n_1 tandis qu'elle était n_1^{γ} en *c* (fig. 19).

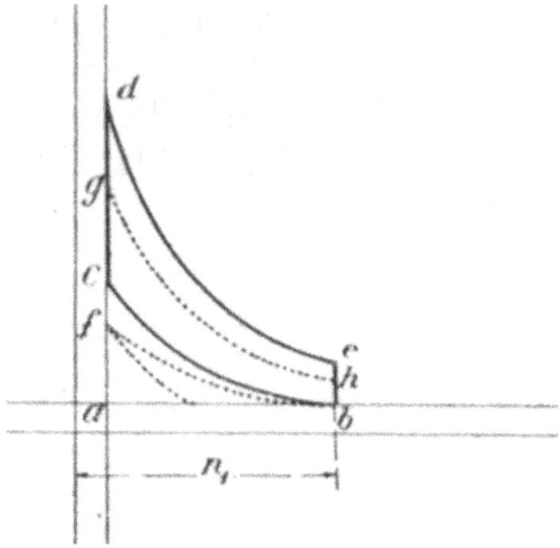

Fig. 19. — Cycle à compression isothermique (1er cas).

L'apport de chaleur restant le même dans les deux cas, l'explosion fera monter la pression seulement en *g* au lieu de *d*, car *fg* = *cd*. On substituera donc ainsi au cycle *bcde* le cycle *bfgh*. Considérons ce dernier comme décomposé en deux par l'adiabatique *bc*.

Le cycle élémentaire *bcgh* a même expression de rendement que le cycle *bcde*, soit $\rho = 1 - (n_1 / n_1^{\gamma})$ ce qui peut s'écrire aussi $\rho = 1 - (1 / \theta)$, la température initiale du cycle étant toujours désignée par 1 (n° 52). Mais le cycle très particulier *bfcb*, qui se compose d'une adiabatique et d'un isothermique, ne peut donner qu'un rendement inférieur à celui du premier cycle élémentaire, bien qu'il puisse passer pour un cycle à détente complète.

En effet, pour ce cycle, les températures « extrêmes » sont 1, température initiale en *b*, et θ, température de commencement de détente.

Or, l'expression $\rho = 1 - (1 / \theta)$ s'applique précisément au cycle de Carnot qui évoluerait entre les températures 1 et θ. Mais on sait que pour cet écart de température, le rendement du cycle de Carnot est maximum ; par conséquent, le rendement du cycle *bfcb* ne peut être qu'inférieur à ce dernier.

On en déduit immédiatement que la compression isothermique dans le cas qui nous occupe ne peut que faire baisser le rendement du cycle puisque, des deux parties qui le composent, l'une seulement a un rendement égal à celui du cycle de compression adiabatique et l'autre un rendement qui ne peut que lui être inférieur.

Nous avons supposé bien entendu que *cd*, dans le cycle *bcde*, constituait le maximum d'apport de chaleur possible, mais supposerait-on même que par un apport de chaleur supplémentaire on puisse faire remonter la pression en *d*, le raisonnement subsisterait, car le cycle serait toujours composé de deux parties dont l'une a un rendement égal et l'autre inférieur au cycle à compression adiabatique.

Mais on pourrait objecter qu'avec les hypothèses faites, la différence entre les rendements des deux cycles pourrait peut-être provenir de ce que les compressions n'ont pas la même valeur dans les deux cas. C'est ce que nous allons élucider.

2e cas. — *En vue d'obtenir une compression isothermique de valeur finale égale à la compression adiabatique d'un moteur, on modifie les volumes relatifs du cylindre et de la chambre de compression.*

Pour parler de choses comparables, nous sommes obligés d'admettre que l'apport de chaleur qui suit la compression adiabatique est maximum, c'est-à-dire que cet apport de chaleur fait monter la pression des gaz, après l'explosion, à la plus haute valeur que puissent supporter les organes du moteur.

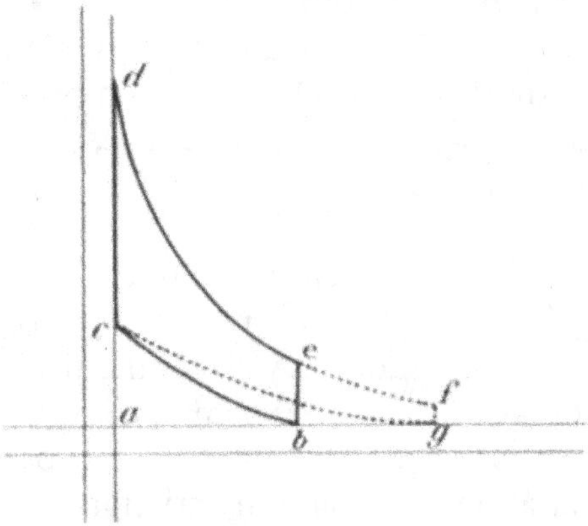

Fig. 20. — Cycle à compression isothermique (2e cas).

Pour la commodité du raisonnement seulement, nous supposerons que dans les deux cas, la chambre de compression du cylindre ne change pas[7]. Remarquons que dans ce cas, comme la compression isothermique, pour arriver

7) Cela revient évidemment au même que de supposer que le volume de cylindre ne change pas et le volume seul de la chambre varie.

à une même compression finale, demande plus de travail que la compression adiabatique, il faudra allonger la course du piston et partir d'un volume initial dilaté jusqu'en *g* (fig.20).

Le cycle devient alors *gcdfg*, dont le rendement parait supérieur au cycle *bcdeb*, par suite d'une augmentation de détente jusqu'en *f*. Mais c'est un trompe-l'oeil car, si on a la possibilité de changer la valeur relative des volumes du cylindre et des chambres du moteur, mieux vaut alors suivre tout de suite le cycle *gbcdfg* à compression adiabatique et à détente prolongée qui, sans nécessiter aucune dépense de chaleur supplémentaire, a une surface plus grande et partant, un rendement plus élevé que celui du cycle *gcdfg*.

Dans tous les cas donc, puisqu'il n'y a rien à gagner à l'emploi de courbes isothermiques de compression dans les moteurs, il est inutile de rechercher le moyen de les produire, d'autant plus d'ailleurs que les compressions isothermiques sont plutôt difficiles à réaliser, ainsi que nous l'avons déjà fait remarquer.

Pour réaliser vraiment des compressions isothermiques, il faudrait avoir recours à des compressions en dehors des cylindres de travail ; le procédé fut essayé, mais la pratique a démontré qu'il ne valait rien.

77. — Remarquons que dans nos formules, les chaleurs spécifiques des gaz ne figurent jamais que par leur rapport $y = C / c$ dont la valeur varie peu avec la composition des gaz, soit avant, soit après combustion.

Les avis des auteurs sont très partagés au point de vue de la variation ou de la non variation des chaleurs spécifiques avec les températures.

MM. Mallard et Le Chatelier, par des expériences déjà anciennes, ont paru prouver que les chaleurs spécifiques allaient en croissant avec les températures. Les formules établies par ces habiles expérimentateurs furent admises comme définitives et générales par un grand nombre de physiciens. Certains d'entre eux ont même tenté d'établir des formules de rendement des moteurs à gaz dans lesquelles les variations de chaleurs spécifiques en fonction des températures étaient mises en évidence. On n'a abouti ainsi qu'à l'établissement de formules extraordinairement compliquées indiscutables et inapplicables.

Par contre, il y a de savants thermodynamistes qui ont toujours déclaré ne pas concevoir une variation des chaleurs spécifiques avec les températures.

Des expériences allemandes récentes montrent du reste que les variations qu'on peut trouver ne dépassent pas les limites des erreurs d'expériences.

Quand on se trouve dans les conditions où les expériences furent réalisées il est évident que les formules de MM. Mallard et Le Chatelier doivent être considérées comme exactes, mais il n'y a pas de raison pour que ces formules soient d'une application générale ; en réalité il faut considérer que celles-ci ne donnent que la variation apparente des chaleurs spécifiques de gaz enfermés dans une capacité métallique de volume déterminé et dont les parois intérieures sont froides au moment de l'apport de chaleur, ces formules ne s'appliquent donc pas au moteur à gaz.

A notre avis les chaleurs spécifiques de certains gaz ne peuvent varier que si, dans les limites d'écart de températures observées, ces gaz changent de nature en approchant par exemple de leur point de liquéfaction.

C'est le cas de la vapeur d'eau dont la chaleur spécifique prend une certaine valeur lorsqu'elle est fortement surchauffée et en prend une autre lorsque cette même vapeur est saturée, parce que en réalité, dans les deux cas on a affaire en quelque sorte à des corps différents dont les propriétés sont dissemblables.

Il peut se passer quelque chose d'analogue pour l'acide carbonique aux températures modérées, ce gaz étant relativement facilement liquéfiable ; mais l'azote, l'oxygène, l'hydrogène, l'oxyde de carbone et même l'acide carbonique, aux températures auxquelles ce gaz est soumis dans les moteurs à gaz, sont tous dans les conditions de la pratique tellement éloignés de leur point de liquéfaction qu'on peut les considérer comme des gaz permanents.

78. — D'ailleurs on peut démontrer directement qu'une variation de chaleur spécifique d'un gaz évoluant dans une machine à parois athermanes n'est pas admissible.

Considérons en effet un cycle Beau de Rochas dont le rendement dépend comme on le sait de $y = C / c$. Remarquons que si la chaleur spécifique à volume constant ne varie pas, en divisant *cd* en parties égales, chacune de ces parties correspondra à un égal apport de chaleur. Par les sections de *cd* faisons passer des adiabatiques (fig. 21).

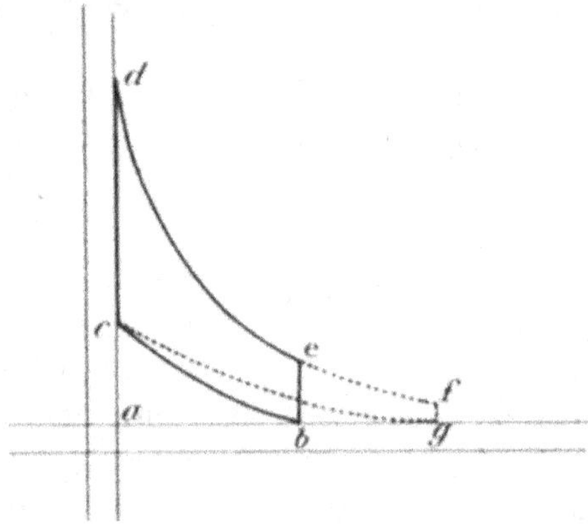

Fig. 21. — Cycle à chaleurs spécifiques variables.

Comme tous les cycles élémentaires ainsi formés ont même rendement, ils seront tous de surfaces égales. Si nous considérons par exemple le premier et le dernier nous aurons *bcgf* = *hide*, si *cg* = *id*, *c* et *y* étant constants.

Ceci montre que dans un cycle Beau de Rochas, le travail produit est rigoureusement proportionnel à l'élévation de pression des gaz au-dessus de la pression de compression. Cette remarque nous servira.

Admettons maintenant par hypothèse que les chaleurs spécifiques augmentent avec les températures. Il s'ensuivra que les élévations de température (et de pression par conséquent) dues successivement à des apports de chaleur égaux à partir de *c* jusqu'en *d* iront en diminuant, de sorte qu'on aura certainement en considérant les cycles élémentaires extrêmes du cycle *bcdc*, *id* < *gc*. Les cycles élémentaires correspondants seront de surfaces inégales car leurs rendements seront inégaux. On aura évidemment surface *hide* < surface *begf*, les quantités de chaleur dépensées restant les mêmes dans les deux cas.

Or, si nous dépensons d'abord une quantité de chaleur déterminée pour recueillir le travail *bcgf*, nous pourrons employer ce travail à parcourir en sens inverse le cycle réversible *hedi*.

Comme ce dernier a une surface moindre que le premier, il restera un excédent de travail disponible et cependant on recueillera en *di* une quantité de chaleur égale à celle dépensée en *cg* par hypothèse.

Cette quantité de chaleur qui est d'ailleurs à une température plus élevée que la température *g* même, pourra évidemment être employée à parcourir à nouveau le cycle *bcgf* et on recueillera ainsi autant de travail que la première fois.

En répétant les opérations, on voit qu'il restera chaque fois disponible un excédent de travail qui ne sera dû à la transformation d'aucune quantité de chaleur. Par ce procédé on arriverait donc à créer du travail avec rien, ce qui est contraire au principe de la conservation de l'énergie et par conséquent faux.

D'où vient l'erreur ? simplement de l'hypothèse de l'augmentation de la valeur des chaleurs spécifiques avec les températures. Cette hypothèse ne peut donc être admise et on doit considérer en particulier comme constantes les chaleurs spécifiques des gaz aux températures auxquelles ils évoluent dans les moteurs à gaz.

L'observation de ce qui se passe dans les machines réelles prouve d'ailleurs qu'il doit en être ainsi.

En effet avec $y = C^{te}$ nous avons vu que le rendement d'un cycle Beau de Rochas est constant pour une compression donnée quelle que soit la quantité de chaleur apportée au cycle, c'est-à-dire quelle que soit l'augmentation de température déterminée par l'explosion.

Dans l'hypothèse d'une augmentation de chaleur spécifique avec les températures, le rendement serait d'autant moins bon que la quantité de chaleur apportée serait plus grande. Or c'est plutôt l'inverse qu'on observe.

En tous cas, on n'a jamais constaté une diminution de rendement des machines due uniquement à une élévation de pression lorsque le diagramme, bien entendu, reste correct. C'est donc une preuve de plus que les chaleurs spécifiques ne doivent pas varier.

D'autre part comme de toute façon les chaleurs spécifiques ne peuvent être observées que par expérience, l'observation des diagrammes des moteurs est une méthode pour déterminer leurs rapports qui en vaut bien une autre, ainsi que nous le verrons par la suite. Dans tous les cas, en admettant qu'en prenant $y = 1{,}35$ nous ayons fait une erreur, c'est au point de vue comparatif, sans importance et la valeur relative des différents cycles que nous avons étudiés n'en est pas affectée.

Pour un calcul de rendement, en valeur absolue, il suffira d'affecter les formules d'un coefficient convenable et facilement déterminable par la quantité de résultats qu'on possède aujourd'hui.

79. — Les valeurs de rendement qu'on trouve par nos formules ne doivent pas être appliquées sans discernement. En particulier, il ne faut pas vouloir, suivant une erreur généralement commise, que les moteurs transforment en travail des quantités de chaleur qu'elles ne reçoivent pas ou qui les traversent sans se manifester. C'est ce qui se produit par exemple quand la combustion des gaz donne de la vapeur d'eau.

La chaleur latente de vaporisation ne peut, dans ce cas, profiter en rien au moteur, car cette chaleur ne donne lieu à aucune élévation de pression et est rejetée à l'échappement sans avoir servi puisque la température de sortie des gaz des moteurs est toujours de beaucoup supérieure à la température à laquelle il faudrait descendre pour pouvoir espérer une récupération par condensation de la vapeur dans les cylindres.

Il y a aussi d'autres causes de non utilisation de chaleur que nous examinerons par la suite et dont il faut tenir compte même dans l'évaluation du rendement théorique des machines.

CHAPITRE IX

De l'action de paroi dans les moteurs à combustion interne

80. Utilité des enveloppes d'eau des cylindres. — 81. La chaleur qui passe à travers la paroi n'est pas transformable en travail. — 82. Exemples faisant prévoir l'action particulière des parois. — 83. Précautions à prendre pour faire des constatations exactes. — 84. Cas d'une perte réelle à la paroi. — 85. Influence de la paroi froide à la mise en marche des moteurs. — 86. La différence de température entre les parois interne et externe d'un cylindre est toujours considérable. — 87. Par contact direct l'absorption de chaleur entre deux molécules est instantanée. — Expérience de M. Marcel Deprez.— 88. Répartition de la chaleur dans la paroi d'un cylindre. — 89. Théorie de l'action de paroi.

Si l'étude purement thermodynamique des phénomènes qui s'accomplissent dans les moteurs à gaz a une valeur comparative indiscutable, il ne parait pas pouvoir en être de même à priori en valeur absolue au point de vue de la détermination du rendement réel des machines.

En effet, dans un moteur à gaz les phénomènes s'accomplissent dans une enveloppe métallique, non athermane par conséquent, qui est la paroi même du cylindre.

Pratiquement, circonstance aggravante, il faut refroidir constamment cette paroi par une circulation d'eau froide. Que deviennent, dans ces conditions, et l'apport de chaleur due à l'explosion, et le travail de détente ?

L'objection est sérieuse car les enveloppes d'eau des cylindres des moteurs à gaz emportent des quantités de chaleur toujours considérables.

La première pensée qui vient à l'esprit c'est que ces pertes doivent s'effectuer pendant les périodes actives du cycle et que par conséquent on perd ainsi de la chaleur qui normalement pourrait être transformée en travail si les cylindres étaient athermanes.

Comment attribuer dès lors quelques valeurs à des formules qui ne tiennent aucun compte de ces fuites colossales

Aucune évidemment si la chaleur qui passe par les parois du cylindre est vraiment de la chaleur transformable en travail.

Longtemps on a considéré le fait comme évident, et nombreux sont encore aujourd'hui les constructeurs et les spécialistes même qui restent persuadés que le rendement des moteurs à gaz serait incomparablement amélioré si on trouvait par exemple un lubrifiant suffisamment résistant aux hautes températures pour pouvoir remplacer l'enveloppe d'eau froide du cylindre du moteur à gaz par une enveloppe calorifuge. C'est même pour arriver à la suppression de l'enveloppe d'eau du cylindre que l'ingénieur Diesel avait tout d'abord proposé son système de moteur à combustion isothermique.

La combustion isothermique et les cylindres sans refroidissement sont deux procédés qui n'eurent d'ailleurs pas plus de succès l'un que l'autre.

81. — Or, nous avons démontré pour la première fois au congrès de mécanique de Liège en 1905, que la chaleur qui traverse la paroi d'un moteur à gaz pendant son fonctionnement est surtout de la chaleur intransformable en travail au même titre que la chaleur de l'échappement.

Ce qui a contribué à accréditer la croyance de l'effet nuisible de la paroi refroidie des cylindres des moteurs à gaz, c'est la mauvaise habitude qu'on avait prise de considérer qu'à la limite des perfectionnements, ce genre de machine pouvait prétendre à un rendement égal à celui d'un cycle de Carnot évoluant entre les températures extrêmes du cycle réel.

Dans ces conditions, le rendement d'un moteur à gaz devrait être en effet extrêmement élevé car on peut, dans un moteur à gaz, réaliser des écarts de température atteignant plus de 1000°. En prenant pour température de l'atmosphère 300° absolus, si la machine suivait un cycle de Carnot, son rendement devrait être :

$$\rho = \frac{T - t}{T} = \frac{1.000}{1.300} = 0.77.$$

Or comme jusqu'ici le rendement des moteurs à gaz n'a guère dépassé en travail indiqué 30 à 35 % et que d'autre part on retrouve quelquefois dans l'eau de refroidissement du cylindre 40 % de la chaleur fournie au moteur, on en concluait que la perte par la paroi constituait une perte sèche, et que les moteurs à gaz étaient des machines éminemment perfectibles.

Mais nous avons montré précédemment que pour un moteur à gaz, le cycle de Carnot est un maximum maximorum qui ne peut le concerner, car les cycles dont il peut s'accommoder n'ont aucun rapport avec lui.

C'est à la suite de cette remarque que nous avons calculé le maximum théorique du rendement qui convient à chaque cycle, maximum dont on doit s'efforcer d'approcher le plus possible mais qu'on ne saurait dépasser. Or ces maxima sont précisément beaucoup plus près des résultats pratiques que ne pourrait le faire supposer la comparaison du rendement réel au rendement du cycle de Carnot.

M. le Pr Boulvin, dans une communication qu'il a faite également au congrès de mécanique de Liège de 1905, a précisément fait remarquer que le rendement propre idéal du cycle d'un moteur qu'il avait essayé, ressortait à 30%, alors qu'il avait trouvé pour le rendement réel de celte machine, sensiblement 20%. Or dans cet essai, 40% de la chaleur totale mise en oeuvre avaient été emportés par l'eau de circulation autour du cylindre. Il est bien évident que dans ce cas particulier, même en négligeant toutes autres pertes, 75% au moins de la chaleur ainsi emportée par la paroi n'étaient pas transformables en travail et n'avaient pas plus de valeur pour le cycle que la chaleur rejetée par l'échappement. S'il en était autrement d'ailleurs on se demande ce que serait le rendement des moteurs à gaz.

Rien que cet exemple montre donc que la chaleur passe d'une façon bien spéciale à travers la paroi du cylindre d'un moteur à gaz.

82. — Les autres observations que nous allons présenter vont nous confirmer dans cette opinion.

Si, par exemple, nous examinons, pour différentes dimensions de moteurs, le rapport qui existe entre la surface interne des cylindres, fonds compris et leur volume, il est évident que ce rapport sera d'autant plus petit que les cylindres seront plus grands. Comme, toutes choses égales d'ailleurs, la chaleur qui passe à travers une paroi est proportionnelle à la surface de celle-ci, un gros moteur devrait perdre par la paroi beaucoup moins qu'un petit.

Si nous désignons par L la longueur d'un cylindre, par D le diamètre de son alésage, par S sa surface interne y compris les fonds et par V son volume, on a pour l'expression du rapport de la surface au volume :

$$\frac{S}{V} = 2\left(\frac{1}{L} + \frac{2}{D}\right) \qquad (74)$$

rapport dont la valeur diminue évidemment quand L et D augmentent.

Si nous appliquons cette formule successivement à des cylindres de 300 à 600 mm d'alésage, ayant respectivement 400 et 800 mm de longueur, ce qui correspond à des forces d'environ 20 et 100 chevaux, nous voyons que le rapport V / S dans le premier cas, est de 1,84 et dans le second, de 0,91.

A régime égal de température externe et interne, le cylindre de 600 mm devrait donc perdre par la paroi deux fois moins de chaleur que le cylindre de 300 mm. Autrement dit, si le moteur de 20 chevaux perd 40% de chaleur par la paroi, le moteur de 100 chevaux ne devrait en perdre que 20% et si la différence était transformable en travail, le rendement du moteur de 100 chevaux devrait être de beaucoup supérieur à celui du moteur de 20 chevaux.

C'est dans cet espoir que furent construits les premiers grands moteurs à gaz. Les constructeurs, par la considération précisément de la différence des rapports des surfaces aux volumes qui existent entre des petits et des gros cylindres s'attendaient à des rendements extraordinaires en augmentant notablement les dimensions de leurs machines.

Leurs déceptions à ce point de vue furent grandes, car gros et petits moteurs en travail indiqué et à compression égale accusèrent exactement les mêmes rendements. On en conclut alors qu'il y avait des mystères dans le fonctionnement des moteurs à gaz.

En réalité il n'y avait que des phénomènes insuffisamment observés.

M. Hubert dans son rapport sur les essais d'un moteur Cockerill faits en novembre et décembre 1901, fait remarquer que le rendement thermique de la machine n'a pas été affecté par la circulation plus ou moins active de l'eau dans l'enveloppe du cylindre, quelle qu'ait été sa température d'évacuation[8].

Si, d'ailleurs on examine tous les résultats d'essais sérieux faits depuis 20 ans, en choisissant ceux pour lesquels on a mesuré séparément la chaleur rejetée par l'échappement et par la paroi à différents régimes de température de circulation d'eau dans les enveloppes, on s'aperçoit que pour un moteur donné dont la forme générale des diagrammes ne varie pas, la somme des chaleurs qui passent à la paroi et à l'échappement est très sensiblement une constante.

8) *Revue universelle des mines*, tome LIX, 3e trimestre 1902.

Pour faire utilement des observations de ce genre, il y a des précautions à prendre parce que dans un moteur à gaz, les phénomènes sont complexes et qu'il est facile, par inadvertance, d'attribuer à la paroi des pertes qui ne la concernent pas. Il faut tout d'abord ne tenir compte que du travail indiqué et être certain que le moteur en essai a un piston et des soupapes pratiquement étanches, parce que le rendement mécanique d'un moteur peut varier avec la température de l'enveloppe du cylindre. Nous avons constaté le fait maintes fois.

Lorsque, par exemple, un piston de moteur est très juste, si l'enveloppe du cylindre est maintenue froide, celui-ci ne pourra pas se dilater sensiblement: le piston au contraire, s'il n'est pas refroidi, se dilatera et aura une tendance à coincer dans le cylindre et le rendement mécanique du moteur sera mauvais. Si alors, on laisse chauffer fortement l'eau de l'enveloppe, le cylindre se dilatera, le piston reprendra le jeu nécessaire à son bon fonctionnement et le moteur fournira un travail plus grand pour la même dépense de combustible.

Presque toujours, dans les essais qui donnent lieu à des remarques de ce genre, on a attribué l'augmentation de force à la diminution de la perte par la paroi.

L'observation du travail indiqué met à l'abri d'une pareille erreur.

Par contre, lorsque les pistons ont trop de jeu ou lorsque les huiles de graissage des cylindres résistent mal aux hautes températures, on peut trouver une augmentation de travail effectif en abaissant la température de l'eau de circulation des enveloppes.

Ceci prouve qu'en changeant le régime de circulation d'eau autour des cylindres, on peut avoir modifié quelqu'autre chose qu'on a pas remarquée et qui influe fortement sur les résultats.

En résumé, avant de tirer des conclusions d'un essai à un point de vue déterminé, il faut être certain d'avoir éliminé d'abord toutes les causes d'erreurs qui peuvent se présenter: toute la difficulté d'un essai scientifique réside dans cette observation.

84. — Pour aller au-devant de toutes les objections, nous devons rappeler les expériences par lesquelles on a voulu démontrer que la chaleur peut se perdre avec rapidité à travers une paroi métallique.

Les observations faites n'ont rien d'inexact en elles-mêmes. Le seul tort qu'on ait eu c'est de les généraliser et de les croire applicables aux cylindres des moteurs à gaz.

Considérons par exemple un cylindre placé verticalement, et ouvert par le haut, des robinets permettant d'y introduire des mélanges gazeux en proportion déterminée. Supposons que dans ce cylindre un piston lourd puisse se déplacer verticalement et qu'on dispose des appareils nécessaires pour enregistrer à la fois les chemins parcourus par le piston et les pressions développées dans le cylindre lorsqu'on fait détonner les mélanges gazeux introduits.

Connaissant le poids des gaz introduits, leur nature et leur pouvoir calorifique, il est facile de déterminer à quelle valeur la pression devrait monter au moment de la déflagration. Or, quand on provoque l'explosion, on remarque que la pression reste bien au-dessous de la valeur calculée lorsque le piston monte sous la poussée brusque des gaz dilatés, quelle que soit la rapidité avec laquelle le piston se déplace. On observe ensuite que le piston descend bien plus lentement qu'il n'est monté au fur et à mesure que la chaleur emmagasinée par les gaz se dissipe par la paroi.

L'expérience prouve deux choses: 1° que la paroi froide intérieure du cylindre a absorbé instantanément par contact direct avec les gaz une quantité de chaleur notable qui constitue une véritable fuite, ce qui a empêché l'élévation normale de la pression; 2° que lorsque la paroi se trouve en quelque sorte saturée de chaleur sur une certaine épaisseur, la transmission ne se fait plus qu'avec lenteur.

Dans cette expérience l'influence de la paroi froide a un effet nettement nuisible et il est bien certain que la perte pendant l'explosion et la détente sera d'autant plus accentuée que la surface du cylindre sera plus grande par rapport à son volume, car il s'agit ici surtout d'une action de surface.

Mais est-il permis de croire que les résultats trouvés ainsi puissent s'appliquer à un cylindre de moteur à gaz ? Évidemment non, car avec des explosions répétées à de très courts intervalles, la transmission lente à travers la paroi détermine une élévation de la température intérieure qui aboutit à un état d'équilibre qui limite rapidement l'absorption de chaleur pendant l'explosion et la détente.

85. — Le fait est facile à constater sur les cylindres mêmes des moteurs à gaz lorsqu'on relève une courbe d'indicateur correspondant à une première explosion. Tout étant froid, on constate que la pression des gaz monte relativement peu et que le y de la courbe de détente atteint des valeurs très élevées telles que 1,5 ou 1,6 : c'est l'influence de la paroi froide. Mais dès que le cylindre s'est échauffé, la pression monte normalement et le γ des courbes de détentes prend alors des valeurs entre 1,3 et 1,35.

Pour déterminer la valeur des pressions lors d'une explosion à volume constant dans un cylindre de moteur on a cru quelquefois se mettre vraiment dans les conditions de la pratique en opérant de la façon suivante :

Disposant de deux moteurs identiques, l'un d'eux avait sa manivelle calée et son cylindre contenait un mélange tonnant normal ; l'autre était maintenu en charge et son eau de refroidissement circulait, après échauffement dans l'enveloppe du cylindre du moteur immobile. On admettait ainsi avoir les parois des deux cylindres rigoureusement à la même température. On faisait alors détonner le mélange du premier moteur et on observait la pression développée. Cette pression accusait une fuite de chaleur presque aussi grande qu'avec le cylindre froid. On a conclu de là que le cylindre en fonctionnement devait perdre tout autant et que l'eau de circulation dans les enveloppes emportait bien une quantité de chaleur importante transformable en travail.

De cette expérience d'allure rigoureuse on a tiré ainsi des conclusions absolument fausses, ce qui prouve la grande difficulté des recherches expérimentales.

86. — Malgré les apparences, le cylindre du moteur immobile ne se trouvait pas du tout, au point de vue de la répartition de la chaleur dans la paroi, dans les mêmes conditions que le cylindre du moteur en mouvement.

Pour qu'il en fût ainsi, il faudrait admettre, en effet, qu'à tout instant les deux faces de la paroi d'un cylindre refroidi par un courant d'eau soient rigoureusement à la température de cette eau, ce qui est une erreur profonde.

Il y a toujours une très grande différence de température entre la paroi intérieure et la paroi extérieure du cylindre d'un moteur en marche, même lorsque la paroi est peu épaisse. Tout dépend de la rapidité avec laquelle s'accomplissent les phases du cycle du moteur et les différences s'accentuent, toutes choses égales d'ailleurs, avec l'épaisseur des parois. Les différences de température sont tellement sensibles qu'à partir d'une certaine épaisseur, il ne devient même plus possible de refroidir la paroi d'un cylindre d'un moteur, quelle que soit l'intensité de la circulation d'eau dans les enveloppes.

En fait, la chaleur ne peut jamais traverser les parois du cylindre d'un moteur qu'avec une certaine lenteur et dans tous les cas, dans un temps bien supérieur à celui qui correspond à l'accomplissement d'un cycle.

L'expérience suivante que nous avons souvent répétée montre bien de quelle façon la chaleur se répartit dans la paroi d'un cylindre. Ayant un moteur en marche, on exagère la circulation d'eau dans les enveloppes, de façon que l'eau entre et sorte presque à la même température, ce qui est possible.

Ce résultat atteint, on ferme en même temps le robinet d'arrivée de gaz et celui d'arrivée d'eau et on laisse le moteur s'arrêter. Si l'on observe alors les indications d'un thermomètre plongé dans l'enveloppe du cylindre, on voit la température de l'eau après l'arrêt croître avec une certaine lenteur et atteindre quelquefois, après plusieurs minutes, la température de l'ébullition.

La lenteur de la transmission de la chaleur à travers la paroi se trouve ainsi démontrée et il faut remarquer que l'eau de l'enveloppe, dans l'expérience ci-dessus, ne peut atteindre un degré aussi élevé que si la paroi interne du cylindre, au moment de l'arrêt du moteur, se trouve à très haute température, car la chaleur spécifique du métal est très faible.

Une autre expérience prouve encore plus directement la différence de température qui peut exister entre les deux faces d'une paroi métallique.

Ayant installé un frein à circulation d'eau de dimensions trop réduites sur un moteur de 300 chevaux, nous avons fait absorber par ce frein un travail exagéré et il est arrivé un moment où le refroidissement ne fut plus possible ; l'eau de réfrigération qu'on faisait circuler en abondance entrait dans la poulie et en sortait presque à la même température et, cependant, les sabots en bois du frein prirent feu. D'ailleurs, de l'eau jetée sur la paroi extérieure de la poulie prenait l'aspect sphéroïdal. La jante en tôle de la poulie du frein n'avait que 30 mm d'épaisseur.

Cette dernière expérience prouve qu'il peut exister entre les deux faces d'une paroi métallique des différences de température supérieures à 350°, même lorsqu'une des faces est maintenue froide par une circulation d'eau très active.

87. — Inversement nous pouvons démontrer que l'absorption de la chaleur par une paroi froide du côté où cette paroi est en contact direct avec des gaz chauds, peut être pratiquement considérée comme instantanée.

Nous rappellerons d'abord une expérience de M. Marcel Desprez par laquelle ce savant ingénieur a démontré que lorsqu'un gaz traverse de bout en bout un tuyau maintenu à une température constante, pourvu que le tuyau soit assez long pour que toutes les molécules gazeuses aient eu le temps dans leur parcours de venir frapper la paroi métallique, un thermomètre placé dans le courant gazeux à la sortie du tuyau indique que le gaz, quelle que soit sa vitesse de passage (1 mètre ou 100 mètres dans l'expérience considérée), s'échauffe toujours sensiblement du même nombre de degrés.

En réalité, comme la paroi du tube employé, quoique très mince, ne pouvait pourtant pas passer pour négligeable, lorsqu'on faisait passer de 1 mètre à 100 mètres par seconde la vitesse de l'air qui le traversait, on observait un abaissement de quelques degrés dû précisément à la différence de température qui s'accentuait entre les deux parois du tube, en raison du retard à la transmission de la chaleur par conductibilité.

Il ne faudrait pas faire l'erreur grossière de certains qui ont déduit des expériences de M. Marcel Desprez que la transmission de la chaleur à travers les parois d'un tube était instantanée. Le tube dans l'espèce a été choisi très mince pour n'avoir pas à tenir compte autant que possible de la vitesse de transmission de la chaleur dans ses parois. Avec un tube plus épais l'expérience aurait perdu toute netteté.

Ce que prouve cette expérience c'est que les échanges de chaleur de molécule à molécule par contact doivent être considérés pratiquement comme instantanés.

M. Marcel Desprez, pour expliquer ce phénomène, assimile la masse gazeuse à une succession de roues d'engrenages, dont les dents seraient des molécules qui rouleraient sur les génératrices du tuyau considérées comme des crémaillères : il est évident que, quelle que soit la vitesse de roulement des engrenages, toutes les dents auront touché la crémaillère avant de sortir du tuyau, si celui-ci est assez long. Par conséquent les engrenages fictifs s'échapperont tous à la même température si le contact suffit pour échauffer instantanément une molécule. Les molécules des gaz en s'entrechoquant entre elles contribuent d'ailleurs à activer l'équilibre de température. L'expérience de M. Marcel Desprez nous a amené aux déductions suivantes :

1°. Dans un gaz en mouvement les molécules prennent entre elles un mouvement relatif qui les fait s'entrechoquer avec une telle rapidité qu'il ne peut pratiquement exister de différences sensibles de température entre les divers points de la masse ;

2°. Lorsqu'une masse gazeuse vient frapper une paroi métallique, la pellicule interne de cette paroi se met, en un temps infiniment court, en équilibre de température avec cette masse en en suivant toutes les variations calorifiques ;
3°. Si dans l'épaisseur de la paroi métallique, au contraire, les mouvements de la chaleur sont lents, c'est que les molécules du métal n'ont pas la mobilité extrême des molécules gazeuses.

88. — Si nous appliquons les remarques que nous venons de faire aux cylindres des moteurs à gaz, nous sommes amené à dire que pendant le fonctionnement, la pellicule de paroi en contact avec l'eau de refroidissement est toujours à la température de cette eau et que la pellicule interne, de son côté, tend constamment à se mettre en équilibre de température avec les gaz qui viennent la frapper.

La transmission de la chaleur d'une face à l'autre de la paroi ne peut se faire d'une façon effective qu'autant que les gaz qui frappent cette paroi ne subissent pas, du fait de leur propre détente, un abaissement de température plus rapide que la vitesse de propagation de la chaleur à travers la paroi, auquel cas les phénomènes inverses se produisent évidemment et les gaz reprennent alors à la paroi la chaleur qu'ils avaient cédée à celle-ci un instant auparavant.

Lorsqu'il y a plus de vingt ans, à la suite de ses premiers essais, M. Aimé Witz proclamait que, dans les moteurs à gaz, il y avait le plus grand intérêt à faire les combustions et les détentes les plus rapides possibles, il avait en vue surtout la diminution de l'effet nuisible que pouvaient avoir les parois.

Et en fait, comme nous allons le voir, c'est bien à la rapidité avec laquelle les phénomènes s'accomplissent que le rendement des moteurs à gaz n'est pour ainsi dire pratiquement pas affecté par l'action des parois.

L'application générale des principes préconisés par le savant professeur a donc heureusement dépassé ses espérances.

De l'ensemble des remarques et des observations que nous avons présentées plus haut, nous pouvons maintenant déduire la véritable théorie de l'action des parois sur les gaz évoluant dans les cylindres des moteurs.

89. — Supposons-nous en présence d'un moteur à quatre temps donnant des diagrammes corrects, c'est-à-dire des diagrammes accusant sensiblement des explosions à volume constant, en marche depuis assez longtemps pour que son régime calorifique soit bien établi, et commençons nos observations en partant de la période d'échappement.

La pellicule interne de la paroi du cylindre est en équilibre de température avec les gaz rejetés à l'échappement et la chaleur emmagasinée dans la masse métallique a pris un mouvement effectif vers l'extérieur.

L'échappement terminé, le moteur aspire un mélange frais. Pendant cette période, il ne peut évidemment que rentrer de la chaleur dans les gaz, mais en faible quantité, puisque la surface du cylindre par rapport à son volume est faible, que la chaleur spécifique des gaz est peu élevée et qu'il n'y a pas abaissement de température des gaz par détente.

Pendant la compression, il ne peut y avoir perte de chaleur, car la masse métallique de la paroi vers l'intérieur garde une température voisine de celle de l'échappement, température qui est toujours supérieure à celle de la compression.

Vient ensuite le moment de l'explosion : si celle-ci se fait très sensiblement à volume constant, la chaleur tend bien à pénétrer la paroi, mais pendant un temps extrêmement court, et il n'y a d'abord que la pellicule interne du cylindre qui prend la température des gaz.

Si maintenant une détente rapide commence, comme cette détente amène un abaissement de température considérable et que, d'autre part, la transmission à travers la paroi de la face externe demande un temps fini relativement long, il est certain que ce flux de chaleur qui était sur le point de se mettre en mouvement vers l'extérieur, est arrêté parce que la pellicule interne du cylindre cède, au fur et à mesure de l'avancement du piston, aux gaz qui la frappent, la chaleur que ceux-ci venaient de lui fournir.

Mais quand revient la période d'échappement, pendant toute une course, les gaz chauds ne produisant plus aucun travail, cèdent effectivement une partie de leur chaleur à la paroi qui l'absorbe et celle-ci prend, alors seulement, un mouvement effectif vers l'extérieur.

En réalité donc, *la chaleur ne traverse la paroi en quelque sorte que par pulsations* dont la partie active ne correspond presque exclusivement qu'à la période d'échappement.

Or, pendant cette période, la chaleur cédée est évidemment intransformable en travail et c'est pourquoi on trouve expérimentalement que, dans les moteurs à gaz, la somme des chaleurs perdues à l'échappement et par la paroi est pratiquement une « constante ».

C'est tellement vrai que lorsque, par un moyen quelconque, on arrive à diminuer la perte par la paroi par exemple, on voit immédiatement la perte à l'échappement augmenter, et inversement.

Ne perdons pas de vue toutefois que notre raisonnement concerne les moteurs qui donnent des explosions sensiblement à volume constant et que, lorsqu'il n'en est pas ainsi, il peut y avoir réellement perte de chaleur utile par la paroi.

Une combustion ralentie qui ne s'achève que sur la course du piston doit déterminer en effet un mouvement de chaleur vers l'extérieur, analogue à celui engendré pendant le temps de l'échappement.

Si cette période de combustion ralentie dure peu, le mal n'est pas très grand, car la détente rapide des gaz qui suit reprend la plus grande partie de la chaleur primitivement cédée, mais si le diagramme accuse une courbe de combustion qui s'infléchit fortement, l'effet est désastreux à tous les points de vue, ainsi que nous l'avons déjà montré plus haut.

Un argument de plus en faveur de notre théorie, c'est que si la paroi absorbait de la chaleur pendant la course de détente des gaz, le γ des courbes d'indicateur serait évidemment supérieur au γ calculé.

Or, c'est plutôt l'inverse qui se produit, ainsi que nous l'avons constaté par de nombreux essais sur des moteurs de toutes marques.

La valeur du γ des courbes de détente diffère avec la nature des gaz employés ; néanmoins cette valeur reste comprise entre 1,3 et 1,35.

Bien entendu, pour déterminer avec quelque exactitude le γ d'une courbe, il faut d'abord connaître très exactement la valeur de la chambre de compression du cylindre et être certain de l'excellence à tous points de vue des appareils indicateurs employés.

En résumé, si les parois d'un cylindre de moteur à gaz ont un effet nuisible, cet effet est assez peu sensible pour pouvoir être pratiquement négligé dans un calcul de rendement.

L'action de paroi se résume en somme à produire une sorte de léger décalage dans l'apport de chaleur, décalage produit par un court emmagasinement d'une partie de la chaleur dans le métal suivi immédiatement d'une restitution pendant la détente. De sorte que l'effet produit paraît non pas être une soustraction de chaleur pendant la détente, mais plutôt un apport continu qui tend à relever le γ des courbes.

C'est pourquoi en prenant pour l'application de nos formules de rendement le γ moyen des courbes de détente réellement relevées sur les cylindres des moteurs à gaz, on tient compte dans la mesure qu'il convient de l'action des parois[9].

Un apport de chaleur différé, en effet, est une cause de diminution de rendement et nos formules montrent précisément que le rendement des cycles diminue quand les γ diminuent.

9) Depuis le Congrès de Liège, on nous a quelquefois accusé d'avoir nié l'action des parois dans les moteurs à gaz. — Nous n'avons au contraire jamais nié cette action : nous l'avons seulement expliquée, ce qui est tout différent.

Ces remarques donnent une importance toute particulière à nos formules qui, déduites de pures considérations théoriques, sont pourtant des formules pratiques, car elles permettent de déterminer, à priori, par l'observation d'un diagramme relevé ou tracé, le maximum de rendement d'un moteur à combustion interne.

Deuxième Partie

HISTOIRE DES MOTEURS À GAZ

CHAPITRE I

Moteurs sans compressions

90. Idées de Lebon. — 91. Moteur Lenoir. 92. Moteurs Otto et Langen. — 93. Moteur Bischop.

90. — Si Lebon, l'inventeur du gaz d'éclairage, avait vécu, le moteur à gaz aurait peut-être progressé en même temps que la machine à vapeur, car cet inventeur de génie, dès 1799, se proposait de construire une machine à combustion interne.

Son projet n'était pas pratique, mais s'il avait pu réaliser sa machine, il est certain qu'il aurait été le premier à en reconnaître les défauts et à chercher à les corriger. Dans tous les cas l'impulsion aurait été donnée, tandis qu'il fallut attendre jusqu'en 1800 pour rencontrer un moteur à gaz susceptible de fonctionner industriellement. C'est en effet à cette époque que parurent les premiers moteurs Lenoir dont le fonctionnement rappelait celui des machines à vapeur.

91. — Le moteur Lenoir était à double effet. Pendant une partie de la course du piston, un mélange tonnant était aspiré à la pression atmosphérique, puis enflammé. Les gaz, échauffés par la combustion, augmentaient de pression et, par leur détente, faisaient progresser le piston qui accomplissait alors une portion de course motrice. Les mêmes phénomènes se répétaient sur les deux faces du piston. Le graissage de ces machines était extrêmement difficile et dispendieux; il est vrai, qu'en 1860, on ne connaissait pas encore les propriétés des huiles minérales.

D'autre part la consommation en gaz de ces machines était absolument exagérée. La théorie a indiqué depuis qu'avec le cycle adopté par Lenoir il ne pouvait en être autrement.

Le premier moteur qui fonctionna avec des consommations raisonnables fut celui d'Otto et Langen, en 1867. Ce moteur très particulier ne put être construit que pour des forces qui ne dépassaient pas deux chevaux, mais son succès fut grand, malgré le bruit de ferraille auquel donnait lieu son fonctionnement.

Il est vrai que pour des puissances de seulement 1/2 cheval à 2 chevaux, ces moteurs avaient des consommations de moins de 800 litres de gaz d'éclairage par cheval heure effectif. Pour des puissances aussi faibles, on ne fait encore guère mieux aujourd'hui.

Ce moteur, quoiqu'il soit aujourd'hui totalement abandonné, mérite une description.

Le piston très pesant était libre dans son cylindre disposé verticalement. En guise de tige ce piston portait une crémaillère qui n'avait aucune action sur l'arbre de commande à la montée. Cette crémaillère engrenait en effet avec un pignon qui ne devenait solidaire de l'arbre qu'à la descente du piston par un système d'embrayage à rouleaux tout à fait analogue aux modernes mouvements dits à roue libre des bicyclettes.

Un enclenchement commandé par l'arbre relevait légèrement le piston lorsqu'il était au bas de sa course et faisait fonctionner en même temps la distribution pour déterminer l'introduction d'une nouvelle charge de mélange combustible dans le cylindre. Dès qu'aussitôt après l'allumage se produisait, le piston était lancé en l'air comme un obus. L'énergie du gaz se transformait ainsi en énergie cinétique qui se retransformait en travail à la descente du piston, lorsque la crémaillère de celui-ci entraînait l'arbre.

La théorie indique que le rendement élevé de ce moteur, d'aspect peu mécanique, tenait à l'excessive prolongation de la

Fig. 22. — Moteur atmosphérique Otto et Langen à piston libre.

détente qui abaissait la pression du gaz bien en dessous de la pression atmosphérique (fig. 22).

L'extrême vitesse du piston à la montée empêchait le refroidissement des gaz mais la descente lente permettait à la chaleur de se dissiper en partie à travers la paroi du cylindre refroidie par un courant d'eau.

Les diagrammes relevés sur ces machines montrent en effet qu'au travail dû à l'inertie du piston s'ajoute un travail positif causé par le vide qui s'établit sous celui-ci pendant sa descente par suite de la contraction des gaz.

C'est à tort que l'on a quelquefois considéré que dans ces machines le seul travail utile du diagramme se trouvait tout entier compris dans la portion de surface située en dessous de la pression atmosphérique. En réalité toute la surface du diagramme est parfaitement utilisée, mais la partie située au-dessus de la ligne atmosphérique est employée à lancer le piston, travail intégralement récupéré à la descente. Pour le réglage automatique de la vitesse, ces moteurs portaient un petit régulateur qui empêchait le réenclenchement du relevage du piston tant que la vitesse de régime était dépassée.

Toutes les tentatives faites depuis pour perfectionner les moteurs atmosphériques ont échoué.

93. — Le type de moteur sans compression qui subsista le plus longtemps fut celui de Bischop. On en trouve d'ailleurs encore quelquefois dans des établissements forains où on les emploie pour actionner des orgues mécaniques (fig. 23).

La consommation unitaire de ces moteurs est assez grande, mais comme ils ne se construisirent jamais que pour des puissances de quelques dizaines de chevaux, c'est sans importance car ce qu'on apprécie alors dans un moteur c'est avant tout sa grande simplicité.

Ce qui caractérise le moteur Bischop c'est que, dans le mouvement alternatif du piston, la course motrice s'effectue avec une rapidité plus grande que la course d'échappement. Cet effet

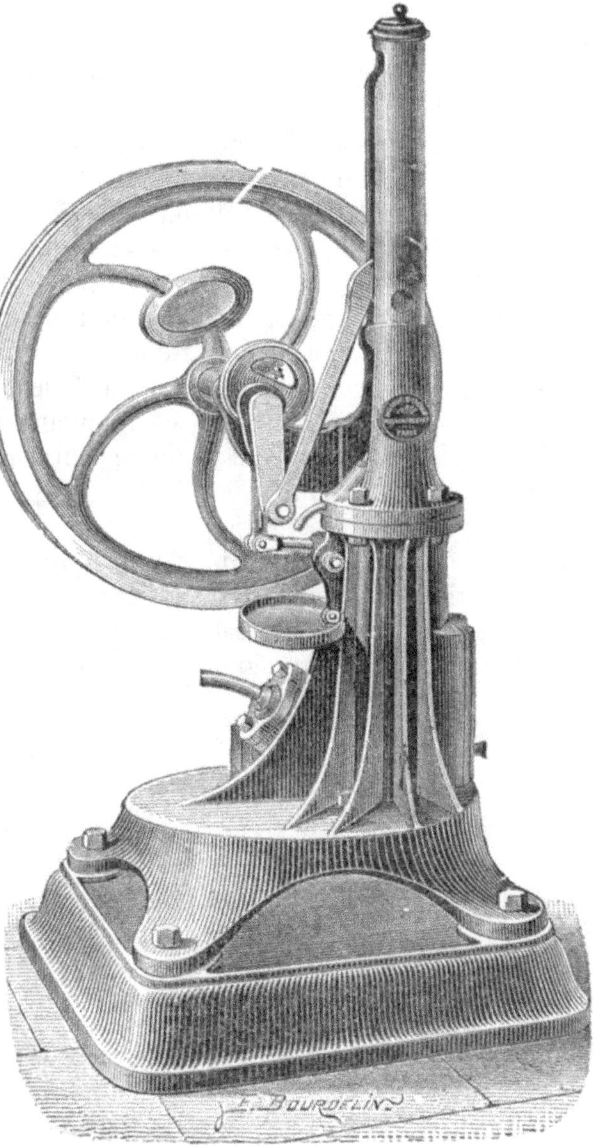

Fig. 23. — Moteur Bischop à bielle en retour et désaxée.

est obtenu grâce à la position particulière de l'arbre qui se trouve rejeté à côté du cylindre placé verticalement. L'extrémité de la tige du piston guidée par une glissière supérieure attaque en retour par une longue bielle une manivelle calée sur l'arbre moteur ainsi que le montre nettement la figure. La distribution se fait par tiroir.

L'allumage est provoqué par l'aspiration de la flamme d'un brûleur permanent lorsque le piston découvre, après avoir aspiré le mélange tonnant, un trou percé dans le cylindre.

Avec les courses de durées inégales on espérait obtenir un résultat analogue à ceux donnés par les moteurs atmosphériques ; en fait, il n'en est rien. D'abord dans cette machine les détentes ne peuvent être aussi longues que celles qu'on obtient avec un piston libre et d'autre part l'allumage se produisant quand le piston a déjà acquis une certaine vitesse, on ne peut compter sur une explosion à volume constant.

C'est là la plus grande imperfection de tous les moteurs sans compression. Le premier moteur Lenoir avait le même défaut. D'ailleurs la supériorité du moteur atmosphérique ne réside pas seulement dans sa longue détente, mais surtout dans sa propriété de donner rigoureusement l'explosion à volume constant.

CHAPITRE II

Moteurs à compression préalable

94. Moteur Otto à 4 temps. — 95. Tiroir de distribution du moteur Otto. — 96. Moteur Crossley. — 97. Premiers moteurs à cieux temps. — 98. Moteur Dugald Clerek. — 99. Moteur Benz. — 100. Moteur Ravel. — 101. Moteur Denier. — 102. Moteur Griffin. — 103. Moteur Atkinson. — 104. Moteur Charon — 105. Moteur Delamane. 106. Moteur Letombe à admission variable et à double effet. — 107. Moteur Niel à double effet. — 108. Premier double-effet tandem. — 109. Moteur Triplex. — 110. Moteurs à combustion ; Moteur Drayton. — 111. Moteur Gardie. — 112. Moteur Capitaine. — 113. Moteur Diesel.

94. — Le moteur à gaz ne commença à devenir une machine vraiment industrielle que vers 1876 par la création du moteur Otto à compression préalable.

Ce genre de moteur est dit à 4 temps parce que pendant deux courses il fait office de pompe et qu'il n'agit véritablement comme moteur que pendant les deux courses suivantes.

En réalité le principe du fonctionnement de ces moteurs avait été donné dès 1861 par l'ingénieur français Beau de Rochas dans une brochure qui passa totalement inaperçue et qui ne fut exhumée qu'en 1884 pour faire tomber les brevets d'Otto dans le domaine public lors d'un procès resté célèbre.

D'après les idées de Beau de Rochas un moteur à 4 temps devait fonctionner de la manière suivante :

> « Aspiration pendant toute une course de piston du mélange tonnant et, à la course suivante, compression de ce mélange jusqu'à une pression telle que la chaleur développée soit suffisante pour déterminer un allumage automatique. La troisième course devait constituer ensuite la course motrice et la quatrième servir à l'échappement des gaz brûlés. »

Beau de Rochas ne tenta même pas de réaliser ses idées par la construction d'une machine.

Otto eut, quinze ans plus tard, la même conception du moteur à gaz que Beau de Rochas, mais il ne lui vint certainement pas à l'idée de chercher à se passer d'un système d'inflammation du mélange. D'ailleurs, on a reconnu depuis que l'auto-allumage n'est possible qu'avec l'emploi du pétrole comme combustible.

Le grand mérite d'Otto fut de trouver les mécanismes qui convenaient au fonctionnement d'un moteur à 4 temps.

Dans le premier moteur qui fut construit, le piston ne travaillait que par une de ses faces, c'est-à-dire qu'il fonctionnait à simple effet.

Cette disposition fut universellement adoptée et conservée. Pendant très longtemps d'ailleurs on crut qu'il serait toujours impossible de faire fonctionner à double effet un moteur de ce genre.

Le piston était guidé par une crosse semblable à celle employée pour les machines à vapeur. La fig. 24, qui montre cette disposition, représente le bâti en coupe et le cylindre en vue extérieure. Cette figure laisse voir également la commande par des engrenages coniques de l'arbre de distribution qui doit faire deux fois moins de tours que l'arbre moteur puisque son action n'est utile que tous les deux tours. Cet arbre porte deux cames, l'une qui actionne la soupape d'échappement et l'autre qui agit sur la soupape à gaz ; cette dernière peut coulisser latéralement sur une clavette et sa position est solidaire du mouvement du régulateur placé sous l'arbre de distribution et commandé par engrenages.

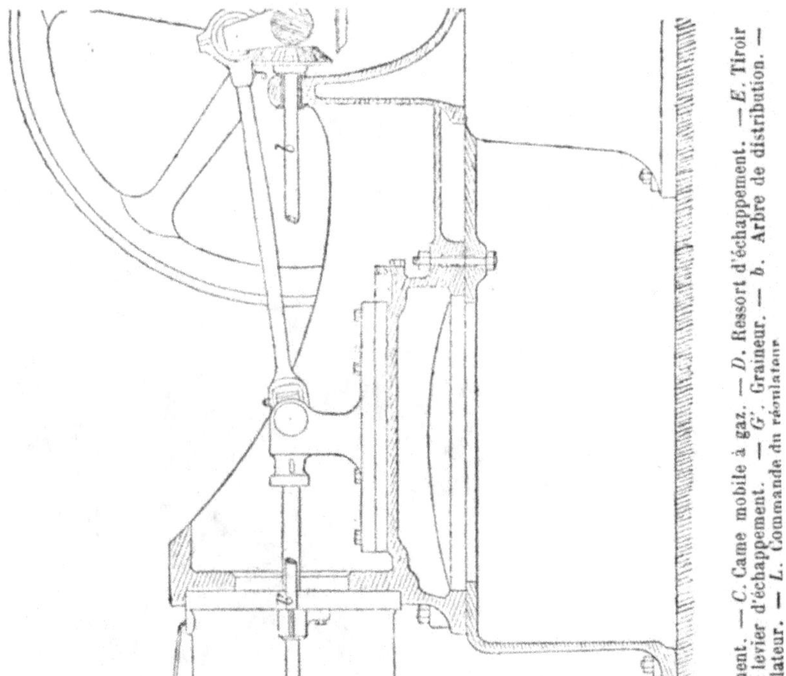

Fig. 24. – Premier moteur Otto à 4 temps.

Fig. 28.– Moteur Otto à soupapes

et allumage à tube.

Cette came porte un bossage conique qui réduit l'admission du gaz quand le régulateur monte. A la limite, le levier de commande échappe même complètement le bossage de la came et toute admission du gaz se trouve dès lors suspendue. — Le moteur peut donc ainsi être réglé à volonté, suivant la position donnée à la came à gaz, soit par appauvrissement du mélange admis, procédé appelé aussi *réglage qualificatif*, soit par ce qu'on a appelé le réglage par *tout ou rien.*

L'arbre de distribution porte encore une petite poulie qui actionne par une cordelette un graisseur constitué par un axe portant de petites aiguilles pendantes qui viennent alternativement plonger dans l'huile puis s'essuyer à l'orifice des conduits menant aux points à graisser, points qui dans l'espèce sont le piston et le tiroir de distribution. Ce système de graissage est tout à fait remarquable par sa simplicité.

95. — Le tiroir d'Otto était très ingénieusement conçu, mais bien compliqué et délicat d'entretien. Cet organe avait une double fonction : assurer d'abord l'admission du mélange tonnant, puis son allumage.

Commandé par une manivelle placée en bout de l'arbre de distribution, ce tiroir était appuyé sur le fond du cylindre et était maintenu en place par une contreplaque chargée de ressorts assez forts pour éviter que les explosions développées dans le cylindre ne vienne à le décoller de sa glace.

Les cinq vues de la fig. 25 montrent bien les dispositions particulières du tiroir d'Otto.

Une lumière en U allongé met, au moment convenable, la lumière d'admission du cylindre en communication avec le conduit d'aspiration d'air en même temps qu'une série de petits trous percés dans le dos du tiroir permet l'arrivée du gaz par un tuyau fixé dans le couvercle. Le tiroir en continuant sa course ferme ces orifices pour le commencement de la compression ; quand celle-ci est terminée une autre cavité du tiroir se présente devant la lumière du cylindre, ce qui détermine l'allumage, car

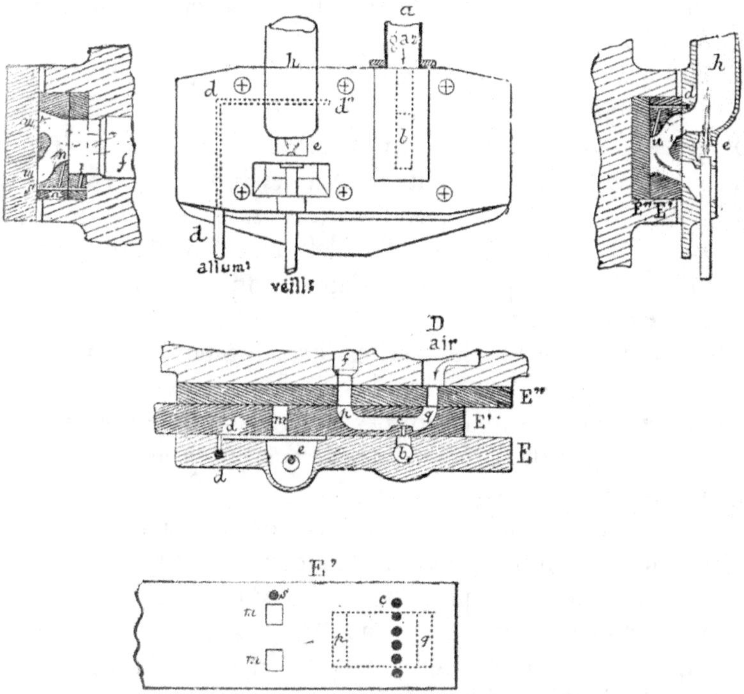

f. Lumière du cylindre. — *D*. Arrivée d'air. — *c*, *c*. Arrivée du gaz. — *p*, *q*. Canal de charge. — *d*. Prise de gaz d'allumage. — *m*. Cavité de transport de flamme. — *e*. Brûleur permanent. — *h*. Cheminée du brûleur. — *u*, *d*. Petits canaux de communication anticipée de la cavité *m* avec le cylindre. — *E*. Contre-plaque du tiroir. — *E'*. Tiroir proprement dit. — *E''*. Glace du tiroir.

Fig. 25. — Tiroir de distribution des premiers moteurs Otto.

cette dernière cavité contient une flamme produite par une petite prise de gaz et d'air faite antérieurement. Cette prise, allumée par une flamme permanente, est mise en équilibre de pression avec les gaz du cylindre par de petits canaux avant d'être plus transportée devant la lumière du cylindre afin de ne pas être soufflée par la compression.

Dans tous les moteurs de ce genre il y avait une réelle difficulté à régler la veilleuse constituant le brûleur permanent ainsi que le dosage du gaz d'allumage, pour éviter que la flamme ne s'éteigne avant d'arriver en face de la lumière du cylindre.

En raison des difficultés qu'il éprouva sans doute pour réaliser un allumage convenable, Otto s'efforça d'avoir toujours un mélange aussi riche que possible dans le conduit qui aboutissait à la lumière du cylindre.

Il attribua même tous les mérites de son moteur à la stratification des gaz qu'il obtenait ainsi dans le cylindre de travail. Il appréciait particulièrement les diagrammes arrondis qui dénotaient une combustion ralentie. C'était du reste la principale revendication de son brevet.

Si, au lieu d'attacher autant d'importance à un régime de combustion reconnu depuis plutôt défectueux, Otto avait eu l'idée de dire dans son brevet qu'il assurait la commande des organes de distribution de sa machine par un arbre faisant deux fois moins de tours que l'arbre moteur, il n'aurait pas eu à craindre l'antériorité de Beau de Rochas qui lui fit perdre son privilège.

La distribution à tiroir s'appliqua aussi à de petits moteurs verticaux à arbre supérieur (fig. 26).

96. — Crossley, concessionnaire anglais d'Otto, perfectionna très heureusement le moteur à 4 temps en supprimant le tiroir qui ne permettait pas l'emploi de compression supérieure à 3 kilogr. Il remplaça cet organe délicat et d'un entretien assez difficile par une soupape d'admission en tout semblable à celle déjà employée pour l'échappement. Pour produire l'allumage, il eut une idée vraiment originale : il employa un tube de métal fermé par un

Fig. 26. — Moteur Otto vertical à tiroir.

bout et communiquant par l'autre extrémité avec le cylindre même du moteur. Ce tube était porté au rouge par l'action du brûleur extérieur.

Crossley, de crainte que le mélange comprimé du cylindre ne vint s'allumer prématurément au contact du tube porté à l'incandescence, crut nécessaire d'interposer entre le cylindre et le tube une petite soupape commandée, pressée de l'extérieur vers l'intérieur, qui s'ouvrait brusquement au moment où l'allumage devait se produire.

En arrière de cette soupape et du côté du tube était ménagé un petit trou de fuite afin d'éviter une accumulation prématurée de gaz tonnant dans le tube.

La soupape en reculant au moment de l'allumage venait boucher cette fuite. Otto lui-même adopta ensuite les mêmes dispositions que Crossley, tant pour la distribution que pour l'allumage, ainsi que le montre la fig. 28 (p. 132, 133).

Plus tard, on reconnut qu'on pouvait parfaitement se passer de la soupape commandée; il suffit pour cela d'employer un tube assez long et de pouvoir déplacer la flamme du brûleur le long de ce tube pour régler le moment de l'allumage. En effet, le tube en communication permanente avec le cylindre garde, après l'échappement, des gaz brûlés qui ne peuvent se mélanger à la charge d'aspiration, attendu que le tube n'est le siège d'aucune circulation.

Au fur et à mesure que la compression se produit, les gaz brûlés sont refoulés de plus en plus vers le fond du tube et l'allumage ne se produit que lorsque les gaz frais viennent à rencontrer la partie rouge du tube. On conçoit donc que l'allumage se fera ainsi d'autant plus tôt que la partie du tube portée au rouge sera plus longue.

Beaucoup de moteurs en fonctionnement ont encore l'allumage à tube, mais pour les constructions nouvelles ce mode d'allumage tend de plus en plus à être abandonné. Nous en reparlerons lorsque nous étudierons les différents systèmes d'allumage employés dans les moteurs à gaz.

97. — Aussitôt après l'apparition des moteurs à quatre temps et pendant tout le temps que les brevets d'Otto passèrent pour valables, un grand nombre de constructeurs, surtout en Angleterre, firent des efforts considérables pour construire des moteurs dits à 2 temps, c'est-à-dire des moteurs dans lesquels la charge, au lieu d'être faite par la machine elle-même, était assurée par des pompes qui envoyaient dans le cylindre un mélange frais et chassaient devant eux les gaz brûlés à la fin de la course de détente. Au lieu de n'avoir qu'une explosion tous les deux tours comme avec le cycle à 4 temps, on avait ainsi une explosion par tour.

Le procédé était séduisant a priori, et les constructeurs de ces machines dans leurs prospectus déclaraient le cycle à 2 temps bien supérieur au cycle à 4 temps. Mais malgré ces affirmations, on put constater avec étonnement que la fin du privilège d'Otto marqua l'abandon subit des moteurs à 2 temps par leurs constructeurs qui, dès lors, avec unanimité, se mirent à fabriquer uniquement des moteurs à 4 temps.

Depuis quelques années, de nouvelles tentatives sont faites pour réhabiliter le moteur à 2 temps, mais les efforts dans ce sens n'ont guère été couronnés de succès. D'ailleurs le moteur à 2 temps ne peut offrir d'intérêt qu'autant qu'à force égale, il pourra être vendu moins cher qu'un moteur à 4 temps dont le rendement lui sera toujours supérieur. — Dans un moteur à 2 temps en effet le rendement mécanique est forcément diminué par le travail des pompes ; en outre, il est des plus difficile d'éviter dans ces machines, pendant la charge, des pertes de gaz frais par l'échappement.

Il est intéressant néanmoins de donner quelques détails de ces premiers moteurs à 2 temps car on y trouve tous les dispositifs que certains sont en train de réinventer pour essayer notamment de les appliquer à l'automobile.

98. — L'un des premiers types de moteurs à 2 temps construit fut celui de M. Dugald Clerk en 1879, très peu de temps par conséquent après l'apparition du moteur à 4 temps (fig. 29).

Ce moteur se composait d'un cylindre de travail et d'un cylindre latéral que son inventeur avait appelé un « déplaceur ».

Ce déplaceur était en somme la pompe de charge. Le piston de cette pompe pendant une partie de sa course aspirait d'abord un mélange tonnant en proportion convenable, puis de l'air pur. Comptant sur une stratification des gaz suffisante au moment du refoulement de la pompe dans le cylindre moteur, l'air pur devait d'abord chasser les gaz brûlés par les orifices d'échappement pour laisser la place au gaz frais introduit à sa suite; ces opérations précédaient immédiatement la compression.

La stratification des gaz n'étant pas possible dans ces conditions il ne résulta du procédé adopté qu'un brouillage qui purgeait mal le cylindre et laissait perdre du mélange frais.

Au point de vue des consommations les résultats restèrent médiocres.

A part la présence de la pompe dont le piston était commandé par une manivelle calée à 90° du tourillon de l'arbre coudé, le mécanisme de ce moteur était assez simple, attendu que les commandes d'organes pouvaient se faire par bielles recevant directement leur mouvement de l'arbre moteur sans qu'il soit nécessaire de passer par l'intermédiaire d'un arbre de distribution.

L'échappement était assuré par une série de trous disposés circulairement dans le cylindre à un endroit que le piston découvrait vers la fin de sa course motrice.

Le réglage se faisait par « tout ou rien ». La mise en route du moteur s'obtenait par l'admission d'un mélange tonnant comprimé préalablement à 5 kilogs dans un réservoir par une pompe à main. Dès son introduction ce mélange était enflammé pour produire la première impulsion motrice. Le procédé ne fut pas sans danger à cause des retours de flammes toujours possibles vers le réservoir.

99. — Dans le moteur Benz, pour éviter l'emploi d'un cylindre auxiliaire trop volumineux, on ne se sert d'une pompe séparée que pour aspirer et refouler le gaz.

Fig. 29. – Moteur Dugald Clerck.

C'est l'avant du cylindre fermé par un couvercle qui fait office de pompe à air. L'air nécessaire à la chasse des gaz brûlés et à la combustion du gaz est aspiré pendant la course de compression du moteur et comprimé dans un réservoir pendant la course de détente. A la fin de cette course, une soupape d'échappement s'ouvre, puis une soupape de communication avec le réservoir d'air comprimé. Cet air, dirigé par un ajutage en sens inverse de la soupape d'échappement, chasse les gaz brûlés en un court instant et, pendant que la compression s'effectue, le gaz est refoulé par la petite pompe latérale. A la fin de cette course, l'allumage est produit par une étincelle électrique (fig. 30 et 31).

Le réglage se fait sur la quantité de gaz aspiré par la pompe.

Le rendement mécanique de ce système de moteur resta assez mauvais : il donna cependant des résultats pratiques meilleurs que le précédent parce qu'il possédait une chasse d'air plus efficace, sans pourtant être parfaite en raison des dispositifs employés pour l'obtenir.

100. — Ravel, presqu'en même temps que Dugald Clerk, imagina un moteur à 2 temps très simple dont le principe a été repris un nombre considérable de fois sans plus de succès d'ailleurs.

Ce type de moteur, disposé d'ordinaire verticalement, comporte un carter de manivelle complètement étanche. Le piston par sa face inférieure aspire librement le mélange tonnant dans le carter puis le comprime légèrement. Lorsque le piston moteur découvre vers la fin de sa course dans la paroi un orifice en communication avec le carter de la manivelle, le mélange tonnant se précipite dans le cylindre et chasse les gaz brûlés dont l'expulsion a déjà commencé par l'ouverture anticipée d'une soupape d'échappement. Depuis on a simplifié encore ce système en supprimant la soupape d'échappement et en la remplaçant par un orifice percé dans la paroi du cylindre, en face de celui d'admission. Pour éviter un passage direct du gaz frais à l'échappement le piston porte dans ce cas, du côté de l'orifice d'admission, une languette appelée

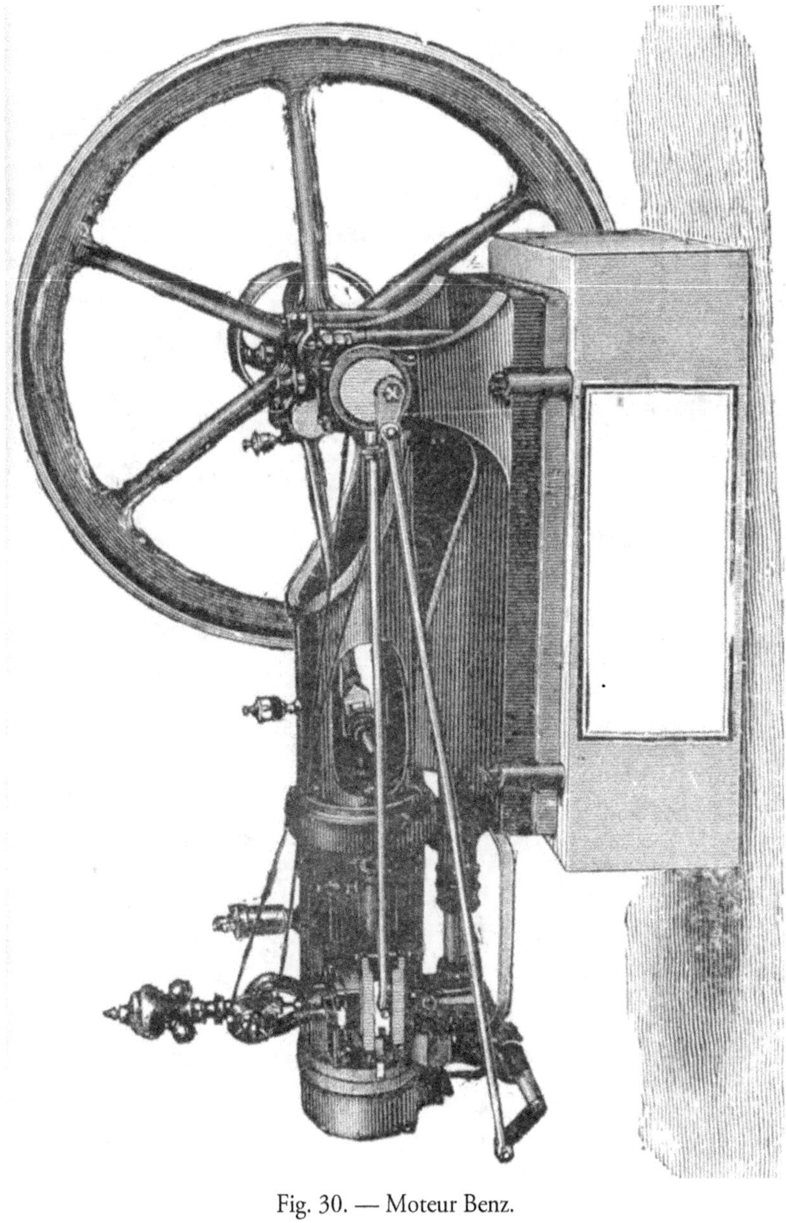

Fig. 30. — Moteur Benz.

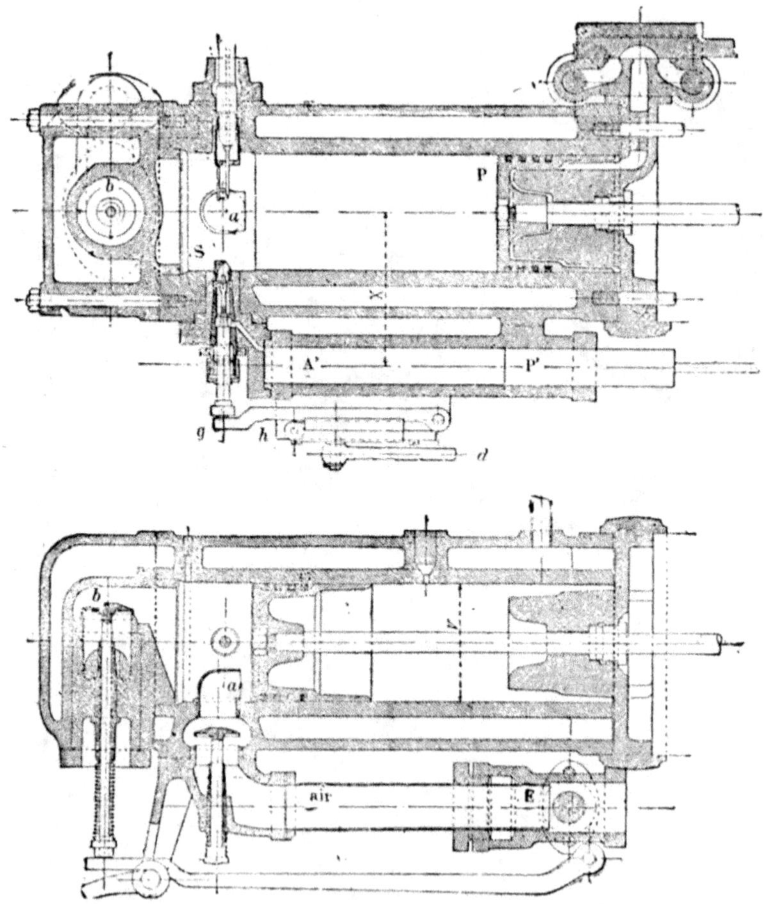

P, Piston principal. — P', Piston de la pompe à gaz — V, Cylindre moteur. — A, Cylindre à gaz. — E, Réservoir d'air comprimé. — *b*, Soupape d'échappement. — *a*, Déflecteur.

Fig. 31. — Coupes du moteur Benz.

« déflecteur » qui dirige d'abord les gaz frais vers le fond du cylindre. La soupape d'échappement valait mieux.

En réalité ces dispositions, toutes séduisantes qu'elles soient ne donnent pas de résultats pratiques intéressants, car elles sont impuissantes à empêcher les pertes par l'échappement et elles ne permettent pas un remplissage suffisant des cylindres. Ce dernier défaut est tellement sensible qu'avec un moteur à 2 temps de ce type on n'obtient à vitesse égale rien de plus, comme puissance, qu'avec un moteur à 4 temps à cylindre de même dimension, malgré un nombre d'explosions double.

Le but qu'on se propose par l'emploi du moteur à 2 temps, qui est d'augmenter la puissance des moteurs par rapport à leur poids, n'est donc pas atteint par les dispositifs que nous venons de décrire.

101. — Le moteur Bénier, qui vint notablement plus tard, présentait une solution plus séduisante du problème à résoudre. Dans celte machine, l'air et le gaz étaient aspirés par des pompes séparées disposées en tandem.

Pour raccourcir l'ensemble des mécanismes on employait un piston différentiel qui aspirait du gaz du côté de sa face pleine et de l'air par sa surface annulaire.

Bénier ne parait pas avoir donné à ses pompes des volumes suffisants car les diagrammes qu'il obtint restèrent de trop faibles surfaces. Il ne profita pas non plus assez de ce qu'il avait une pompe à air séparée pour faire une chasse d'air efficace dans son cylindre avant l'introduction du gaz combustible. Comme dans les moteurs Dugald Clerk, les gaz s'échappaient par une couronne de trous découverts par le piston vers sa fin de course (fig. 32).

Le fonctionnement de ce moteur était le suivant: le piston des pompes moteur aspirait, comme nous l'avons dit, séparément les constituants du mélange tonnant, puis les comprimait ensuite légèrement. Le calage relatif de la manivelle de commande du piston des pompes par rapport au coudé de l'arbre était telle que la faible compression initiale des gaz à introduire était obtenue

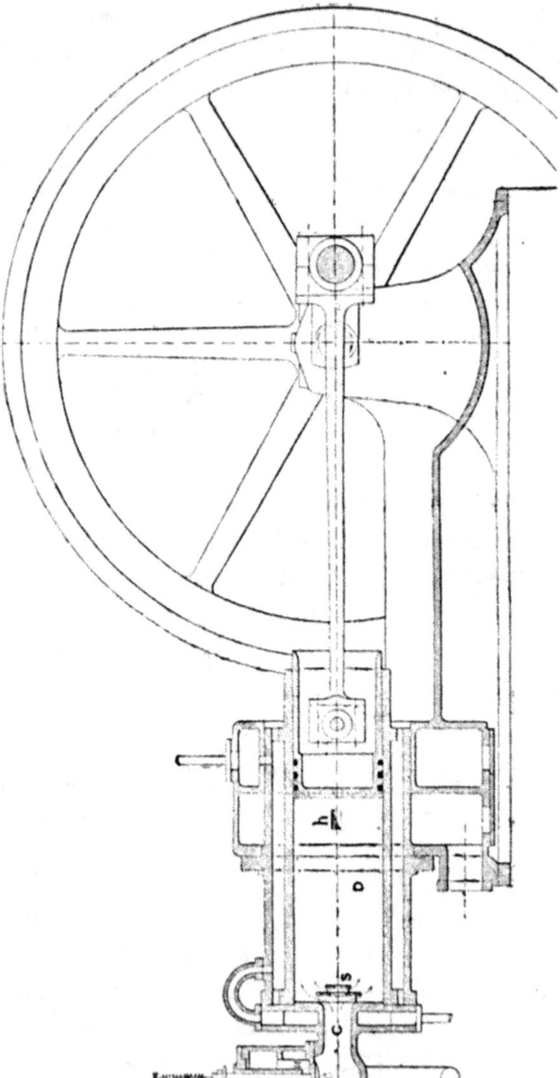

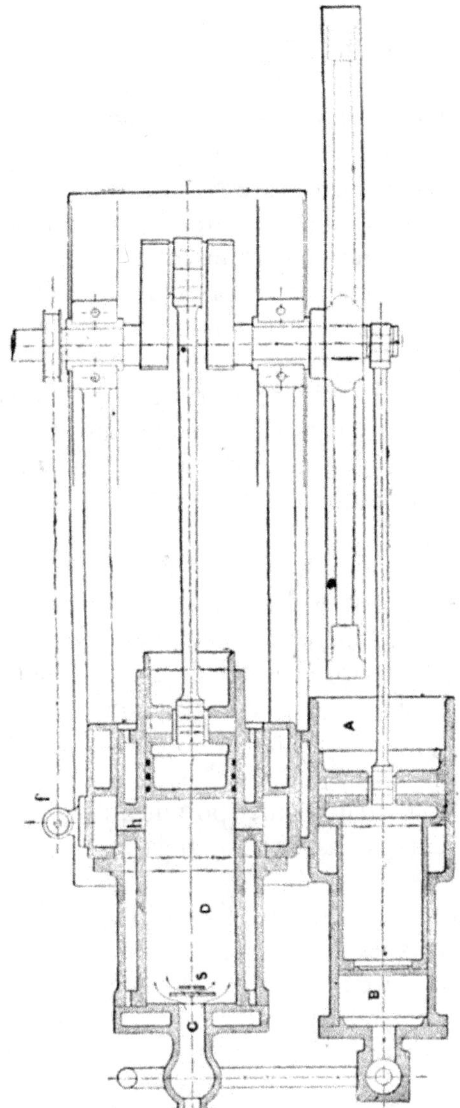

A, Pompe à eau. — B, Pompe à gaz. — C, Lumière du cylindre. — D, Cylindre moteur. — s, déflecteur. — *h*, Lumières d'échappement. — *c*, Soupapes de retenue.

Fig. 32. – Moteur Benier à 2 temps.

au moment où le piston moteur venait de découvrir les orifices d'échappement.

Un tiroir cylindrique commandé par un excentrique permettait l'introduction d'un peu d'air d'abord, puis de l'air et du gaz dans le cylindre. Les gaz frais chassaient les gaz brûlés devant eux et ensuite la compression commençait dans le cylindre dès que les orifices d'échappement étaient recouverts par le piston.

Pour assurer l'étanchéité du cylindre, le conduit entre le cylindre et les pompes était fermé par une soupape automatique.

Toutes ces dispositions étaient en principe excellentes; elles servirent d'ailleurs de modèles aux constructeurs des moteurs modernes à deux temps.

Des essais faits par M. A. Witz montrèrent que le rendement du moteur Bénier était très satisfaisant et supérieur dans tous les cas à tout ce qui avait été obtenu jusque-là avec des moteurs à 2 temps, malgré l'emploi d'une compression notablement trop faible.

Ce moteur n'eut pas tout le succès qu'il aurait dû avoir parce qu'il se montra d'un réglage trop délicat.

Par l'emploi de pompes séparées, Dénier n'avait pas eu en vue d'assurer l'échappement par une chasse d'air : son but était surtout d'aspirer à part le gaz nécessaire à l'alimentation du moteur en pompant sur un gazogène de son invention dont nous parlerons plus tard.

Pour tout réglage le moteur Bénier portait un régulateur qui agissait par étranglement sur l'aspiration du gaz.

102. — En 1886, l'inventeur anglais Griffin, attribuant aux gaz résiduels restant dans les « chambres » des cylindres un effet nuisible, fit un moteur à 6 temps, c'est-à-dire un moteur qui ne donnait qu'une explosion tous les trois tours. Les deux courses supplémentaires ajoutées au cycle à 4 temps étaient employées à une aspiration d'air qui était ensuite rejeté à l'échappement, de manière à débarrasser complètement les cylindres de tous résidus de gaz brûlés.

Dans des essais très complets faits à la Société des Arts de Londres, ce système de moteur se montra plutôt inférieur aux moteurs ordinaires à 4 temps; d'ailleurs l'inventeur ne profitait pas dans la machine présentée du seul avantage qui pouvait résulter de l'expulsion des gaz brûlés: l'augmentation de la teneur en calories des charges pour faire produire au moteur, à dimensions égales de cylindre, une puissance supérieure à celle obtenue avec les moteurs ordinaires et améliorer ainsi le rendement mécanique.

Il est vrai que l'essai fut fait au gaz de ville qui déjà a une tendance à donner des détonations brisantes avec des mélanges riches même dans les moteurs ordinaires sans chasse d'air. On dut donc probablement dans ces essais diluer les gaz dans un excès d'air, ce qui détermina des combustions ralenties, ainsi que le témoignent les diagrammes relevés.

Dans ces conditions, le rendement du moteur ne pouvait être fameux.

Dans ces derniers temps, on a essayé à nouveau la chasse complète des gaz brûlés, mais en se servant de pompes auxiliaires et sans altérer le cycle à 4 temps.

Mais quelles que soient les dispositions adoptées, il n'y a pas lieu d'attendre des chasses d'air une amélioration du rendement thermique des moteurs.

103. — C'est également vers la fin de 1886 qu'une tentative de prolongation de détente des gaz de la combustion fut tentée par l'ingénieur anglais Atkinson qui construisit à cet effet un moteur à quatre temps à courses inégales, d'un mécanisme très ingénieux certes, mais inutilement compliqué, attendu que depuis on a pu réaliser des détentes prolongées en conservant aux moteurs leur forme ordinaire.

Dans ce moteur, essentiellement à simple effet, la bielle était reliée à un balancier disposé de telle façon qu'il se trouvait presque en ligne droite avec elle lorsque le piston était à son point mort arrière. Une deuxième bielle agissant dans un sens transversal rendait solidaire l'articulation de la première bielle et du levier dont nous venons de parler du coudé de l'arbre placé au-dessus du moteur.

Le fonctionnement était le suivant : un tour entier de l'arbre coudé faisait faire deux demi-oscillations au levier intermédiaire de part et d'autre de sa position moyenne, déterminant ainsi deux courses aller et retour du piston du moteur. On voit donc qu'on réalisait de la sorte un cycle à quatre temps complet par tour de l'arbre moteur, ce qui est original. L'obliquité des bielles et, l'orientation convenable du levier intermédiaire faisait que deux courses des quatre temps étaient sensiblement plus petites que les deux autres. Les premières servant à l'aspiration et à la compression, il en résultait que le volume de fin de détente était plus grand que le volume initial d'aspiration. Il y avait donc ainsi bien prolongation de détente par rapport au cycle Beau de Rochas.

Les courses inégales permettaient d'autre part une explosion plus complète des gaz brûlés, ce qui est d'un avantage discutable quand on ne peut employer des mélanges tonnant sans excès d'air.

En réalité dans cette machine, seul le prolongement de la détente procura un avantage, mais comme ce résultat peut s'obtenir par des mécanismes plus simples que ceux auxquels on avait eu recours, la construction de ces moteurs ne fut pas continuée.

104. — Charon notamment réalisa des détentes prolongées sans rien changer à l'aspect des machines, en refoulant dans le tuyau d'aspiration, après une admission pleine, une partie du mélange tonnant admis. Cette portion était reprise à l'aspiration suivante. En pleine charge ce procédé donna des résultats remarquables pour l'époque. On descendit ainsi en effet pour la première fois à une consommation par cheval heure effectif de 500 litres d'un gaz d'éclairage de pouvoir calorifique moyen.

105. — En 1889, Delamare, dans le but d'améliorer le rendement du moteur à gaz, essaya de réduire les pertes par les parois des cylindres en augmentant leurs dimensions. On sait en effet que dans ce cas, l'importance de la surface des parois par l'apport aux volumes des cylindres diminue d'autant plus que les diamètres sont plus grands (n° 82).

On s'attendait à des résultats remarquables parce qu'il semblait alors évident que toute réduction de la perte par la paroi devait profiter intégralement au cycle. On constata avec étonnement sur le moteur de 100 chevaux qui figura à l'exposition de 1889 que l'amélioration escomptée ne se produisait pas. Nous avons donné au chapitre IX l'explication de ce phénomène et nous n'y reviendrons pas.

Cette expérience eut néanmoins, à un autre point de vue, une importance capitale, car elle servit à démontrer que le moteur à gaz de grande puissance était possible.

106. — C'est après l'exposition de 1889 que nous avons entrepris la construction de notre premier moteur à double effet à quatre temps et à détente prolongée.

Nous avions été amené à nous écarter des sentiers battus à la suite d'études théoriques que nous avions entreprises après avoir appris par la lecture de la première édition de l'ouvrage du savant professeur A. Witz sur les moteurs à gaz, comment il fallait comprendre la théorie de ces intéressantes machines[10].

Comme une compression de 5 kil. passait encore alors pour fort élevée, nous avons tout d'abord cherché une amélioration dans le rendement thermique des moteurs à gaz, non dans l'augmentation croissante des compressions ainsi que nous l'avons fait plus tard, mais dans un allongement normal des détentes combinées avec une admission variable du mélange tonnant Nous avons obtenu ainsi des résultats fort intéressants.

Par le prolongement des détentes on diminue il est vrai la puissance disponible des machines, eu égard au volume de leur cylindrée, mais cet inconvénient n'est pas particulier au moteur à gaz et les machines à vapeur, par exemple, se trouvent dans le

10) A Witz, *Traité théorique et pratique des moteurs à gaz*, 1886.

même cas. Un prolongement de détente a d'autre part l'avantage d'abaisser très notablement la température des gaz au moment de l'échappement et par conséquent la température des parois intérieures des cylindres.

C'est cet abaissement de température qui nous a fait adopter sans hésiter le cylindre à double effet avec distribution à quatre temps à chacune de ses extrémités.

Nous avions d'ailleurs prévu pour les puissances importantes un refroidissement relatif du piston par une circulation d'air par la tige creuse. La marche à double effet pouvait facilement compenser ce qu'une longue détente était de nature à faire perdre en puissance disponible à un moteur à simple effet (fig. 33).

Fig. 33. — Premier moteur à 4 temps à double effet.

Pour rendre le volume d'admission indépendant de la cylindrée qui forme le volume extrême de détente, nous avons eu recours à l'admission fractionnée. La difficulté à vaincre dans ce cas consiste à maintenir les soupapes de distribution fermées lorsqu'un vide relatif tend à se produire dans le cylindre à la suite d'une admission incomplète.

On pare à cet inconvénient facilement par l'emploi de ressorts de soupapes assez puissants, mais la solution est insuffisante lorsqu'on envisage la question du réglage du moteur.

Le système de tout ou rien, outre qu'il ne convient pas pour des moteurs qui doivent avoir une vitesse bien uniforme, ne peut être employé avec l'admission fractionnée sans être la cause d'une perte de travail due au vide relatif qui existe dans le cylindre au moment de l'échappement lorsqu'une explosion n'a pas eu lieu. Comme d'autre part le maintien constant en pleine charge d'un moteur n'est ni facile ni pratique, le réglage par « tout ou rien » fait perdre le bénéfice obtenu par le prolongement de la détente et le but poursuivi n'est pas atteint.

Pour obtenir une admission fractionnée variable on a eu recours à divers artifices sur lesquels nous reviendrons plus tard. Pour le moment nous ne décrirons à titre d'exemple que le dispositif que nous avons employé dès 1893, parce qu'il fut depuis très souvent imité.

La soupape d'admission est commandée d'une manière invariable par l'intermédiaire d'une came qui détermine son ouverture au commencement de la course d'aspiration et la laisse retomber sur son siège soit juste à fin de cette course, soit légèrement après (fig. 34).

En arrière de la soupape d'admission proprement dite se trouve un jeu de deux soupapes superposées disposées de telle façon qu'une dépression provoquée par le piston dans les conduites tend à les fermer. L'air arrive entre les deux soupapes. La soupape supérieure qu'obture l'arrivée des gaz se soulève lorsqu'elle est poussée par la soupape inférieure qui est commandée mécaniquement par une came à gradins d'inégales longueurs.

On conçoit qu'en déplaçant la came devant les tiges de soupapes ou devant les galets des leviers qui les commandent on obtiendra des admissions variables. Un autre avantage des dispositions décrites c'est que, sans qu'il soit nécessaire de recourir à des ressorts puissants, on a ainsi des fermetures bien hermétiques lorsque les admissions sont coupées. Avec ce système la soupape d'admission proprement dite n'a même pas besoin d'être chargée d'un fort ressort : il suffit de la munir d'une tige de fort diamètre pour qu'après avoir été ouverte mécaniquement elle ne revienne

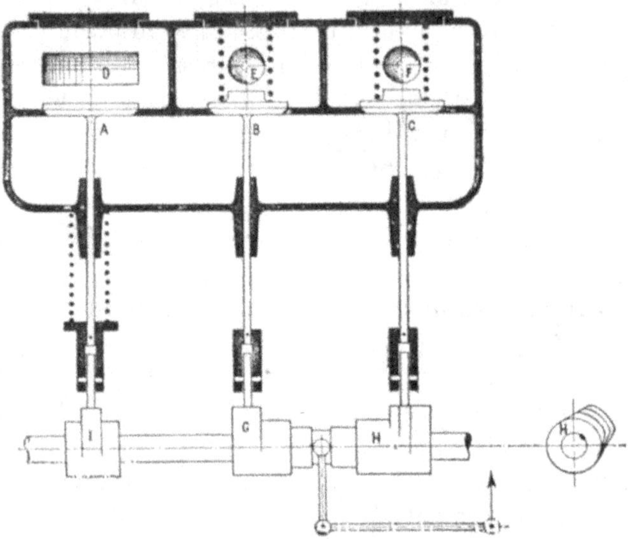

A, soupape sur le cylindre. — D, lumière du cylindre. — F, arrivée d'air. — C, soupape de mélange. — B, soupape à gaz. — E, arrivée de gaz — H et I, cames de commande.

Fig. 34. — Mécanisme d'admission variable.

automatiquement sur son siège que lorsque la dépression dans le cylindre et dans l'espace qui la sépare des soupapes de réglage est revenue à la pression atmosphérique.

Pour l'emploi du gaz de ville une seule soupape de réglage suffit à la condition de faire arriver le gaz par des trous percés dans son siège.

Ces dispositifs sont encore employés aujourd'hui avec plus ou moins de variantes.

C'est un réglage de ce genre que nous avions adopté pour nos premiers moteurs à double effet, en limitant le maximum d'admission à environ 75% de la course du piston. Le prolongement normal de la détente qui en résultait abaissait suffisamment la température des gaz pour éviter un échauffement nuisible des organes intérieurs du cylindre. Un moteur de ce type parut pour la première fois à une exposition en 1897 à Bruxelles. Il retint beaucoup l'attention des spécialistes. Ce moteur possédait un système de distribution tout spécial par lequel on obtenait le réglage par une augmentation de la compression au fur et à mesure de l'appauvrissement en gaz des charges introduites dans le cylindre quand le travail demandé à la machine diminuait. C'est le réglage que nous avons appelé par sur-compression ; nous le décrirons dans un autre chapitre.

107. — Un peu plus tard Niel imagina un moteur à double effet à détente prolongée dont le fonctionnement était le suivant : une des faces du piston aspirait pendant une course entière une cylindrée complète de gaz tonnant, mais pendant la moitié de la course suivante les deux extrémités du cylindre étaient mises en communication par une conduite extérieure, de sorte que finalement tout se passait comme si les deux faces du piston n'avaient reçu comme volume d'admission qu'une demi-cylindrée. — Les détentes se faisant pendant des courses complètes, on obtenait ainsi un prolongement de détente très important.

Pratiquement la répartition entre les deux extrémités du cylindre se faisait assez mal et d'autre part des admissions normales d'une demi-cylindrée seulement réduisaient trop notablement les diagrammes. De ce fait le rendement mécanique du moteur restait trop bas et on perdait tout le bénéfice de la détente prolongée. Dans ces conditions le procédé n'était pas viable.

Le moteur à double effet ne s'est montré pratique que tel que nous l'avions conçu tout d'abord avec des distributions indépendantes pour chacune des extrémités de cylindre.

108. — Le moteur à simple effet ne donne qu'une course motrice sur quatre : le moteur à double effet à 4 temps en donne deux. Pour obtenir toutes les courses motrices il suffit de disposer en tandem deux cylindres à double effet ; nous donnons ci-contre (fig. 35) la reproduction de la photographie du premier moteur que nous construisîmes de cette façon dès 1806.

Cette disposition, qui aujourd'hui est universellement adoptée pour les grandes puissances, conduit malheureusement à un prix de revient de construction trop élevé pour des forces inférieures à 400 ou 500 chevaux.

109. — Pour les puissances jusqu'à 400 chevaux nous avons créé en 1898le moteur triplex dont la forme est plus compacte que le moteur à double effet tandem et dont la régularité ne laisse rien à désirer. Nous décrirons ce système ultérieurement (fig. 36).

A l'exposition de Paris de 1901, un moteur de ce système de 200 chevaux fut exposé. Ce moteur et son gazogène constituaient l'installation à gaz pauvre la plus importante de l'exposition.

A partir de ce moment les constructeurs qui jusque-là étaient restés unanimement fidèles à la forme à simple effet, même pour des forces de 600 à 700 chevaux, jugèrent que notre exemple était bon à suivre et, dès l'année suivante, on vit apparaître des moteurs à double effet tandem du genre de ceux que nous avions exécutés déjà quelques années auparavant.

Grâce à ces dispositions, les moteurs de 1000 chevaux et plus sont devenus des modèles tout à fait courants.

L'exemple des moteurs d'automobiles qui aujourd'hui sont tous à plusieurs cylindres contribua certainement à l'adoption des moteurs fixes à effets multiples dont l'emploi tend à se généraliser de plus en plus.

110. — Moteurs à combustion. — Il est un autre genre de moteur qui fut essayé presque en même temps que le moteur à explosions mais qui jusqu'ici n'a pu fonctionner industriellement qu'avec des combustibles liquides.

Nous voulons parler du moteur à combustion, c'est-à-dire des moteurs dans lesquels, après une compression préalable, le

Fig. 35. – Premier type du moteur double effet tandem.

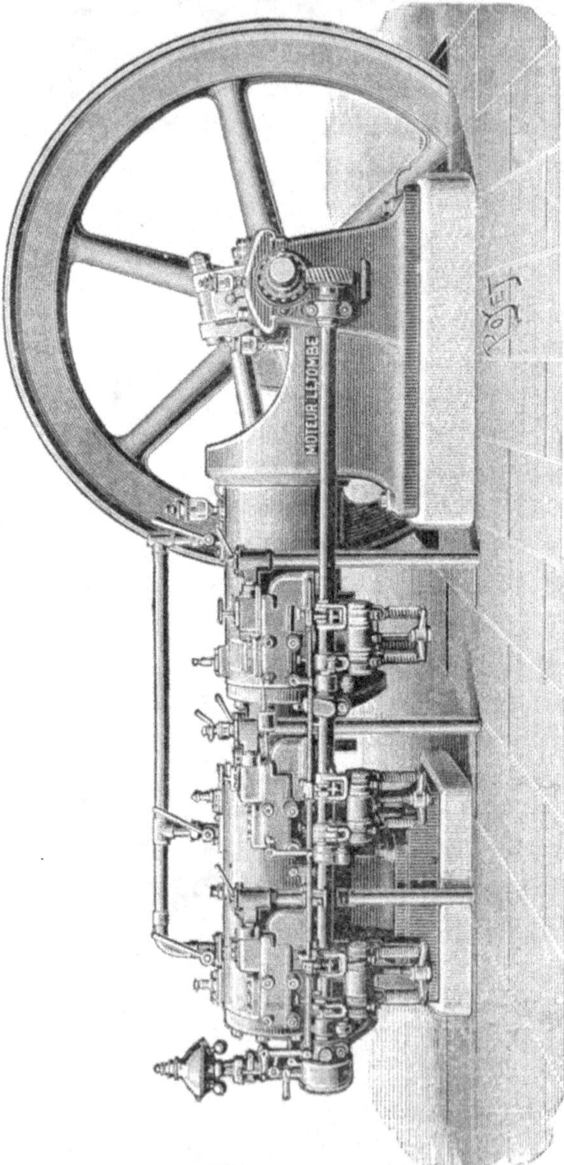

Fig. 36. – Type de moteur triplex.

mélange combustible brûle plus ou moins à pression constante au fur et à mesure de l'avancement du piston.

Le plus ancien modèle de moteur à combustion est le moteur Brayton qui fut construit en 1872. D'autres inventeurs jusqu'en 1893 essayèrent de perfectionner ce genre de machines sans grand succès.

L'ancienne maison Baudet et Boire de Lille construisit en particulier avant 1880 un moteur à gaz de ce genre d'après les idées de Tessié du Molay. Ce genre de moteur ayant donné lieu à des accidents quand on essaya de le faire tourner, fut abandonné.

Dans cette machine on comprimait séparément dans des réservoirs de l'air et du gaz à une pression déterminée et on introduisait ces deux éléments dans le cylindre à partir du point mort arrière du piston en les faisant brûler comme on fait brûler du gaz dans un chalumeau. La combustion se faisait naturellement à la pression de la compression préalable des deux éléments gazeux air et gaz, et lorsqu'on cessait l'introduction, la détente des gaz commençait.

Le diagramme dans ce cas était celui d'un moteur à air comprimé.

111. — C'est sur ces principes qu'en 1883 fut construit le moteur Gardie dont le premier brevet datait d'ailleurs de 1863.

Gardie avait eu en outre l'idée originale, mais peu pratique, de produire le gaz combustible dont il avait besoin dans un gazogène qui recevait l'air nécessaire à son fonctionnement à la pression de compression du moteur.

Ce moteur ne put être rendu industriel. Du reste avec les compressions adoptées, le rendement thermique d'un semblable moteur ne pouvait être bien élevé (n° 64) ; or il est très difficile sinon impossible d'arriver économiquement à de hautes compressions en dehors des cylindres moteurs proprement dits, attendu que d'abord le travail des pompes diminue le rendement mécanique de l'ensemble des mécanismes dans des proportions considérables, et qu'en outre le travail de compression n'est plus ainsi entièrement récupérable. Il n'est donc pas probable que le moteur à combustion, à compressions séparées et préalables de l'air et du gaz, devienne jamais pratique. Ceci montre, dans tous les cas, qu'il ne faut pas compter sur un rendement élevé pour les turbines à gaz à combustion, même si on arrive à vaincre les énormes difficultés qui entravent leur réalisation.

Nous devons d'ailleurs faire remarquer que dans les moteurs du type Gardie, il tend à se produire un phénomène très particulier qui peut rendre leur emploi dangereux. Ce phénomène est le suivant : bien que le mélange d'air et de gaz n'ait lieu qu'au moment des admissions, il se fait toujours une diffusion de ces deux éléments en arrière dans les tuyauteries et jusqu'aux réservoirs, de sorte qu'au bout d'un certain temps de marche on se trouve avoir dans ceux-ci un mélange tonnant qui, en s'enflammant, peut les faire sauter. Même si les réservoirs sont assez forts pour résister, l'arrêt du moteur dans ce cas est certain.

Indépendamment de toute question de rendement, il est donc indispensable, dans les essais de moteurs à combustion, de n'employer que des réservoirs de petites dimensions.

112. — Avec les combustibles liquides on obtient avec les moteurs à combustion des résultats intéressants précisément par la suppression des réservoirs. Dans ce cas l'air est comprimé directement dans le cylindre même du moteur comme dans le cycle à 4 temps et le combustible est alors injecté seul au moment, où la combustion doit se produire.

Le premier moteur construit sur ce principe fut celui de Capitaine, en 1890 ; l'injection du combustible liquide, dans l'espèce du pétrole, était fait dans ce moteur par un jet d'air comprimé à une pression un peu supérieure à celle de la compression normale. Le procédé avait l'avantage de donner une pulvérisation du combustible qui favorisait la combustion.

Ce moteur n'ayant été réalisé qu'avec des compressions basses ne pouvait pas donner de meilleurs résultats que les moteurs à quatre temps ordinaires.

113. — En 1893 l'ingénieur Rudolph Diesel exposa la théorie d'un moteur à combustion qu'il qualifiait de « rationnel ». Les gaz évoluant dans ce moteur devaient suivre un cycle de Carnot et donner un rendement de 73%. Comme combustible on devait employer de la poussière de charbon.

Comme les cycles des moteurs à combustion interne n'avaient pas encore été suffisamment étudiés et discutés à cette époque, la théorie de Diesel fit sensation et illusion.

La maison Krupp entreprit de réaliser le nouveau moteur dit « rationnel » sans s'apercevoir que la théorie mise en avant était fausse. Après plusieurs années d'essais infructueux on finit en 1897 par construire un moteur à pétrole à combustion qui n'avait plus du cycle de Diesel que le nom, car il ne réalisait pas du tout le fonctionnement décrit dans les brevets qui étaient censés couvrir cette machine.

Le moteur Diesel tel qu'on le trouve aujourd'hui dans l'industrie n'est en somme qu'un moteur à combustion à pression constante du type Capitaine, mais à compression très élevée.

La compression dans les moteurs Diesel atteint en effet 35 à 40 kilogrammes.

En raison de cette haute compression ce genre de moteur a un rendement très élevé.

Nous décrirons plus loin en détail cette machine.

Depuis 1900 le moteur à gaz a pris une importance inespérée du fait de l'utilisation directe des gaz de hauts-fourneaux et de fours à coke. Ces nouvelles applications exigèrent la construction de moteurs de grandes puissances atteignant jusqu'à plusieurs milliers de chevaux.

L'utilisation des gaz pauvres d'autre part qui avait déjà permis au moteur à gaz de détrôner les machines à vapeur, pour les petites et moyennes forces commence, grâce aux derniers perfectionnements apportés dans la construction des gazogènes, à faire une concurrence très sérieuse aux grandes machines à vapeur.

Nous reviendrons sur cette question lorsque nous décrirons les moteurs modernes.

Nous ne pousserons pas plus loin cette étude rétrospective n'ayant voulu ici que marquer les grandes étapes par laquelle a passé la construction des moteurs à combustion interne avant d'arriver à leur degré de perfection actuelle.

Troisième Partie

ÉTUDES DES GAZ COMBUSTIBLES

Avant d'entreprendre la description des moteurs, il est indispensable que nous passions en revue les gaz combustibles susceptibles de constituer avec l'air atmosphérique des mélanges tonnants et que nous étudiions les propriétés de ces mélanges.

Parmi les gaz actuellement susceptibles d'alimenter les moteurs à combustion interne, il faut distinguer :

1°. Le gaz de ville, gaz provenant de la distillation des houilles grasses ;
2°. Le gaz naturel qu'on ne rencontre que dans quelques régions ;
3°. Le gaz de fours à coke, sous-produit de la fabrication du coke métallurgique ;
4°. Le gaz à l'eau produit par des gazogènes spéciaux dans lesquels on ne peut employer que du coke ;
5°. Le gaz de gazogène provenant de la transformation directe en gaz des combustibles solides, tels que la houille, le coke, les lignites, la tourbe, le bois et le charbon de bois et les produits ligneux ;
6°. Le gaz de hauts-fourneaux sous-produit de la fabrication de la fonte.

Nous ne parlons pas des gaz susceptibles d'emploi mais dont le prix de revient élevé est prohibitif.

D'autre part, certains combustibles facilement transformables en gaz ou en vapeur, servent également ou pourraient servir à alimenter directement des moteurs spécialement étudiés en vue de ces emplois : ce sont les pétroles et les essences de pétrole connus sous des appellations diverses, certaines huiles de schistes, la naphtaline et le benzol extraits des goudrons de houille et l'alcool employé pur ou mélangé avec divers hydrocarbures.

CHAPITRE I

Gaz riches

114. Gaz de ville : sa fabrication. — 115. Rendement en calories d'un four à cornues. — 116. Prix glu gaz d'éclairage. — 117. Cas où l'emploi du gaz de ville pour alimenter des moteurs à gaz est avantageux. — 118. Composition des gaz d'éclairage. — 119. Contraction des mélanges de gaz et d'air après combustion. — 120. Calcul du pouvoir calorifique. — 121. Détermination du volume des gaz brûlés : effet d'une contraction. — 122. Conditions à observer pour éviter les combustions incomplètes. — 123. Détermination du pouvoir calorifique du mélange de gaz de ville et d'air. — 124. Gaz naturel. — 125. Gaz de fours à coke. — 126. Composition des gaz de fours à coke. — 127. Principe de la fabrication du gaz à l'eau. — 128. Composition du gaz à l'eau. — 129. Applications. — 130. Le gaz à l'eau convient peu aux moteurs à gaz. — 131. Détermination du pouvoir calorifique d'un mélange de gaz à l'eau et d'air. — 132. Gaz d'huile. Vapeurs de pétrole.

Nous désignons sous le nom de gaz riches tous les gaz qui peuvent s'obtenir industriellement sans mélange appréciable avec des gaz inertes.

114. Gaz de ville. — Le gaz de ville, qui a déterminé l'essor du moteur à gaz, n'a été tout d'abord fabriqué que pour servir à l'éclairage, bien que son inventeur, l'ingénieur Lebon, ait prévu son emploi dans les moteurs thermiques, dès l'origine de ses recherches.

Nous n'entrerons pas dans le détail de la fabrication de ce gaz, nous rappellerons seulement qu'il s'obtient en faisant distiller par un chauffage énergique extérieur, dans des cornues closes, des houilles dites grasses, c'est-à-dire des houilles qui à l'analyse donnent une forte proportion de matières volatiles, soit 28 à 40% en poids.

Les usines à gaz ne choisissent pas toujours pour leur fabrication les charbons qui donnent le plus de matières volatiles mais le charbon qui donne le meilleur coke si elles trouvent à écouler facilement ce sous-produit qui a d'ailleurs des emplois multiples. Quand l'écoulement du coke est difficile, comme il arrive encore souvent dans certaines régions, on recherche naturellement les houilles qui donnent le maximum de gaz.

Lorsqu'on ne dispose que de charbon à teneur relativement faible en matières volatiles, on peut augmenter leur rendement en gaz par de petites additions de *boghead*, charbon anglais particulier, très riche en gaz.

Ces additions sont aussi quelquefois nécessitées par l'exigence des cahiers des charges imposés par les municipalités aux compagnies de gaz en ce qui concerne le pouvoir éclairant du gaz fourni aux consommateurs.

En France, en particulier, les exigences au point de vue du pouvoir éclairant sont à peu près les mêmes partout, de sorte que d'une région à une autre les propriétés du gaz d'éclairage varient peu. On a d'ailleurs constaté expérimentalement un fait assez inattendu c'est que, pour un gaz d'éclairage, il y avait proportionnalité entre le pouvoir éclairant et le pouvoir calorifique.

C'est à tel point qu'à l'usine de Marseille par exemple, on juge de la qualité du gaz par un essai calorimétrique au lieu de procéder à un essai photométrique. La mesure pourrait d'autant plus se généraliser aujourd'hui que l'éclairage direct devient l'exception depuis l'invention du manchon Auer car, pour porter à l'incandescence un manchon, c'est uniquement le pouvoir calorifique du gaz qui compte et non son pouvoir éclairant.

Rappelons que le pouvoir calorifique d'un gaz, rapporté au kilogramme ou au mètre cube, est la quantité de chaleur mesurée en calories que ce gaz est susceptible de développer en brûlant.

Le gaz d'éclairage n'est pas le seul produit de la distillation de la houille. Pendant sa fabrication le gaz entraîne avec lui des sous-produits, tels que du goudron, de l'ammoniaque, de l'acide carbonique et des produits sulfureux. Pour les emplois du gaz, ces sous-produits doivent être nécessairement arrêtés : ils ont heureusement une grande valeur. Dans les usines importantes, il arrive même que la vente des sous-produits paie tous les frais de fabrication du gaz, mais il faut ajouter que ces récupérations ne peuvent se faire utilement dans de petites installations et il en résulte qu'on n'aurait par exemple aucun avantage à installer des fours de distillation dans le but unique de produire du gaz en vue de l'alimentation de moteurs.

Des goudrons de houilles, on retire des produits tinctoriaux d'un prix élevé, des benzols et des naphtalines qui entre autres usages peuvent servir à alimenter des moteurs.

L'ammoniaque recueillie sert à fabriquer des sels ammoniacaux très utiles en agriculture.

L'acide carbonique est arrêté par de la chaux, simplement pour augmenter le pouvoir calorifique du gaz et les produits sulfureux sont retenus par des oxydes de fer. Ces derniers produits doivent être enlevés parce qu'ils donneraient naissance par leur combustion à des vapeurs acides qui corroderaient tous les objets métalliques situés à proximité des appareils d'utilisation. On n'arrive du reste jamais à enlever complètement les produits sulfureux qui restent dans le gaz à l'état de sulfhydrate d'ammoniaque. C'est pourquoi le gaz d'éclairage a l'odeur désagréable qu'on lui connaît et pourquoi aussi une fuite ou une combustion incomplète noircit les peintures à la céruse et les cuivres des locaux dans lesquels fonctionnent les appareils à gaz.

Sans l'obligation d'un pouvoir éclairant déterminé, le gaz d'éclairage aurait des compositions très diverses. En réalité, malgré certaines différences de composition, leur pouvoir calorifique ne varie que de 5000 à 5500 calories, à moins qu'on y ajoute des produits étrangers, comme du gaz à l'eau, ainsi que cela se pratique dans certains pays étrangers.

115. — On admet qu'en moyenne cent kilogrammes de bonne houille donnent 30 mètres cubes de gaz, 70 kilogrammes de coke, 3,5 kg à 6 kilogrammes de goudron et 6 à 9 kilogrammes d'ammoniaque. En réalité la proportion de coke qui reste disponible est notablement plus faible que celle qui est indiquée ci-dessus, car le chauffage des cornues de distillation exige environ 30 kilogrammes par 100 kilogrammes de charbon distillé.

En admettant, ce qui est à peu près vrai pour les petites installations, qu'on ne puisse revendre le coke aux 100 kilogrammes qu'au prix auquel le charbon a été acheté, le coût de fabrication de 30 mètres cubes est le prix de 58 kilogrammes de houille. Autrement dit, il faut dépenser environ 2 kilogrammes de charbon pour obtenir un mètre cube de gaz d'éclairage. Or 58 kilogrammes de charbon à 8 000 colories au kilogramme représentent 464 000 calories alors que 30 mètres cubes de gaz à 5 500 calories ne peuvent en rendre que 165 000.

C'est un rendement en calories de 35,6% seulement, rendement très faible par conséquent.

Il est dès lors évident qu'un four de distillation n'est pas un appareil à employer pour produire du gaz exclusivement destiné à l'alimentation de moteurs si l'installation est trop peu importante pour pouvoir profiter des sous-produits. C'est généralement le cas des installations particulières.

Il n'y a donc que les usines à gaz des grandes villes qui puissent avantageusement se servir de leur gaz pour actionner des moteurs et encore faut-il qu'elles aient des excédents, car elles n'auraient pas non plus avantage à construire de nouveaux fours rien que pour alimenter des machines.

Aujourd'hui d'ailleurs les usines à gaz ont un moyen bien plus économique de produire la force motrice, c'est de faire des installations à gaz pauvre alimentées par leurs déchets de coke, toujours difficiles à vendre ; aucune combinaison, quelle qu'elle soit, ne pourrait même leur donner la force motrice à meilleur marché.

Il existe en effet aujourd'hui des gazogènes qui marchent très bien avec ces résidus de peu de valeur et on ne comprend pas pourquoi l'usage des gazogènes à grésillons de coke ne s'est pas jusqu'ici répandu davantage.

116. — Le prix de vente du gaz de ville n'a évidemment pas de rapport direct avec son prix de fabrication déduit de la dépense en calories pour le produire, car il y a lieu de tenir compte dans le prix de revient des frais généraux et des frais d'amortissements considérables dus entre autres à un développement de conduites considérables.

A Paris le gaz d'éclairage ne coûte plus aujourd'hui que 20 centimes le mètre cube ; dans certaines localités il coûte encore 30 centimes mais par contre il en est d'autres où pour le chauffage et la force motrice, le prix du mètre cube descend à 15, 10 et même 8 centimes, quand on en consomme une certaine quantité. Ces derniers prix sont relativement avantageux, mais ne peuvent pourtant pas encore lutter avec les prix de revient du gaz pauvre.

117. — Pourtant dans des cas particuliers de marche très intermittente ou pour de petites puissances, le gaz d'éclairage, malgré son prix relativement élevé, peut néanmoins être avantageux à employer.

Avec le gaz de ville, en effet, on est toujours prêt à marcher et dès l'arrêt, toute consommation se trouve suspendue. D'autre part, pendant, la marche, pourvu que le graissage des organes soit assuré, les moteurs à gaz n'ont besoin que d'une surveillance très relative et l'ouvrier chargé de leur entretien peut faire à proximité toute autre besogne.

Dans une station centrale d'électricité, par exemple, qui ne produit du courant que pour l'éclairage, c'est-à-dire pendant un temps court avec une courbe de charge très variable, on arrive à marcher plus économiquement avec les moteurs lorsque le gaz de ville ne coûte que 8 centimes le m^3 qu'avec des machines à vapeur, même pour des puissances importantes.

Il faut, il est vrai, pour arriver à ce résultat, fractionner convenablement la puissance des machines pour ne les mettre en mouvement qu'au fur et à mesure de l'augmentation de la charge et les arrêter successivement quand au contraire la charge diminue. — Nous avons fait des installations jusqu'à une puissance totale de 800 chevaux qui fonctionnent très avantageusement dans ces conditions.

Les usines à gaz qui sont en même temps des usines d'électricité peuvent donc, au moins pour une partie de la puissance dont elles ont besoin, utiliser avec profit les moteurs à gaz de ville.

Les machineries d'épuisement des formes de radoub dans les ports peuvent également employer avantageusement les moteurs à gaz d'éclairage pour l'actionnement des pompes de vidange, car il s'agit là encore d'un travail essentiellement intermittent, or lorsqu'on se sert de machines à vapeur pour de tels services, il faut garder continuellement des chaudières en pression ou perdre de longues heures à attendre leur mise en service.

118. — Pour étudier les propriétés des gaz d'éclairage nous considérerons seulement un gaz de composition moyenne.

Nous donnerons aussi un exemple qui servira pour l'étude des propriétés d'un gaz de composition quelconque.

Comme gaz de composition moyenne nous prendrons un gaz qui donne en brûlant l'éclat d'un carcel pour une dépense de 105 litres par heure.

Ce sont les conditions spécifiées par le cahier des charges de la ville de Paris et adopté par la presque totalité des municipalités en France.

Les volumes sont évalués à la température de 0 degré et à la pression barométrique de 760 mm de mercure. Le poids du mètre cube de ce gaz est 446,2 grammes, ce qui correspond à une densité par rapport à l'air à 0,344.

GAZ D'ÉCLAIRAGE DE COMPOSITION MOYENNE		
COMPOSITION	EN POIDS	EN LITRES
	grammes	litres
H, Hydrogène	49,2	550
CO, Oxyde de Carbone . .	75,2	60
Az, Azote	62,8	50
CH^4, Méthane	221,5	310
C^2H^4, Ethylène	37,5	30
Totaux	446,20	1000

119. — De la composition donnée on peut déduire : 1° les quantités d'oxygène et par suite les quantités d'air nécessaires pour brûler les éléments de ce gaz ; 2° le volume des gaz brûlés produits.

Ce dernier point est en effet important à considérer car certains gaz en se combinant à l'oxygène, donnent une contraction dont il faut tenir compte dans l'établissement du rendement des moteurs.

En effet théoriquement nous avons implicitement supposé que le volume des gaz évoluant dans un cylindre, et mesuré à une même température, restait le même avant et après l'apport de chaleur.

Or, s'il y a contraction des gaz au moment de la combustion, cette contraction équivaut à une véritable fuite. Quand on opère à volume constant, par exemple, cette « fuite » cause évidemment une diminution proportionnelle de la pression d'explosion et tout se passe en fin de compte comme si, la contraction n'ayant pas eu lieu, il y avait eu perte ou plutôt non manifestation d'une quantité proportionnelle de calories, ainsi que cela se produit par exemple quand la combustion du gaz donne de la vapeur d'eau.

Pour l'application des formules de rendement l'apport réel de chaleur doit donc se comprendre déduction faite 1° d'une quantité proportionnelle à la contraction des gaz après combustion ; 2° de la chaleur latente retenue par la vapeur d'eau produite, car un moteur ne peut évidemment transformer en travail ce qui ne lui est pas fourni.

Les contractions des gaz après combustion ne sont pas négligeables. On sait en effet que deux volumes d'hydrogène donnent, avec un volume d'oxygène, deux volumes de vapeur d'eau soit une contraction d'un tiers. Contrairement donc à ce que pensent certains inventeurs, l'emploi de ces gaz à l'état pur dans les moteurs n'est pas à rechercher, abstraction faite même de leur prix de revient élevé.

Il en est de même pour la combustion de l'oxyde de carbone avec l'oxygène, dont la contraction est également d'un tiers.

Les hydrocarbures par contre CH^4, C^2H^4... ne subissent aucune contraction du fait de leur combinaison avec l'oxygène.

Remarquons d'autre part que plus l'hydrogène et l'oxyde de carbone sont dilués dans des gaz inertes et moins l'influence de la contraction est sensible. A ce point de vue la présence de l'azote dans l'air atmosphérique a une influence favorable.

120. — De la composition moyenne donnée ci-dessus (n° 118) on peut déduire le pouvoir calorifique du gaz considéré.

On sait en effet depuis les découvertes de Berthelot que le pouvoir calorifique des mélanges de gaz combustibles est égal à la somme des pouvoirs calorifiques des éléments composant ces mélanges, proportionnellement à leur volume respectif mesuré à la même pression et à la même température.

Les pouvoirs calorifiques, rapportés au mètre cube, des gaz composants sont de :

3.050	calories pour	H^2
3.050	—	CO
15.000	—	C^2H^4
9.480	—	CH^4

Par conséquent les chaleurs dégagées dans le cas qui nous occupe seront de :

1.860 calories pour	{ 550 litres H^2
	60 — CO
450 — —	30 — C^2H^4
2.940 — —	310 — CH^4
5.250 calories pour	1.000 litres

121. — On peut d'autre part calculer le volume des gaz brûlés en observant que :

- 2 volumes d'hydrogène en se combinant à 1 volume d'oxygène donnent 2 volumes de vapeur d'eau ;
- 2 volumes d'oxyde de carbone en se combinant à 1 volume d'oxygène donnent 2 volumes d'acide carbonique ;
- 1 volume de C^2H^4 ou de CH^4 donne avec 3 volumes d'oxygène 2 volumes de vapeur d'eau et 2 volumes d'acide carbonique.

Pour les quantités dont se compose le gaz que nous analysons, nous avons donc :

NATURE des gaz	VOLUMES des gaz composants en litres	OXYGÈNE nécessaire à la combustion en litres	VOLUMES des gaz brûlés en litres	NATURE des gaz brûlés
H^2	550	275	550	H^2O
CO	60	30	60	CO^2
CH^4	310	930	620	H^2O
			620	CO^2
C^2H^4	30	90	60	H^2O
			60	CO^2
Az^2	50	»	50	Az
	1000	1325	2020	

Par conséquent un mélange de 2 325 litres, comportant de l'oxygène pur comme comburant, se réduit après combustion à 2 020 litres : c'est une contraction d'environ 13%.

Mais l'oxygène est toujours dans les machines emprunté à l'air atmosphérique dont la composition est, pour 100 volumes, de 21 volumes d'oxygène et 79 d'azote. Par conséquent aux volumes précédents il faut ajouter respectivement un volume d'azote de (1325 / 21) x 79 = 4 990 litres.

Le volume réel du mélange contenant juste la quantité d'oxygène pour obtenir une combustion complète est donc de 2 325+ 4 990 = 7 315.

Et après combustion, le volume mesuré à la même pression et à la même température n'est plus que de :

2 020 + 4 990 = 7 010 litres.

C'est une contraction de 4,2%.

Ainsi que nous l'avons expliqué plus haut, cette contraction correspond à une diminution proportionnelle du pouvoir calorifique du mélange tonnant considéré, mélange qui se compose de 1 de gaz pour 6,30 d'air sec.

122. — Mais il est une autre cause de réduction qui est le grand ennemi du moteur à gaz : c'est la combustion incomplète.

Bien des insuccès, soit comme consommation, soit comme puissance, n'ont pas eu d'autres causes.

Pour être certain d'avoir une combustion complète avec du gaz d'éclairage, il ne faut guère s'éloigner du strict nécessaire pour la quantité d'air à introduire dans le mélange. M. Witz a observé que déjà avec un mélange 1 de gaz pour 9,4 d'air, mélange couramment employé, la combustion incomplète pouvait atteindre 7%.

Avec 1 de gaz pour 11,6 d'air la combustion incomplète atteint 12%.

Or le mélange de 1 volume de gaz pour 6,3 d'air n'est pour ainsi dire pas employable à cause des détonations brisantes que donnent ces proportions. Pour employer des mélanges riches avec le gaz d'éclairage on est obligé de s'en tenir à des compressions relativement faibles.

On ne peut guère dans ce cas dépasser six atmosphères, ce qui n'est pas favorable au rendement thermique.

Lorsqu'on veut employer des compressions plus fortes, il faut alors forcément diluer le gaz d'autant plus dans l'air que la compression est plus élevée.

Comme une augmentation de compression en rapprochant les molécules détermine une combustion plus rapide du mélange, on recule ainsi la limite des combustions incomplètes.

L'observation est d'ailleurs générale: lorsqu'on emploie des mélanges pauvres en calories, ou des mélanges appauvris à dessein pour constituer un réglage par exemple, ce n'est que par l'augmentation des compressions qu'on peut arriver à des combustions suffisamment complètes. Comme d'autre part l'augmentation de compression détermine une amélioration de rendement, on retire du procédé un double bénéfice. Il y a pourtant des limites qu'on ne peut dépasser.

123. — Déterminons maintenant, à titre d'exemples, le pouvoir calorifique de deux mélanges d'air et de gaz d'éclairage.

Supposons un moteur marchant suivant un cycle Beau de Rochas avec une compression de 6 atmosphères, le pouvoir calorifique du gaz employé étant de 5250 calories par mètre cube.

Avec un mélange à 6,3 volumes d'air pour 1 de gaz, 1m^3 de mélange contient (5250 / 7,3) = 720 calories, mais nous devons observer que si on tient compte, comme il est nécessaire de le faire, du volume des chambres des cylindres, cette teneur est moindre puisque des gaz brûlés se trouvent ainsi forcément mélangés à la charge.

Pour une compression de 6 atmosphères on a n_1 = 4. C'est-à-dire que dans ce cas, le volume de la chambre de compression est égal au tiers du volume d'aspiration.

Les gaz résiduels restant dans la chambre viennent naturellement se mélanger aux gaz fraîchement introduits et diminuent ainsi la teneur en calories du mélange total contenu dans le cylindre au moment où la compression commence.

Mais pour juger de l'influence des gaz brûlés, il faut naturellement ramener leur volume à la température des gaz à fin d'admission. Or les gaz résiduels de l'échappement gardent une température assez élevée bien qu'au moment de l'aspiration ils aient eu le temps de se détendre complètement. On peut estimer en moyenne cette température à 400° centigrades, c'est-à-dire 673° absolus.

C'est à peu près le double de la température de la charge à la fin de l'aspiration ; par conséquent en réalité dans le cas qui nous occupe on ne mélange dans les cylindres que 3 volumes de gaz frais à 1/2 volume de gaz brûlés.

De ce fait, les 720 calories par mètre cube que nous avions trouvées ci-dessus doivent être réduites dans le rapport de 7 à 6 soit de 14,2%.

Nous avons vu d'autre part qu'il faut compter avec une contraction des gaz de 4,2%, ce qui laisse finalement pour le pouvoir calorifique du mélange par mètre cube :

$$720 \times 0,858 \times 0,958 = 590 \text{ calories.}$$

Mais ainsi que nous l'avons déjà dit, un tel mélange donne déjà des détonations brisantes et pratiquement le maximum du gaz de ville qu'on puisse admettre dans le cylindre, c'est un volume de gaz pour 8 d'air, surtout pour la compression de 6 atmosphères que nous avons considérée.

Dans ces conditions le mètre cube de gaz frais ne contient que 568 calories et ce nombre doit être réduit également pour tenir compte de la présence des gaz brûlés et de la contraction des gaz après l'explosion.

La contraction est moindre que dans le cas précédent, car le mélange est plus dilué, mais il y a un autre facteur qui intervient, c'est la combustion incomplète.

En prenant les mêmes coefficients de réduction que ci-dessus, nous trouverons donc un chiffre encore plutôt un peu trop fort.

Le pouvoir calorifique du mélange par mètre cube sera donc dans ce nouveau cas au maximum de :

568 x 0,858 x 0,958 = 466 calories.

Nous utiliserons ces chiffres ultérieurement quand nous parlerons de la détermination de la dimension des cylindres des machines.

124. — Gaz naturel. — Le gaz naturel est un gaz qui, comme son nom l'indique, se dégage tout formé des entrailles de la terre dans certaines régions pétrolifères. En Europe on n'en trouve guère qu'en Russie. Il en existe aussi en Asie, mais ce n'est qu'aux États-Unis que le gaz naturel a été canalisé pour être vendu comme du gaz d'éclairage.

A Pittsburg le gaz naturel a un pouvoir calorifique moyen de 8 900 calories au mètre cube. Les principaux éléments de ce gaz sont le méthane et l'hydrogène. Il est en telle abondance qu'on s'en sert pour les chauffages métallurgiques. Il est très employé aujourd'hui aussi pour alimenter des moteurs à gaz.

Le gaz naturel se comporte exactement comme du gaz d'éclairage. Son emploi ne permet pas, malgré son pouvoir calorifique élevé, une augmentation de la puissance des machines, car on est obligé de diluer ce gaz dans un assez grand volume d'air pour éviter des explosions brutales.

D'autre part le rendement des moteurs marchant au gaz naturel ne peut être très élevé, car on est obligé pour éviter des allumages prématurés, de limiter leur compression à des valeurs modérées.

125. — Gaz de fours à coke. – Ce gaz s'obtient par les mêmes procédés que le gaz d'éclairage, sauf qu'il est un résidu de fabrication au lieu d'être un produit principal et qu'au lieu d'opérer la distillation dans des cornues relativement petites, on se sert d'immenses compartiments qui en tiennent lieu. Pendant très longtemps dans la fabrication du coke métallurgique on ne s'est pas préoccupé de recueillir les gaz de distillation et, lorsqu'on le fit, ce ne fut tout d'abord que pour retirer du gaz les sous-produits qu'il contenait, tels que l'ammoniaque, le goudron et ses dérivés,. le benzol, etc., dont la valeur globale est considérable.

Après le passage dans les usines dites de récupérations, une partie du gaz est renvoyé aux fours pour fournir, en brûlant dans des carneaux, la chaleur nécessaire à la distillation du charbon. L'excédent, jusqu'en ces derniers temps, était brûlé sous des chaudières alimentant des machines à vapeur.

Dans les installations modernes de fours à coke on s'efforce de ne rien perdre, afin d'avoir, en dehors des avantages qui résultent des dispositions adoptées, le plus d'excédents de gaz possible.

C'est ainsi qu'on en est arrivé même, à chauffer aux dépens des chaleurs perdues, l'air nécessaire à la combustion du gaz dans les carneaux de chauffage des grands compartiments qui forment cornues de distillation.

Pour le chauffage de l'air, on emploie des récupérateurs Siemens. Pour augmenter la quantité de gaz disponibles, on a aussi proposé d'injecter à la lin de la distillation, sur le coke incandescent, de la vapeur d'eau qui en se décomposant donne une proportion de gaz à l'eau qui augmenterait parait-il de 30% la quantité de gaz produit.

Dans tous les cas, sans parler de ce dernier procédé qui n'a pas encore reçu la consécration de la pratique, on peut considérer qu'en moyenne une tonne de houille à coke produit environ 250 m^3 de gaz.

Avec un four bien établi, sur cette quantité il peut rester 34% de gaz disponible, ce qui correspond à 85 m^3 par tonne de houille enfournée.

126. — Les gaz de fours à coke ont une composition assez variable suivant naturellement la qualité des houilles employées.

On y trouve :

Carbures divers ....1,5 à 3 % en volume
Méthane....................................25 à 35 %
Oxyde de carbone.........................5 à 10 %
Hydrogène ....50 à 55 %

On voit qu'il s'agit toujours de gaz riches en raison des fortes proportions d'hydrogène et de méthane contenus.

Le pouvoir calorifique de ces gaz varie de 3500 à 4500. Ce gaz a toutes les propriétés d'un gaz d'éclairage,par conséquent pour son emploi dans les moteurs il faudra, ou se contenter de compressions relativement faibles pour pouvoir pousser les machines, ou marcher avec des mélanges très dilués permettant des compressions plus fortes si on veut fonctionner plus économiquement mais alors, pour une même puissance, les cylindres des moteurs devront être plus volumineux.

En résumé il ne faut pas compter sur plus de 460 calories environ par mètre cube pour les mélanges à utiliser dans les cylindres des moteurs à gaz de fours à coke.

127. — Gaz à eau. — Le gaz à l'eau rentre dans la catégorie des gaz riches telle que nous l'avons défini en tête de ce chapitre. Il n'est en général pas intéressant de fabriquer ce gaz spécialement en vue de l'alimentation des moteurs à gaz, mais il peut néanmoins servir à cet usage, c'est pourquoi nous en parlerons.

Ce gaz s'obtient en faisant passer un courant de vapeur d'eau sur une colonne de coke portée au rouge.

Comme l'opération est nettement endothermique[11] elle est forcément intermittente.

En principe, un gazogène, pour la fabrication du gaz à l'eau, n'est autre qu'un gazogène ordinaire alimenté de coke choisi et en morceaux assez gros.

On souffle d'abord l'appareil à l'air pur et sec, ce qui donne un gaz « d'air », correspondant au premier cas particulier envisagé dans notre théorie des gazogènes. La chaleur de combustion de

11) C'est-à-dire que les réactions s'opèrent avec absorption de chaleur.

C en CO élève rapidement la colonne de combustible à une haute température. Le gaz d'air ainsi produit est souvent perdu, mais il y aurait avantage à le recueillir à part et à s'en servir pour l'alimentation des moteurs à gaz. C'est le meilleur et le plus économique emploi qu'on en puisse faire.

Quand la colonne de combustible est au rouge, on arrête la soufflerie d'air et on lance dans l'appareil un jet de vapeur pendant un court instant. Le gaz produit alors a un pouvoir calorifique élevé car il ne contient que de l'oxyde de carbone et de l'hydrogène presque purs.

Le temps des opérations se détermine par expérience, suivant la nature du coke employé, la grandeur du gazogène, la vitesse du vent, etc...

Il faut limiter évidemment le plus possible la période du soufflage à l'air et, par conséquent il faut l'arrêter au moment précis où le volume du combustible est devenu suffisamment incandescent. Quant à la période de soufflage de la vapeur il faut ne pas trop la prolonger, car lorsque la colonne de combustible commence à se refroidir, il se forme de l'acide carbonique qui abaisse le pouvoir calorifique du gaz.

128. — En pratique un gaz à l'eau a sensiblement la composition suivante :

50 %	d'hydrogène
40 %	d'oxyde de carbone
5 %	d'acide carbonique
1 %	de méthane
4 %	d'azote
100	

Le pouvoir calorifique supérieur d'un tel gaz est de 2840 calories. Théoriquement, lorsque le gaz d'air n'est pas perdu, le rendement d'un gazogène pour gaz à l'eau devrait être le même que celui d'un gazogène ordinaire, attendu que dans le 1er cas on fait en deux opérations ce qu'on réalise en une seule dans le 2e en envoyant au gazogène de l'air convenablement humidifié.

Le gaz pauvre peut en effet être considéré comme un mélange de gaz d'air et de gaz à l'eau, d'où le nom de gaz mixte qui lui a quelquefois été donné.

Pratiquement, par suite des changements de régime à intervalles rapprochés, le rendement d'un gazogène de gaz à l'eau est toujours notablement intérieur à celui d'un gazogène ordinaire.

129. — Le gaz à l'eau ne sert qu'à des usages spéciaux. On l'emploie pour faire de la soudure autogène, pour l'éclairage par incandescence et surtout en mélange dans la proportion de 25 à 30% avec du gaz d'éclairage dans les pays où cette pratique est autorisée, ou même pour servir de gaz d'éclairage après avoir été carburé par du benzol. En France, ces derniers emplois du gaz à l'eau sont prohibés.

Pour augmenter le rendement de ses appareils, M. Dellwick-Fleischer s'efforce, par des dispositions spéciales, de n'y produire que de l'acide carbonique pendant la période du soufflage à l'air; pour cela il opère sur des couches minces et avec du coke en très gros morceaux, mais ce procédé intéresse encore moins le moteur à gaz que le procédé ordinaire.

En Amérique, quelques constructeurs, au lieu de faire directement du gaz pauvre, préfèrent produire du gaz à l'eau qu'ils mélangent ultérieurement au gaz d'air de fabrication pour alimenter des moteurs à gaz.

Le procédé est totalement illogique et ce ne sont certainement pas des considérations techniques qui y ont conduit[12].

130. — Quant au gaz à l'eau pure, il n'y a évidemment aucun intérêt à le fabriquer en vue de l'application à la force motrice,

12) A la station électrique de Sommerville, aux États-Unis où deux moteurs de 600 chevaux alimentés par des gazogènes Loomis fonctionnent suivant ce procédé, on consomme 900 grammes par cheval heure (essais de M. P. Winsor). Avec des gazogènes ordinaires, on ferait une économie sur ce chiffre de plus de 50 %.

puisqu'il coûte plus cher que le gaz pauvre, que les appareils propres à sa production sont d'un prix plus élevé que celui des gazogènes ordinaires et qu'ils sont d'autre part beaucoup plus difficiles à conduire que ces derniers.

Du reste le gaz à l'eau n'est pas avantageux à employer dans les moteurs à gaz parce que d'abord sa haute teneur en hydrogène exclut l'usage de fortes compressions et qu'ensuite les pertes dues à la contraction après combustion et à la production de la vapeur d'eau sont plus importantes pour ce gaz que pour le gaz pauvre.

131. — Calculons le pouvoir calorifique d'un mélange en proportion convenable de gaz à l'eau et d'air pour obtenir une combustion complète.

Si nous nous rapportons aux chiffres de l'analyse donnés ci-dessus (n° 128) nous voyons que le pouvoir calorifique inférieur du gaz tombe de 2840 calories à 2610, en raison de la forte proportion de vapeur d'eau que donne la combustion et dont la chaleur latente reste perdue pour les moteurs à gaz.

Le tableau suivant donne les quantités d'oxygène nécessaires pour brûler les éléments d'un mètre cube de gaz à l'eau, ainsi que le volume des gaz de la combustion :

	O^2	CO^2	H^2O
	litres	litres	litres
500 litres de H^2 donnent avec. . .	250	»	500
400 — de CO — . . .	200	400	»
10 — de CH^4 — . . .	20	10	20
	470	520	410

Mais 470 litres d'oxygène représentent 470 x 4,76= 2 240 litres d'air, dont 1 767 litres d'azote.

Le pouvoir calorifique du mélange est donc de :

$$2610 / 3{,}240 = 805$$

Mais le volume après combustion est de :

520+ 50 =	570	CO
	410	H^2O
1767 + 90 =	1807	Az
Total	2787	litres.

Au lieu de 3240 litres avant combustion, c'est une contraction de 14%. Mais la compression avec l'emploi de ce gaz ne peut dépasser 6 atmosphères.

La chambre de compression est alors le quart du volume total du cylindre et l'appauvrissement dû aux gaz résiduaires se fait par conséquent dans le rapport de 4 à 3,5, d'où nouvelle réduction du pouvoir calorifique de 12,5%.

Finalement le maximum de pouvoir calorifique du mètre cube de mélange est :

$$805 \times 0{,}86 \times 0{,}875 = 605 \text{ calories.}$$

Comme dans les cas précédents, cette dernière valeur est un maximum.

132. — Les huiles, par distillation, peuvent donner du gaz analogue au gaz de ville. Nous ne parlerons pas de cette fabrication qui est assez rare en France.

Les pétroles, essences, alcools, tous corps qui se réduisent facilement en vapeur, rentrent également dans la catégorie des combustibles donnant un gaz riche, mais nous nous réservons de parler de ces produits lorsque nous nous occuperons des moteurs à pétrole.

CHAPITRE II

Gaz pauvres

133. Gaz de gazogène. — 134. Composition moyenne des gaz de gazogène. — 135. Calcul du pouvoir calorifique d'un mélange de gaz pauvre et d'air. — 136. Gaz de hauts-fourneaux. —. 137. Composition moyenne des gaz de hauts-fourneaux. — 138. Rendement thermique d'un haut-fourneau. — 139. Puissance disponible par les gaz d'un haut-fourneau. — 140, Calcul du pouvoir calorifique d'un mélange de gaz de haut-fourneau et d'air.

Nous rangeons dans la catégorie des gaz pauvres tous les gaz qui ne peuvent s'obtenir industriellement que mélangés en proportions importantes à des gaz inertes.

C'est le cas des gaz de gazogène en général et des gaz de hauts-fourneaux.

133. Gaz de gazogène. — Nous ne nous étendrons pas ici sur la fabrication de ce gaz dont nous aurons à nous occuper dans la partie de ce livre qui concerne les gazogènes.

Un gaz de gazogène est toujours un mélange en proportion variable d'oxyde de carbone, d'hydrogène, d'acide carbonique, d'azote et d'hydrocarbures. On peut y trouver aussi une petite proportion de produits sulfureux si le charbon employé contient du soufre. Avec du coke, du charbon de bois, de l'anthracite ou des charbons très maigres, on obtient un gaz contenant peu ou pas d'hydrocarbures C'est actuellement le cas ordinaire des gazogènes pour moteurs à gaz.

Le moyen le plus pratique pour obtenir du gaz pauvre est de faire passer un courant d'air plus ou moins humide à travers une colonne de combustible porté au rouge.

134. — Si l'air est peu chargé de vapeur on obtient un gaz contenant de 25 à 30% d'oxyde de carbone, 4 à 10% d'hydrogène, peu ou pas d'acide carbonique. Le reste est l'azote provenant de l'air qui a été envoyé au gazogène.

Si l'air qui passe au gazogène est très chargé de vapeur, les proportions d'oxyde de carbone et d'hydrogène se renversent. On obtient 18 à 20% du second gaz et 8 à 10% seulement du premier. De plus la proportion d'acide carbonique peut atteindre 16%.

Au point de vue des moteurs à gaz il n'y a aucun intérêt à rechercher un gaz trop riche en hydrogène.

135. — Pour donner un exemple intéressant de la détermination du pouvoir calorifique du mélange d'un gaz pauvre avec la quantité d'air nécessaire à sa combustion complète, nous partirons de l'analyse d'un gaz industriel obtenue au cours d'essais effectués sur une installation de force motrice à gaz pauvre de 1 000 chevaux indiqués que nous avons spécialement étudiée en vue de l'emploi comme combustible de déchets de coke de qualité tout à fait inférieure.

Ces essais furent faits aux ateliers de construction du Thiriau, à La Croyère, par M. le professeur Witz et M. Eugène François, ingénieur-expert à Bruxelles.

Le combustible employé contenait 22,3% de cendres et il avait absorbé au moment de son emploi, par suite d'une exposition de plusieurs jours à la pluie, 18% d'eau. Ce coke se présentait en tout petits fragments friables et décrépitants. On tira néanmoins de ces résidus un gaz d'excellente qualité, ainsi que le montrent les résultats d'analyse ci-après.

ÉLÉMENTS	COMPOSITION	
	EN VOLUME 0/0	EN LITRES
Acide carbonique	traces	0
Oxygène et azote	65,1	651
Oxyde de carbone	29,5	295
Méthane	1,70	17
Hydrogène	3,70	37
	100	1000

Le pouvoir calorifique de ce gaz au mètre cube fut trouvé de 1195 c. par M. Witz à l'aide de sa bombe. — M. François trouva par le calcul 1170, chiffres très concordants, puisqu'ils ne diffèrent que de 2,2%.

Ce gaz à faible teneur en hydrogène convient particulièrement bien pour l'alimentation des moteurs. Un pouvoir de 1200 calories au mètre cube est d'ailleurs une bonne valeur moyenne pour un gaz pauvre.

Nous ferons remarquer en passant que si on considère que le méthane contenu dans ce gaz n'a pu être amené que par la distillation d'une faible proportion de matières volatiles restées dans le coke employé, la proportion des autres éléments trouvés correspond avec une exactitude quasi absolue au calcul de la composition d'un gaz pauvre d'après les formules générales que nous avons établies et lorsqu'on suppose ne décomposer par kilog. de carbone consommé que 180 grammes d'eau[13].

Pour calculer le volume d'air nécessaire à la combustion, rappelons que :

1/2 volume d'O^2 donne avec 1 vol. de CO 1 vol. de CO^2

2 – 1 CH^4 $\begin{cases} 1 \text{ vol. de } CO^2 \\ 2 \text{ vol. de } H^2O \end{cases}$

2 – 1 H^2 1 vol. de H^2O

13) *Bulletin de la Société des Ingénieurs Civils de France* : Bulletin de janvier 1908. Les Gazogènes à gaz pauvre, par L. LETOMBE,

Par conséquent on a :	OXYGÈNE	CO^2	H^2O
Pour 295 litres CO . . .	147,5	295	»
— 17 — CH^4. . .	34	17	34
— 37 — H^2 . . .	18,5	»	37
349	250	312	71

Le volume initial qui était de 349+250 = 599 litres se réduit donc par contraction et après combustion à 312 + 71= 383 litres.

Ceci montre qu'avec des gaz purs, la contraction des gaz après combustion atteindrait 36% ! ce n'est donc pas une solution à chercher.

250 litres d'oxygène correspondent à l'emploi de 0,250 x 4,76, 1,19 m^3 contenant 0,250 x 3,76 = 0,942 d'azote.

Le mélange de 1 m^3 de gaz avec 1,19 m^3 d'air, soit 2,19 ne peut dégager en brûlant que 1196 calories contenues dans le gaz, soit par mètre cube de mélange tonnant :

1196 / 2,19 = 547 calories.

Ce chiffre est pratiquement trop fort pour diverses raisons : il ne tient d'abord pas compte de la dilution résultant du mélange des gaz frais avec les gaz résiduaires qui demeurent dans les chambres de compression.

Mais avec un tel gaz, on peut pousser la compression sans aucun inconvénient à 12 kg ou 13 atmosphères.

Dans ce cas, la chambre est le 1/7 environ de la valeur totale du cylindre. Mais ainsi que nous l'avons déjà démontré (n° 123), ramenés à 0° les gaz résiduaires diminuent sensiblement de la moitié de leur volume.

Par conséquent, le pouvoir calorifique ci-dessus doit être réduit de ce fait dans la proportion de 7 à 6,5, soit de 7,15%.

Il y a lieu aussi de tenir compte de la réduction causée par la contraction des gaz après combustion.

Calculons cette contraction :

Le volume après combustion se compose de :

	383	litres de CO^2 et H^2O
	942	de gaz inertes.
	651	
Total	1976	

alors que le volume du gaz était de 2190 litres avant combustion. La combustion amène donc une contraction de 9,78%.

Il résulte de ce qui précède que le maximum du pouvoir calorifique au mètre cube du mélange considéré est de :

$$547 \times 0{,}93 \times 0{,}90 = 467 \text{ calories.}$$

136. — Gaz de hauts fourneaux. — Un haut fourneau, en raison de la forte épaisseur de combustible qu'il contient, fonctionne nécessairement comme un gazogène. C'est d'ailleurs parce qu'une colonne de coke incandescent est naturellement réductrice que les oxydes de fer peuvent être décomposés dans la cuve d'un haut fourneau.

En somme, au point de vue de la production du gaz, un haut-fourneau se comporte comme un gazogène souillé à l'air sec dont le combustible serait mélangé de corps étrangers.

La composition du gaz de haut fourneau doit en conséquence se rapprocher de celle du gaz d'air, dont nous parlerons lorsque nous exposerons la théorie des gazogènes. Nous verrons que dans ce cas un kilogramme de carbone à 8080 calories donne 5,360 m^3 d'un gaz à 1060 calories au mètre cube, composé de 34,8% d'oxyde de carbone et 65,2% d'azote.

Pratiquement, il n'en est pas tout à fait ainsi parce que dans le haut de la cuve du haut fourneau, par réaction sur les oxydes de fer, l'oxyde de carbone donne de l'acide carbonique qui dès lors ne peut plus être réduit puisqu'il n'a plus à traverser pour se dégager une couche suffisamment épaisse de combustible porté au rouge.

D'autre part, l'air employé n'est jamais absolument sec, attendu que les machines soufflantes aspirent de l'air atmosphérique plus ou moins chargé d'humidité.

Enfin le coke employé garde toujours une faible proportion de matières volatiles qui se dégagent par distillation aussitôt après les chargements.

Il s'ensuit que les gaz de hauts-fourneaux contiennent une certaine proportion d'acide carbonique, d'hydrogène et de méthane.

Le pouvoir calorifique du gaz est d'autant plus élevé qu'il contient moins d'acide carbonique, car ce dernier gaz se forme au détriment de l'oxyde de carbone.

137. — En réalité la composition des gaz de hauts-fourneaux en volume varie de la manière suivante, suivant les qualités de cokes et de minerais employés.

CO^2	9 à 5%
CO	22 à 35%
H^2	4 à 0,1
CH^4	2 à 0,4
Az^2	63 à 59,5

Le pouvoir calorifique varie de 800 à 1000 calories par mètre cube. On a cru quelquefois constater des pouvoirs calorifiques plus bas, mais il est probable que ces observations correspondaient à l'emploi de calorimètres défectueux donnant des combustions incomplètes[14].

138. — Si on considère les gaz produits comme perdus, le rendement d'un haut-fourneau est mauvais. En effet, pour extraire un kilogramme de métal en fusion d'un minerai en Fe^2O^3, il suffit

14) C'est le cas de tous les calorimètres à flamme brûlant à la pression atmosphérique, surtout lorsqu'il s'agit de détermination du pouvoir calorifique de gaz pauvres.

de 2 300 calories; or, on en dépense au moins 6 400, attendu que le minimum de coke nécessaire par kilogramme de fonte fabriquée est pratiquement de 800 grammes.

Mais si on fait le compte des calories qui restent dans les gaz disponibles en dehors du service du haut-fourneau, on voit que le rendement de celui-ci n'est pas inférieur à celui de beaucoup d'appareils industriels.

En effet la dépense de coke pour fabriquer un kilogramme de fonte étant de 800 grammes, la formation de l'oxyde de carbone dégage:

2 400 x 0,800 = 1 920 calories
sur 0,800 x 8 080= 6 464 calories disponibles.

Les gaz produits doivent donc rester susceptibles de dégager par combustion un nombre de calories égal à la différence de ces deux chiffres, soit 3 544.

Or 45% de ces gaz sont brûlés dans des appareils à chauffer le vent, appareils dont le rendement propre ne dépasse d'ailleurs pas 50% et qui restent susceptibles de perfectionnements. Par conséquent 65% des gaz produits restent disponibles. — On ne consomme donc en réalité au haut-fourneau pour faire un kilogramme de fonte que 6 464 - 0,65 x 3 544 = 4 164 calories. C'est un rendement de 63%.

Autrefois les gaz disponibles des hauts-fourneaux étaient uniquement employés à chauffer des chaudières dont la production de vapeur ne suffisait pas toujours à assurer seulement les services mécaniques de l'installation.

Depuis 1894, à la suite d'essais faits par M. Thwaite on tenta de se servir des gaz de hauts-fourneaux pour alimenter directement des moteurs à gaz. Cette nouvelle application présenta bien des difficultés à ses débuts, mais aujourd'hui elle est universellement adoptée. En employant des soufflantes à gaz pour souffler les hauts-fourneaux au lieu de soufflantes à vapeur, 15% seulement des gaz disponibles sont absorbés et il en reste en conséquence 40% qui servent aujourd'hui à alimenter des moteurs à gaz de grande puissance installés dans des stations centrales électriques qui portent au loin la force et la lumière.

Pratiquement en tenant compte des fuites, on peut dire qu'en moyenne un haut-fourneau donne 4 500 m^3 de gaz d'un pouvoir calorifique de 950 calories par kilogramme de coke consommé, dont 45% sont employés au chauffage du vent. Comme gazogène le haut-fourneau a donc un rendement de :

$$4\,500 \times 950 \times 0{,}65 / 8\,080 = 34{,}5\%$$

139. — Il résulte de ce qui précède que par kilogramme de coke consommé : 0,65 x 4,600 = 2,99 m^3 restent à utiliser pour produire de la force motrice. Or, avec des moteurs à gaz, on peut produire avec ce volume 1,20 cheval.

Par conséquent un haut fourneau de 100 tonnes par 24 heures permet de produire à raison de 800 grammes de coke par kilogramme de fonte obtenu :

$$(100\,000 / 24) \times 0{,}800 \times 1{,}2 = 4\,000 \text{ chevaux}$$

15% de cette puissance étant absorbés par les soufflantes, soit 600 chevaux, il reste en fin de compte, comme puissance disponible, tous les services du haut-fourneau étant assurés,

$$0{,}85 \times 4\,000 = 3{,}400 \text{ chevaux.}$$

Soit par conséquent 34 chevaux effectifs par tonne de fonte produite en 24 heures.

Par l'emploi de machines à vapeur à piston ou de turbine, même les plus perfectionnées, la puissance obtenue par le chauffage de chaudières au gaz serait incomparablement moindre.

Supposons en effet que de telles machines puissent donner le cheval heure effectif avec la dépense excessivement réduite de 4,5 kg de vapeur surchauffée à 330° et à 12 kg de pression[15], le

15) Il faut remarquer que ce chiffre de 4,5 kg est tout à fait impossible à réaliser en marche industrielle ; il n'a d'ailleurs pu être observé que dans de très rares essais. En pratique il est bon de compter sur une dépense d'environ 6,5 kg de vapeur par cheval heure effectif.

calcul montre que dans ce cas, le kilogramme de vapeur contient 780 calories.

Mais le rendement d'une chaudière chauffée au gaz de haut-fourneau ne saurait dépasser 60%.

Donc, la production du kilogramme de vapeur considéré coûte au moins :

$$780 \ / \ 0{,}6 = 1300 \text{ calories.}$$

C'est-à-dire que le cheval heure effectif en vapeur, dans les meilleures conditions exige :

$$1300 \times 4{,}5 = 5885 \text{ calories}$$

ce nombre représente en gaz à 950 calories :

$$5885 \ / \ 950 = 6{,}200 \text{ m}^3 \text{ environ.}$$

Ce qui donne pour un haut-fourneau de 100 tonnes, en se reportant aux chiffres donnés plus haut :

$$(100\,000 \ / \ 24) \times 0{,}800 \times (2930 \ / \ 6\,200) = 1575 \text{ chevaux.}$$

Dont 600 restent absorbés par les soufflantes à vapeur.

Le disponible n'est donc plus ici que de 975 chevaux soit 9,75 chevaux au lieu de 34 par tonne de fonte par 24 heures.

Par conséquent, même dans le cas le plus favorable, la vapeur ne peut donner dans les stations centrales d'électricité des hauts-fourneaux, à consommation égale de gaz, qu'une puissance 3,5 fois moindre environ que celle qui peut être obtenue par l'emploi de moteurs à gaz. Le coefficient de 3,5 est un minimum ; pratiquement il approche plutôt de 5.

Rien d'étonnant qu'en présence de pareils résultats, on donne aujourd'hui dans les hauts-fourneaux la préférence aux moteurs à gaz.

C'est en Allemagne qu'on compte le plus grand nombre d'applications de ce genre. En France il reste encore beaucoup à faire dans cette voie.

140. — Pour calculer le pouvoir calorifique d'un mélange tonnant de gaz de haut-fourneau et d'air, considérons à titre d'exemple un gaz de la composition suivante :

CO^2	6,5	65
CO	30,8	308
H^2	2	20
CH^4	0,42	4,2
Az^2	60,28	602,8
	100	1000

Ce gaz a précisément un pouvoir calorifique de 950 calories[16].

Or

	O^2 litres	CO^2 litres	H^2O litres
308 litres de CO donnent avec. . .	154	308	»
20 — H^2 — . . .	10	»	20
4,2 — CH^4 — . . .	8,4	4,2	8,4
332,2	172,4	312,2	28,4

Par conséquent pour brûler complètement 1 m^3 du gaz de haut-fourneau considéré, il faut 172,4 litre d'oxygène ou 172,4 x 4,76 = 820 litres d'air contenant 648 litres d'azote.

Le pouvoir calorifique du mélange de 1 m^3 de gaz avec 0,820 m^3 d'air est donc par mètre cube de :

$$950 / 1,820 = 521 \text{ calories.}$$

Mais le mélange après combustion n'est plus que de :

16) Pour un gaz de haut-fourneau il y a peu de différence entre le pouvoir supérieur et le pouvoir inférieur à cause de sa faible teneur en hydrogène. Quand on trouve des différences dans les déterminations, elles tiennent uniquement au genre de calorimètres employés. (Voir la note de la page 191.)

65 + 312,2 =	$377^{l},2$	CO^2
	28,4	H^2O
602,8 + 648 =	1250,8 / 1656,4	Az^2

au lieu de 1820.

C'est une contraction de 9% qui réduit d'autant le pouvoir calorifique du mélange.

Au point de vue des réductions dues aux gaz brûlés restant dans les chambres des cylindres, nous pouvons prendre le même coefficient que pour le gaz pauvre. Il s'ensuit que le pouvoir calorifique d'un mélange de haut-fourneau à 950 calories et d'air ne saurait dépasser :

$$521 \times 0{,}93 \times 0{,}90 = 436 \text{ calories}$$

ce qui n'est pas très inférieur à ce qu'un peut obtenir avec les gaz pauvres : 6,5% seulement.

La différence disparaît même lorsque le gaz de haut-fourneau a un pouvoir calorifique qui se rapproche de 1000 calories au mètre cube au lieu de 900, ce qui se présente assez souvent.

Quatrième Partie

ÉTUDE DES MOTEURS MODERNES

CHAPITRE I

PRINCIPES GÉNÉRAUX

141. — PRÉFÉRENCE EXCLUSIVE DES MOTEURS À COMPRESSION PRÉALABLE. — 142. PRINCIPES DES MOTEURS À QUATRE TEMPS. — 143. FORME ÉLÉMENTAIRE DE CES MOTEURS. — 144. PRINCIPE DES MOTEURS À DEUX TEMPS. — 145. FORME ÉLÉMENTAIRE D'UN MOTEUR À DEUX TEMPS.

141. — Il ne se construit plus aujourd'hui que des moteurs à compression préalable. Cette préférence est conforme aux indications de la théorie.

D'ailleurs les moteurs sans compression, outre qu'ils ne sont susceptibles que d'un rendement peu élevé exigeraient, à puissance égale, des dimensions de cylindres beaucoup plus considérables que les moteurs à compression. La pratique a en outre montré que les compressions devaient se faire dans le cylindre de travail même des machines.

La catégorie des moteurs remplissant cette dernière condition se divisent en deux classes qui ne se distinguent l'une de l'autre que par la manière de remplir les cylindres de mélange tonnant avant le commencement de la compression.

Si c'est le piston de travail lui-même qui aspire le mélange tonnant après avoir expulsé les gaz brûlés, on dit que le moteur est à quatre temps ou qu'il marche suivant le cycle de Beau de Rochas.

Si au contraire à fin de détente, le cylindre du moteur est brusquement débarrassé de ses gaz brûlés, puis rempli immédiatement de gaz frais par l'action de pompes extérieures auxiliaires, on dit que le moteur est à deux temps.

Remarquons qu'au point de vue théorique, les moteurs à quatre temps et les moteurs à deux temps ont des cycles absolument identiques.

En effet, la manière de charger les cylindres n'intervient pas dans l'étude théorique des cycles.

Ainsi que nous l'avons démontré (n° 47) pour l'un comme pour l'autre système, tout se passe comme si c'était toujours la même masse de gaz qui évoluait dans les cylindres des moteurs, sans admission ni échappement, et avec des alternances d'échauffement et de refroidissement.

142. – Principe des moteurs à quatre temps. — Les moteurs à quatre temps sont de beaucoup les plus répandus. Ils sont en effet très simples et d'un fonctionnement très sûr.

Un moteur à quatre temps est en somme une machine qui joue alternativement le rôle de pompe et de moteur.

Pendant une première course le piston, en quittant le fond arrière du cylindre, aspire d'abord un mélange tonnant qu'il comprime ensuite dans la course inverse suivante. Pendant ce premier tour, le moteur s'est donc bien comporté comme une pompe de compression.

Le mélange comprimé dans la chambre du cylindre constitue alors une sorte de cartouche qui détone sous l'influence d'un allumage quelconque.

Par l'apport de chaleur qui résulte de l'explosion, les gaz montent rapidement en pression et leur détente permet de recueillir sur le piston un travail extérieur pendant une course qui est la course motrice. Dans la course qui suit, les gaz brûlés sont expulsés dans l'atmosphère. On voit ainsi que pour accomplir un cycle qui en somme, ne demande que deux courses ou un tour, il en a fallu quatre ou deux tours.

143. – Un moteur à quatre temps se compose élémentairement d'un cylindre et d'un piston à mouvement alternatif transformé en un mouvement continu de rotation par l'action d'une bielle et d'une manivelle agissant sur un arbre portant un volant.

Pour assurer la distribution, le cylindre devra porter un organe d'admission et un organe d'échappement, tiroirs ou soupapes.

On donne aujourd'hui toujours la préférence aux soupapes (fig. 37).

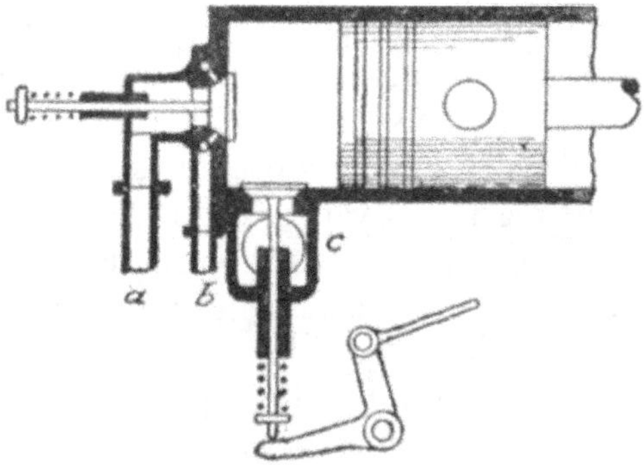

Fig. 37. — Forme élémentaire d'un moteur à quatre temps.
a, arrivée d'air ; b, arrivée de gaz ; c, échappement.

Remarquons que la soupape d'admission n'a pas besoin à la rigueur d'être commandée. Le mélange gazeux étant en effet introduit dans le cylindre par aspiration, une soupape automatique retenue par un faible ressort suffit.

Nous pouvons supposer que le siège de la soupape d'aspiration est percé de trous par où arrivera le gaz combustible amené par une conduite spéciale. L'air comburant entre directement par le centre du siège de la soupape et peut être aspiré dans un tuyau communiquant avec l'atmosphère.

Quant à la soupape d'échappement il faut nécessairement la commander, mais comme cette soupape ne doit s'ouvrir qu'une fois sur deux tours, le levier qui l'actionnera devra prendre son mouvement sur un arbre faisant deux fois moins de tours que l'arbre moteur.

En réalité il ne se construit presque plus de moteurs à soupapes d'aspiration automatique dont le fonctionnement crée des pertes de charges inutiles. On préfère aujourd'hui commander rigidement toutes les soupapes.

D'autre part au lieu du siège percé de trous pour l'arrivée du gaz combustible, on emploie de préférence en avant de la soupape d'admission une soupape qui peut être automatique mais qui est le plus souvent commandée. Quelquefois cette dernière soupape est double, de manière à obturer en même temps l'air et le gaz.

En dehors de ces organes indispensables, le moteur à quatre temps devra posséder, comme toute machine motrice, un régulateur capable d'agir sur sa distribution de manière à maintenir aussi constante que possible la vitesse, quelles que soient les variations de travail qui lui sont demandées.

Remarquons qu'a puissance égale, le moteur à quatre temps à simple effet, devra avoir un volant beaucoup plus lourd que celui d'une machine à vapeur ordinaire à double effet.

En effet, le volant dans ce cas doit emmagasiner assez d'énergie, non seulement pour éviter des ralentissements au moment du passage des points morts, mais surtout pour assurer le travail résistant de l'échappement et de l'aspiration et le travail de compression qui est considérable. Ce dernier travail, ainsi que nous l'avons expliqué (n° 58) n'est pas perdu, mais il n'en faut pas moins le produire à chaque cycle.

Remarquons encore que le mouvement alternatif du piston est favorable au moteur à gaz en ce sens que par suite de sa liaison par bielle et manivelle avec un arbre à mouvement de rotation uniforme, le piston reste dans le voisinage des points morts presque immobile pendant un temps relativement long : ce repos relatif permet d'obtenir la combustion des gaz très sensiblement à volume constant, seule manière d'obtenir des diagrammes corrects et un rendement élevé. La combustion à volume constant ne se réalise jamais lorsque l'allumage se fait en retard par exemple, parce qu'alors la vitesse de propagation de la flamme ne peut plus suivre la vitesse déjà acquise par le piston.

144. — Principe des moteurs à deux temps. — Tout ce que nous venons de dire du moteur à quatre temps s'applique au moteur à deux temps : ce qui différencie le deuxième du premier, c'est la suppression des courses d'échappement et d'admission et leur remplacement par une chasse d'air et un envoi sous faible pression du mélange tonnant qui doit remplir le cylindre. Ces deux opérations s'effectuent à la fin de la période de détente ; il s'ensuit qu'à chaque retour du piston, il y a compression dans le cylindre et que toutes les courses avant sont motrices. — On voit encore qu'à dimensions et vitesses égales, un moteur à deux temps devrait être deux fois plus puissant qu'un moteur à quatre temps.

Si le moteur à deux temps n'était constitué que par son cylindre de travail il serait incontestablement plus avantageux au point de vue du prix de revient de sa construction que le moteur à quatre temps. Malheureusement les chasses d'air et les remplissages ne se font pas seuls et il faut recourir à l'emploi de pompes auxiliaires. Cette nécessité constitue une infériorité du moteur à deux temps. Remarquons en effet qu'il faut envoyer dans le cylindre moteur, en un temps très court, environ une double cylindrée, car une cylindrée d'air est d'abord nécessaire pour chasser les gaz brûlés et ensuite il faut introduire une cylindrée de gaz tonnant.

De ce fait déjà le travail résistant d'échappement et d'admission sera plus considérable dans un moteur à deux temps que dans un moteur à quatre temps, surtout qu'il faut tenir compte en outre du travail résistant des pompes.

On avait cru autrefois, et c'est ce qui causa l'insuccès des anciens moteurs à deux temps, qu'il serait possible de chasser simplement les gaz brûlés des cylindres par l'envoi d'une charge de gaz frais. On comptait sur les différences de température des deux masses de gaz en présence pour obtenir une suffisante stratification empêchant tout mélange entre les gaz brûlés et les gaz nouvellement admis.

La pratique a prouvé que par ce procédé on perdait toujours une quantité importante de gaz combustible par l'échappement si on voulait purger convenablement les cylindres ; aussi peut-on s'étonner de voir aujourd'hui certains constructeurs de moteurs d'automobiles, sous prétexte de progrès, revenir simplement à ces pratiques défectueuses.

Quoi qu'il en soit, en ce qui concerne les moteurs fixes, la chasse d'air intermédiaire entre l'échappement et l'admission a été reconnue pratiquement indispensable pour éviter une exagération des consommations.

Les moteurs à deux temps doivent donc être munis de deux pompes, l'une à air et l'autre à gaz.

La pompe à gaz, en raison des pertes de charge multiples causées par l'aspiration et le refoulement à travers les canaux de communication qui la relient au cylindre doit avoir, lorsqu'il s'agit de gaz pauvre, un volume presque égal à celui du cylindre moteur lui-même.

Quant à la pompe à air, elle doit avoir évidemment un volume notablement plus élevé que celui du cylindre.

L'addition d'appareils aussi encombrants augmente le prix de fabrication des machines et diminue leur rendement effectif.

Dans ces conditions il n'est pas étonnant que le moteur à deux temps, tel qu'on le construit actuellement, ne se répande guère.

Le moteur à deux temps ne sera intéressant que du jour où, par des dispositions spéciales encore à trouver, il pourra se construire à meilleur marché que le moteur à quatre temps, qui au point de vue thermique gardera toujours sa supériorité.

145. — Le schéma (fig. 38) montre les organes essentiels d'un moteur à deux temps. Le piston arrivant vers sa fin de course avant découvre des orifices par où va se faire l'échappement. Avant que le piston en revenant en arrière ait obturé ces orifices, il faut que la chasse d'air ait expulsé d'abord les gaz et que la charge de gaz frais ait ensuite eu le temps d'être introduite.

D'un côté du cylindre nous avons figuré une pompe à air et de l'autre une pompe à gaz : chacune de ces pompes porte des clapets d'aspiration et de refoulement. Les conduits de refoulement aboutissent dans la boîte d'admission du cylindre moteur.

Les pistons des pompes doivent être commandés par des bielles prenant leur mouvement sur l'arbre moteur, soit par des excentriques, soit par des contre-manivelles.

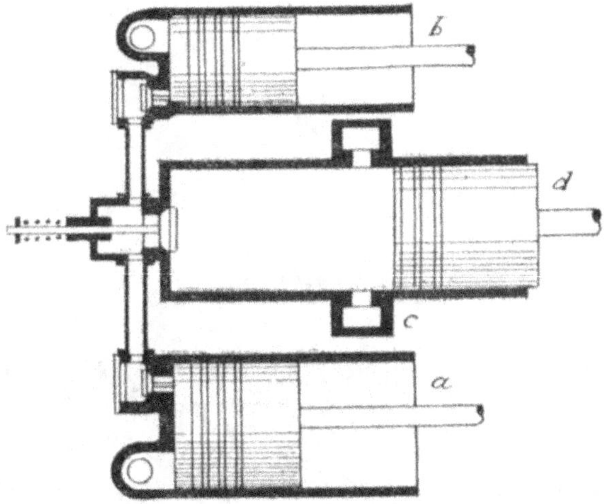

Fig. 38. — Forme élémentaire d'un moteur à deux temps.
a, pompe à air; *b*, pompe à gaz; *d*, cylindre de travail; *c*, échappement.

Ces excentriques ou contre-manivelles sont décalés par rapport à la manivelle motrice, de façon que les pistons des pompes achèvent leur course arrière au moment où le piston principal va recouvrir les orifices d'échappement.

Cet exposé de principes suffit pour que nous puissions maintenant aborder utilement la description des moteurs à gaz modernes.

Ces moteurs se construisent à simple, double, triple, et quadruple effet: on fait aussi des moteurs composés de cylindres multiples dont les organes en mouvement attaquent différents coudes d'un même arbre.

Nous examinerons successivement tous ces cas et nous commencerons par le type le plus ancien: le moteur à quatre temps à simple effet.

CHAPITRE II

Description des moteurs à quatre temps à simple effet

146. Organes principaux des moteurs à quatre temps. — 147. Bâti. — 148. Coussinets. — 149. Cylindre. — 150. Arbre. — 151. Graissage de l'arbre. — 152. Bielle motrice. — 153. Piston. — 154. Graissage du piston. — 155. Emplacement des boîtes de distribution. — 156. Organes accessoires.

146. — Les organes principaux des moteurs à simple effet sont : bâti qui sert de support à l'arbre coudé et au cylindre, bielle, piston, arbre de distribution, boîtes de distribution, soupapes, organes d'allumage, organes de régulation et volant.

Nous examinerons d'abord les moteurs horizontaux qui sont encore de beaucoup les plus répandus, nous donnons à titre d'exemple de réalisation des figures extraites d'un catalogue particulièrement bien édité de la Maison Bollinckx de Bruxelles.

La figure 39 (p. 214-215) représente la coupe longitudinale d'un moteur à simple effet.

147. — Les bâtis sont toujours en fonte et le plus souvent en forme de cuvette. Ils se terminent à l'arrière par la portée qui doit recevoir le cylindre ; les faces latérales vers l'avant portent les paliers de l'arbre.

La tendance actuelle est de faire des bâtis très bas, alors qu'autrefois on les installait sur des socles en fonte assez élevés. L'aspect est meilleur et la stabilité plus grande. On va même souvent, pour abaisser le centre de gravité des moteurs, jusqu'à faire pénétrer le fond des bâtis dans le bloc des fondations.

148. — Dans les petits moteurs on se contente d'employer comme coussinets de palier des demi-coquilles en bronze maintenues en place par un chapeau.

Souvent la demi-coquille inférieure porte un ergot qui s'engage dans un logement pratiqué dans le corps du palier pour empêcher que le coussinet n'ait une tendance à tourner avec l'arbre; mais cette disposition est incommode car, en cas de retouches à faire, il faut lever l'arbre pour pouvoir enlever le demi-coussinet inférieur. Il est préférable de mettre l'ergot d'arrêt dans le chapeau du coussinet, car alors il suffit de soulager l'arbre pour le démontage.

On tend de plus en plus pour les coussinets à substituer au bronze, de la fonte ou de l'acier garni d'anti-friction. On a ainsi un meilleur frottement et moins de chance de grippage. Les coussinets de bronze ont en effet la fâcheuse propriété, lorsqu'ils commencent à s'échauffer, de se déformer en se refermant, ce qui détermine un pinçage de l'arbre qui peut mettre une machine hors de service en quelques instants.

L'anti-friction d'un coussinet par contre peut arriver à fondre, mais le fait est assez rare et même dans ce cas l'arbre n'est pas abîmé, de sorte que si on possède un coussinet de rechange, on peut remarcher après un ajustage sommaire. L'ajustage d'un coussinet de bronze est au contraire extrêmement laborieux et demande beaucoup d'habileté. En automobile on emploie beaucoup un bronze à haute teneur en plomb qui donne des résultats à peu près semblables à l'anti-friction.

Le graissage des coussinets simples en deux pièces se fait par des compte-gouttes moulés sur les chapeaux de palier.

Les coussinets doivent avoir comme portée environ le double du diamètre de l'arbre.

On préfère, au graissage par compte-gouttes, les graissages continus par bagnes ou par chaînes passant à travers des lumières pratiquées dans les coussinets et ramenant constamment sur l'arbre par entraînement l'huile d'un réservoir inférieur.

On a ainsi un graissage très parfait tout en ne consommant que peu d'huile, car le contenu des réservoirs n'a besoin d'être renouvelé que très rarement.

Aux coussinets en deux pièces on préfère avec raison les coussinets en quatre pièces à rattrapage de jeu dans le sens de la poussée de l'arbre. Ce rattrapage se fait soit par des vis traversant le corps des paliers et n'agissant que d'un côté, soit par des coins verticaux manœuvrables de l'extérieur par des tiges filetées passant à travers les chapeaux.

Fig. 40. — Coussinet d'arbre coudé.

La figure 40 montre un coussinet en 4 pièces, mais simplifié : les quatre pièces sont ici assemblées par des boulons, de sorte que ce coussinet se met en place comme une bague. L'inconvénient de ce dispositif est qu'après un rattrapage de jeu, cette bague peut ne plus porter exactement dans sa cage.

Avec le coussinet en quatre pièces on ne peut employer qu'un graissage par compte-gouttes ou un graissage à chaîne.

La figure 41 montre la vue extérieure d'un bâti prolongé à l'arrière, de façon à former enveloppe d'eau. Dans ce cas le tube de frottement constituant le cylindre est rapporté dans ce prolongement. Ce dispositif est assez souvent adopté parce qu'on risque moins ainsi les rebuts fréquents de fonderie auxquels donnent lieu les cylindres fondus d'une seule pièce.

On donne souvent, comme un avantage de cet agencement, la possibilité de changer le tube de frottement d'un cylindre quand il présente des traces d'usure. En pratique la chose n'est pas aussi facile qu'elle le parait au premier abord, car à l'atelier, pour avoir un travail convenable, on ne finit l'alésage d'un cylindre que

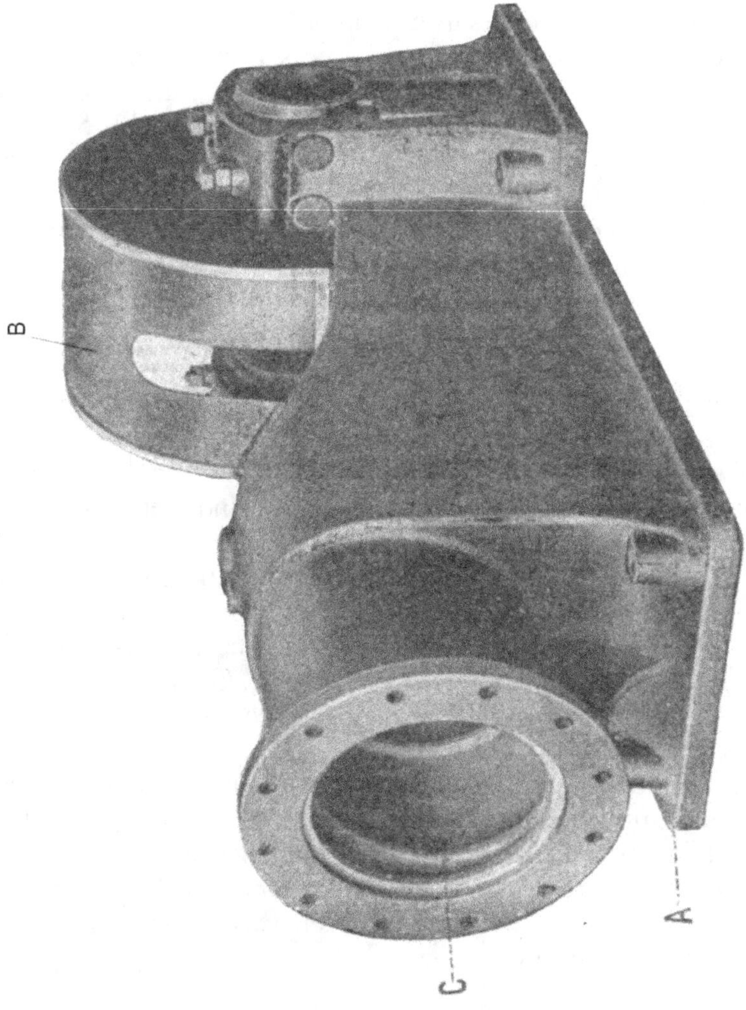

Fig. 41 – Vue du bâti fondu avec l'enveloppe du cylindre.
A, socle ; B, couvre bielle ; C, enveloppe du cylindre.

lorsque la chemise intérieure est en place : en remplaçant donc celle-ci ultérieurement par une chemise finie d'avance, on risque des gauchissements et des usures rapides.

Lorsque le cylindre est fondu avec son enveloppe, ce qui a l'avantage d'éviter des fuites toujours possibles dans les joints, le bâti se termine seulement par une couronne d'attache. Souvent dans ce cas le cylindre porte un prolongement qui pénètre un peu dans le bâti.

La figure 41 montre encore un couvre-bielle destiné à arrêter les projections d'huile. Nous préférons les couvre-bielles qui se prolongent jusqu'au cylindre car ils sont plus efficaces.

150. — Les arbres faits en acier demi-dur sont toujours coudés ; en général on les forge d'une seule pièce. Les bras de manivelle sont découpés dans la masse.

Les arbres des moteurs à gaz doivent avoir au moins comme diamètre 45% du diamètre intérieur du cylindre et le tourillon d'attaque de la bielle 48%.

La figure 42 montre un arbre coudé qui porte à droite l'engrenage hélicoïdal de commande de l'arbre de distribution.

A, A sont des contre-poids qui équilibrent le poids du coudé de l'arbre et une partie du poids de la bielle. On atténue ainsi les effets de l'inertie des pièces en mouvement sur les fondations, mais dans une bien faible mesure.

En réalité on peut, sans inconvénient, se passer de ces masses. Leur seule utilité est de permettre pour des visites d'arrêter l'arbre dans n'importe quelle position sans être obligé de le caler.

Dans tous les cas il est tout à fait condamnable d'équilibrer un coudé par un contre-poids placé dans le volant. On fatigue ainsi inutilement les arbres.

151. — L'anneau B fixé sur l'un des bras de manivelle sert à assurer le graissage du tourillon de l'arbre. La figure 43 montre en détail ce dispositif très sûr et très employé. Un graisseur compte-gouttes placé sur le bâti déverse, par un ajutage approprié, son

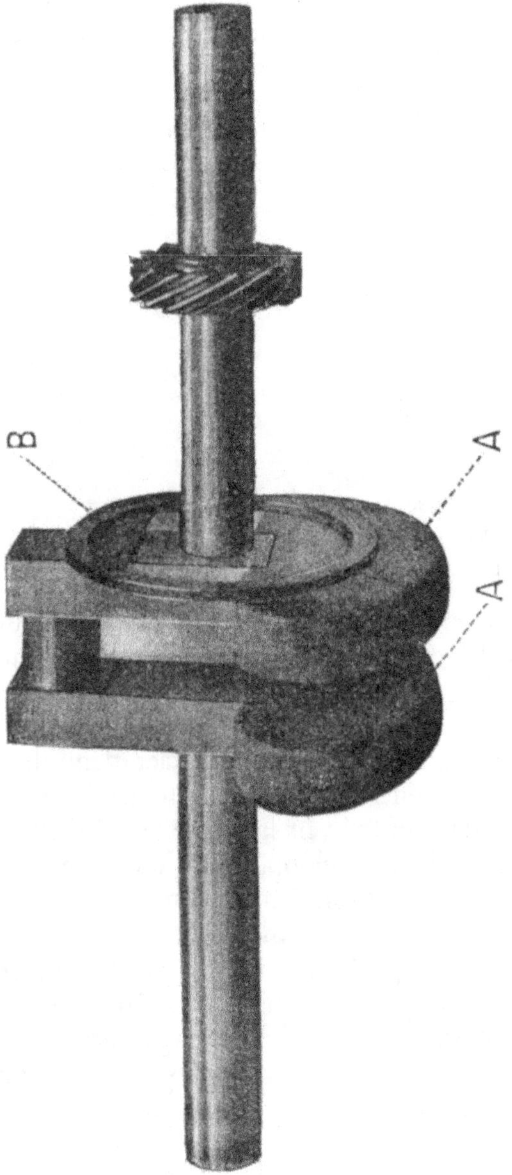

Fig. 42 – Arbre coudé.
B ; anneau graisseur. – A. A. Contre-poids

huile dans la gorge creuse de l'anneau B. La partie de cette gorge qui se trouve en face du tourillon est percée d'un trou qui traverse l'arbre et va déboucher au milieu de la portée des coussinets de la bielle.

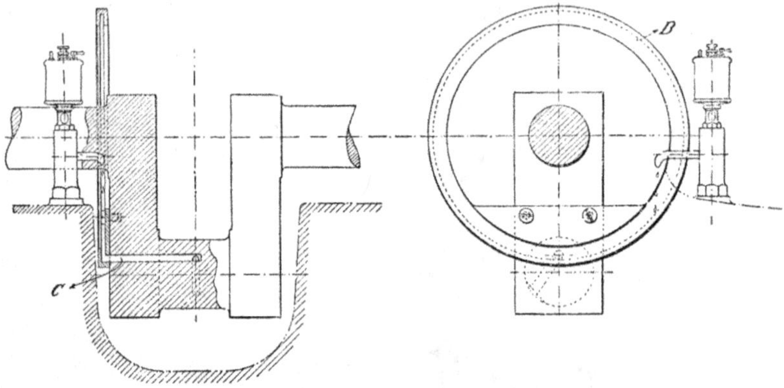

Fig. 43. — Graissage du tourillon de l'arbre.

Lorsque le moteur tourne, la force centrifuge fait naturellement passer l'huile de la gorge de l'anneau B au conduit allant à la tête de bielle.

152. — Les bielles sont faites en acier demi-dur comme l'arbre. Elles sont en général de forme légèrement tronconique, le grand diamètre étant tourné vers la grosse tête de bielle. A cause des efforts considérables développés dans les moteurs à gaz, les grosses têtes de bielles ne se font jamais, comme dans les machines à vapeur, à rattrapage de jeu. La meilleure forme à adopter est le type dit, « Marine » (fig. 44). L'extrémité de la bielle s'épanouit pour former une sorte de palier dans lequel on place des coussinets en bronze phosphoreux ou mieux en acier garnis d'anti-friction.

Quand les coussinets présentent de l'usure, on rattrape le jeu en limant avec précaution sur leurs bords de contact. Ces bords doivent toujours porter à bloc l'un contre l'autre.

Pour faciliter l'opération du rattrapage, on interpose souvent entre les bords des coussinets une couche de feuilles de clinquant, de un à cinq dixièmes de millimètres d'épaisseur qu'il suffit d'enlever une à une au fur et à mesure que l'usure se produit. Avec des portées suffisantes, un bon graissage et un ajustage initial parfait, l'usure de ces pièces est très faible.

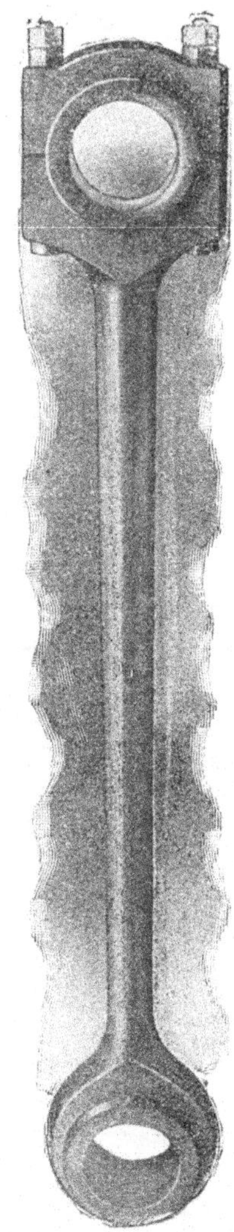
Fig. 44 – Bielle motrice.

En ce qui concerne la petite tête de bielle les constructeurs ont souvent le tort de lui donner des dimensions insuffisantes. Nous sommes d'avis qu'il faut donner au tourillon de piston qui agit sur cette tête les dimensions les plus grandes possibles, eu égard à l'espace dont on dispose. Ces dimensions ne peuvent jamais d'ailleurs être très considérables: aussi est-il bon de prévoir un rattrapage de jeu facile pour les coussinets de petites têtes de bielle. Ce rattrapage se fait le plus souvent par un coin monté sur des vis qui se manœuvrent latéralement. Certains constructeurs prétendent que lorsqu'on peut donner au tourillon une grosseur suffisante, un système de rattrapage de jeu est inutile. C'est le cas de la bielle de la figure 44 dont le coussinet est constitué par une simple bague en fonte. Quand on garnit de coussinets les petites têtes de bielle, on doit les faire en bronze assez dur pour éviter qu'ils ne prennent du jeu par écrasement sous l'influence des explosions.

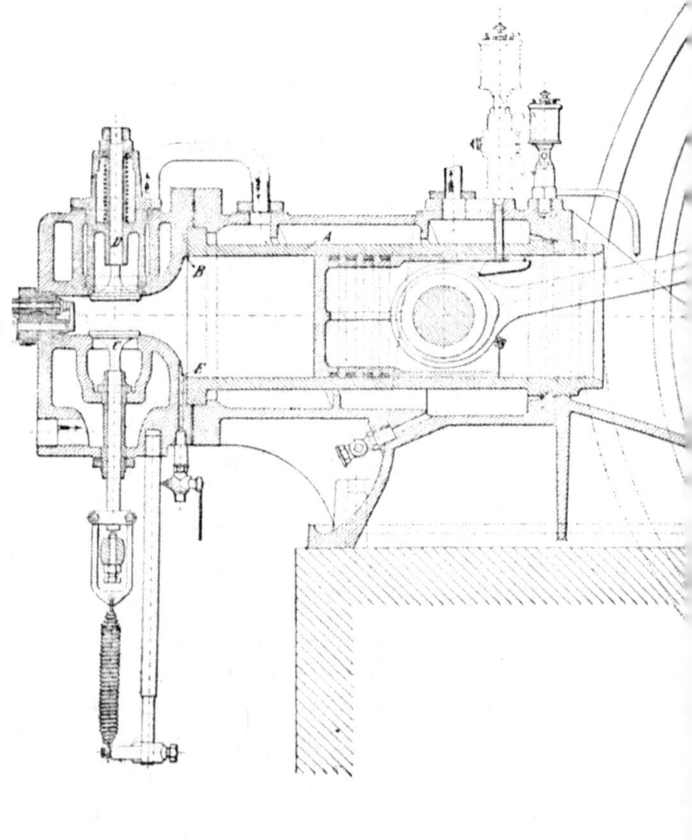

Fig. 39. — Coupe longitudinale d'un moteur à 4 temps
A, Cylindre. — B, Joint de culasse. — E, Robinet de purge. —

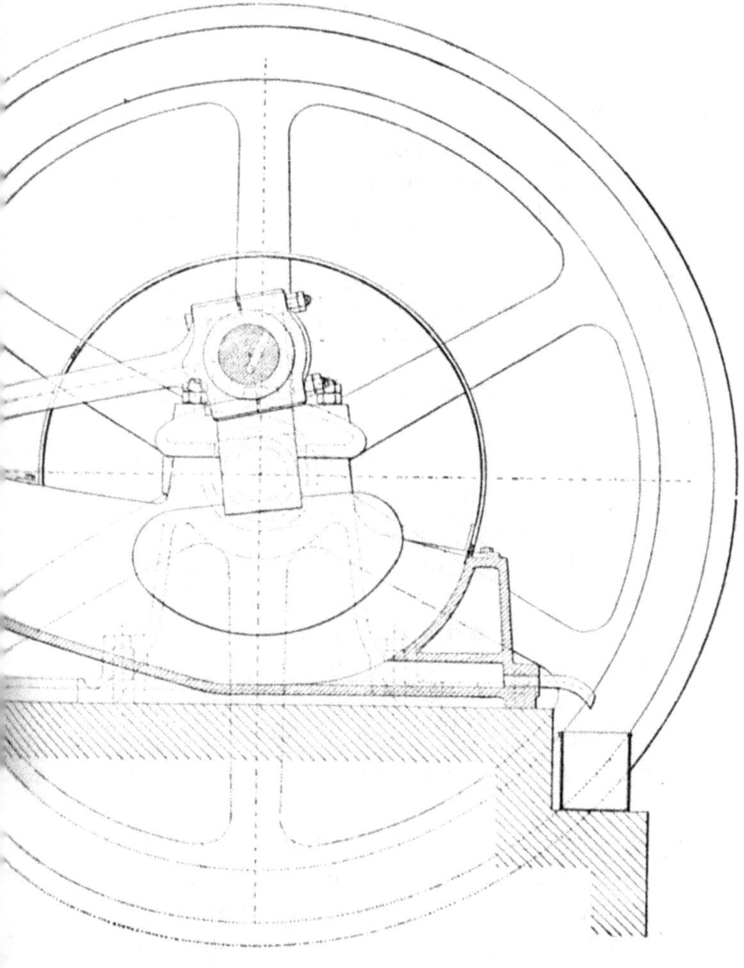

à simple effet (Bollinckx) (p. 220).
D, Soupape d'admission. — C, Soupape d'échappement.

Dans les moteurs à simple effet, il faut remarquer qu'au moment des efforts moteurs, c'est toujours le même demi-coussinet de chaque tête de bielle qui travaille seul. Dans ces conditions un faible jeu des articulations n'a pas grand inconvénient, au moins pendant un certain temps.

153. — Les pistons se font en fonte un peu plus tendre que la fonte des cylindres, de façon à faire porter plutôt l'usure sur le premier organe. Il est en effet plus facile et moins coûteux de remplacer un piston qu'un cylindre, voire même une chemise de cylindre.

L'arrière des pistons porte des rainures circulaires dans lesquelles on place des anneaux fendus en fonte. Ces anneaux, lorsqu'ils sont libres, ont un diamètre plus grand que celui des pistons. En place ils font donc ressort contre les parois des cylindres et s'ils sont bien ajustés ils assurent une étanchéité vraiment remarquable. Ces anneaux sont désignés sous le nom de cercles ou de segments. On ne doit mettre un nouveau cercle en place qu'après l'avoir ajusté au préalable dans le cylindre. Le plus souvent les cercles neufs ne portent que sur les becs de leur coupure et sur la demi-circonférence opposée.

Pour ajuster un cercle, le mieux est de l'introduire dans le cylindre monté sur une barrette de bois qu'on manoeuvre à la main d'un mouvement alternatif dans le sens du piston. On retouche au grattoir les parties qui portent seules jusqu'à ce que le cercle accuse un contact à peu près parfait sur tout le pourtour de sa circonférence.

Plus un piston porte de cercles plus il a évidemment de chance d'être étanche, néanmoins il ne faut pas exagérer car les cercles, par leur tension, occasionnent des frottements qui sont loin d'être négligeables. Souvent, on emploie six cercles par piston, mais quatre suffisent quand ils portent bien. Les pistons n'épousent bien l'alésage des cylindres que dans la partie où ils forment glissière ; à l'endroit des cercles il faut au contraire leur laisser un jeu d'autant plus sensible qu'on approche plus du fond.

La partie arrière des pistons en acquérant une haute température peut en effet se dilater au point de venir forcer dans le cylindre qui lui ne peut guère changer de diamètre, refroidi qu'il est par une

Fig. 45. — Piston à simple effet et cercles.

abondante circulation d'eau. La figure 45 montre un piston avec ses cercles démontés.

On se contente quelquefois de maintenir l'axe du piston en place par de simples vis de pression qui traversent l'une des portées, mais les axes bi-coniques à leurs extrémités, maintenus en place par écrou et contre-écrou sont bien préférables.

Le graissage de ces axes se fait quelquefois, comme le montre la figure 39, par un simple trou percé dans la paroi du piston par où s'écoule une petite quantité de l'huile de graissage du cylindre. Cette huile tombe dans un godet intérieur qui déverse son contenu dans un orifice pratiqué dans la petite tête de bielle. C'est très simple mais souvent insuffisant. Il vaut mieux prendre l'huile nécessaire au graissage de l'axe du piston par un tube qui se prolonge en dehors lu bâti et qui reçoit de l'huile par un lécheur. Ce système est particulièrement à recommander dans le cas de la marche au gaz pauvre, car ce gaz contient très souvent des poussières qui se mélangent à l'huile du graissage du piston et il est évident que si l'axe de celui-ci n'est lubrifié que par cette huile, il est exposé à une usure rapide.

154. — Le graissage du piston se fait par une petite pompe ou par un compte-gouttes. On place le trou de graissage qui traverse le cylindre à un endroit tel qu'il ne soit jamais couvert par les cercles du piston : comme de petites fuites sont néanmoins possibles dans ce cas, il faut empêcher qu'un refoulement ne puisse faire remonter l'huile dans le graisseur. La figure 46 montre à cet effet une très heureuse disposition. Le graisseur compte-gouttes, au lieu de déboucher directement dans le cylindre, se trouve placé à l'extrémité d'un conduit brisé présentant un retour vertical fermé par une bille. L'huile descend par gravité, pendant les périodes où il ne peut y avoir de fuites, en soulevant la bille et tombe dans le conduit qui débouche dans le cylindre. Mais lorsqu'un refoulement a lieu, la bille, renvoyée sur son siège, empêche tout retour au graisseur. Des bouchons placés au bout des conduits permettent des nettoyages faciles.

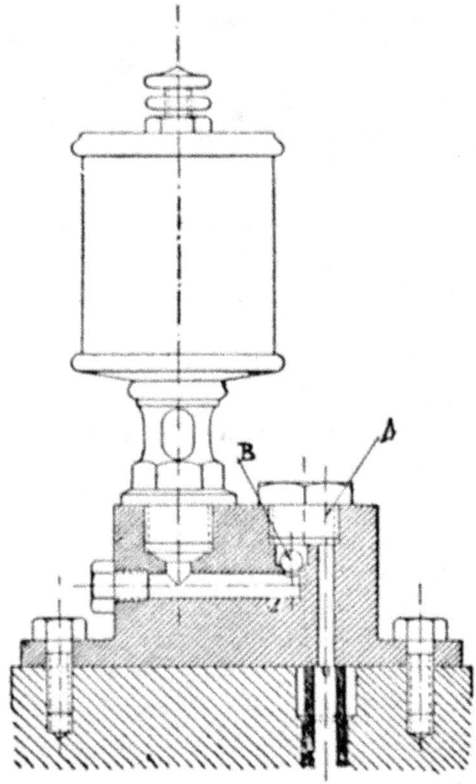

Fig 46.— Système de graissage du piston (Bollinckx).

Souvent quand on a des pistons normalement étanches, il suffit, pour éviter un retour au graisseur, de percer dans le canal allant au cylindre un trou débouchant à l'air libre.

Quand le graissage se fait mal par ce moyen, c'est que les cercles manquent de bandes. Pour redonner de la tension aux cercles on peut les ouvrir en les frappant très légèrement dans l'intérieur du côté opposé à leur fente. Au-dessus d'un alésage de 350 mm, il est préférable de graisser les pistons par une pompe. Une bonne disposition souvent adoptée, actuellement consiste à garnir les pistons, dans les parties où ils forment glissière, de cercles en anti-frictions qu'on laisse très juste dans l'alésage. En cas d'ovalisation du cylindre ou d'usure du piston il suffit de regarnir ceux-ci d'anti-friction pour que le moteur se retrouve dans de bonnes conditions.

155. — Lorsque les compressions ne sont pas trop élevées, c'est-à-dire quand les chambres de compressions ne doivent pas être trop réduites, on trouve avantage pour les visites rapides à placer les boîtes d'admission et d'échappement de part et d'autre

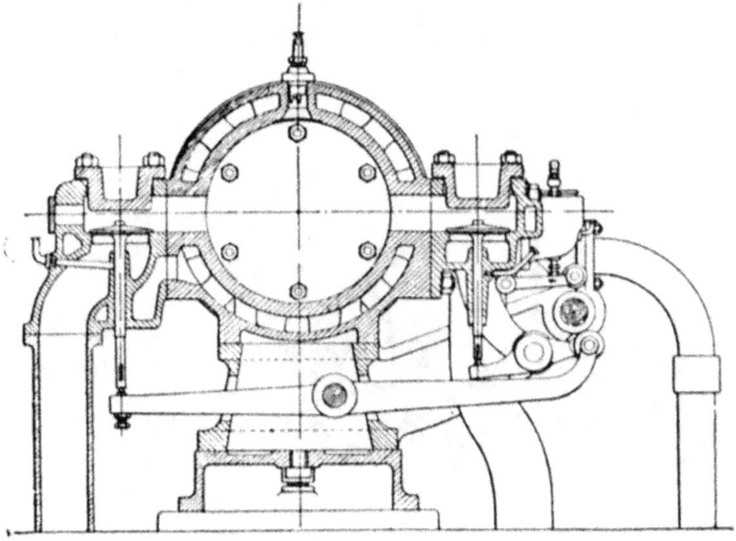

Fig. 47. — Cylindre avec boîtes latérales de distribution.

du cylindre. C'est une disposition qui est encore très employée en particulier dans les moteurs d'automobiles.

La fig. 47 montre cette disposition appliquée à un moteur fixe.

Il suffit alors pour la visite des soupapes d'enlever de simples couvercles et pour le nettoyage des chambres de compression, on n'a qu'à retirer les fonds de cylindres, ce qui vaut mieux que de sortir le piston par l'avant, opération plus longue et plus hasardée au cours de laquelle on risque toujours de casser des segments.

Un dispositif analogue, quoique moins bon au point de vue des démontages, consiste à laisser la boîte d'échappement sur le côté et à se servir du fond du cylindre comme boîte d'admission.

Avec les hautes compressions en usage aujourd'hui on a dû tellement diminuer le volume des chambres de compression qu'on en est arrivé à devoir superposer les soupapes d'admission

Fig. 48 – Culasse de moteur avec joints enlevés.

et d'échappement sur la même boîte. — Les soupapes dans ce cas se placent ou sur le côté ou sur le fond des cylindres.

La soupape d'échappement se place généralement en dessous et la soupape d'admission au-dessus, dans une position renversée.

La figure 47 montre un fond de cylindre formant boîte à soupapes. Dans le haut une saillie en porte-à-faux montre le

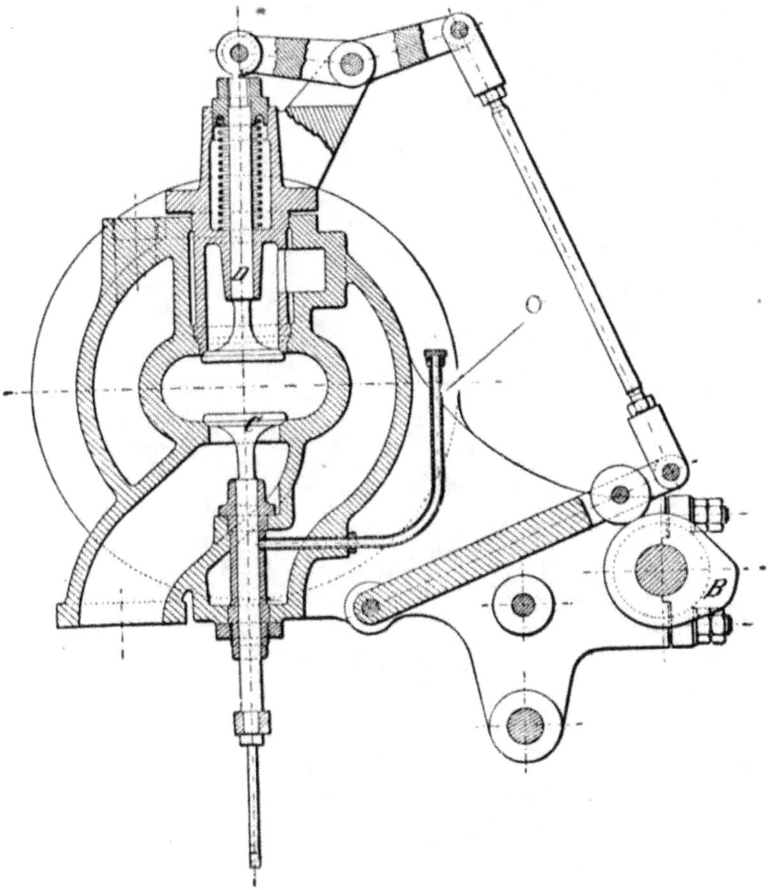

Fig. 49. — Coupe par la boîte de distribution.

Fig. 50 – Vue extérieure d'un moteur à quatre temps à simple effet (Bollinckx).

logement de la soupape à gaz. En dessous l'enlèvement d'un couvercle laisse voir la chambre d'eau qui entoure la soupape d'échappement. Latéralement se trouve un palier qui supporte l'arbre en distribution.

La figure 48 montre une coupe verticale faite à travers une boîte à soupapes superposées. Le siège de la soupape d'admission est amovible et peut se retirer par le haut pour permettre l'enlèvement de la soupape d'échappement. Celle-ci est commandée par un simple levier d'équerre. Quant à la soupape d'admission, elle reçoit son mouvement d'un levier droit actionné par une bielle articulée sur un levier de renvoi placé à hauteur de l'arbre à cames.

156. — La figure 49 montre une vue d'ensemble du moteur que nous venons de décrire. On voit que l'arbre de distribution est actionné par des roues hélicoïdales placées à angle droit.

Dans la construction des moteurs, ces engrenages sont préférés

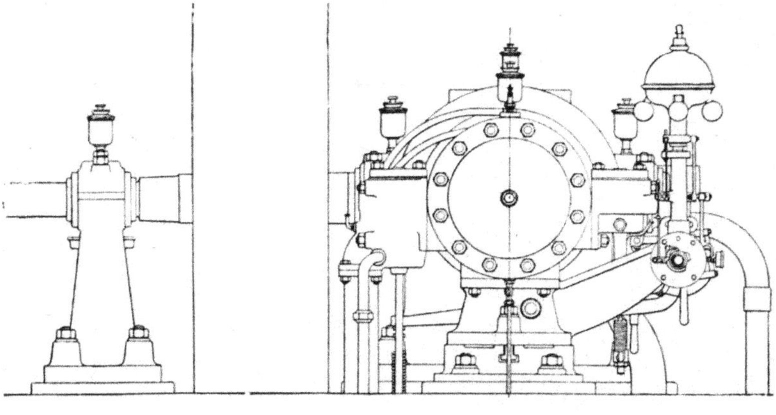

Fig. 51 – Vue arrière d'un moteur à palier extérieur.

aux engrenages coniques plus encombrants et plus bruyants, mais pour que des engrenages hélicoïdaux fonctionnent bien, il faut qu'ils tournent dans un bain d'huile et soient montés sans jeu appréciable.

Autrefois les moteurs étaient toujours munis de deux volants en porte-à-faux. Sauf pour de petites forces, cette disposition n'est plus employée, car elle fatigue énormément les arbres.

On ne se sert aujourd'hui que d'un seul volant placé sur un prolongement de l'arbre coudé porté par un palier indépendant extérieur. Le moulage des machines est ainsi rendu un peu plus délicat, mais les organes travaillent dans de bien meilleures conditions.

La figure 51 montre la vue arrière d'un moteur à un seul volant et palier extérieur.

L'allumage a une telle importance dans les moteurs à gaz que nous ferons de cette question l'objet d'un chapitre spécial.

Nous étudierons également à part les systèmes de distribution les plus employés.

CHAPITRE III

Description des moteurs à effets multiples

157. Définition des moteurs à effets multiples. — 158. Les différentes dispositions employées successivement. — 159. Poids des volants des moteurs à effets multiples comparés à ceux des moteurs à simple effet. — 160. Importance de l'allumage. — 161. Description des moteurs triple effet tandem. — 162. Avantages des distributions indépendantes. — 163. Groupements de moteurs à simple effet. — 164. Moteurs verticaux. — 165. Moteurs à pistons différentiels.

157. — Nous désignons sous le nom de moteur à effets multiples des moteurs qui comportent plus d'une face de piston en travail.

Même pour des puissances modérées, 40 à 50 chevaux par exemple, il est souvent des cas où le moteur à effets multiples est plus avantageux à employer que le moteur à simple effet. Il en est ainsi en particulier lorsqu'on a besoin d'une grande régularité connue dans la commande des machines électriques.

Il faut remarquer d'ailleurs que ce cas tend à devenir le cas général, car de plus en plus on substitue aux transmissions mécaniques des transports de force électrique, directement aux outils à actionner; c'est une des raisons pour lesquelles les grands moteurs à gaz modernes ne se construisent qu'à effets multiples.

158. — Pour augmenter la régularité des moteurs on eut d'abord recours à des groupements de plusieurs cylindres sur le même arbre. C'est ainsi qu'on construisit des moteurs à cylindres parallèles dont les pistons étaient actionnés par des manivelles calées à zéro degré. En croisant convenablement les temps pour les deux cylindres, on obtient ainsi un coup par tour. La disposition est excellente et est encore très employée pour des moteurs de moyenne puissance.

On fit aussi des moteurs à cylindres opposés, les bielles des pistons actionnant un même coude de l'arbre. Avec ce dispositif on a encore deux coups moteurs en deux tours, mais ces deux coups se suivent dans un même tour, ce qui au point de vue de la régularité ne vaut pas la disposition avec cylindres parallèles. Par contre, on gagne ainsi un peu sur le prix de revient de la construction.

Ces groupements ne donnant pas encore une régularité suffisante, on arriva vite aux moteurs à 4 cylindres formés de deux lignes de cylindres en regard, disposés de part et d'autre du volant et avec arbres à deux coudes à 180°. Toutes les courses étant motrices, on avait ainsi autant de régularité qu'avec une machine à vapeur ordinaire à double effet, mais ce genre de moteurs coûtait très cher de construction, était d'un montage très difficile, tenait une place considérable et avait un rendement mécanique assez médiocre. De plus la surveillance de la distribution de quatre cylindres séparés était une difficulté pour le conducteur de la machine.

Pendant ce temps, et dès le début de nos études sur les moteurs à gaz, nous avions cherché la solution du problème dans la construction de moteurs à double effet et plus généralement de moteurs à effets multiples. Dans les ouvrages allemands, on affecte de dire que le premier moteur à cylindre fermé capable d'un service industriel fut le moteur Koerting à deux temps, construit en 1902. A cette date, notre premier moteur à double effet était construit depuis 10 ans et dès 1895 nous avions fait un moteur double-effet tandem.

Ce moteur est encore en service aujourd'hui.

Quoi qu'il en soit, il est certain qu'après l'exposition de 1900, où il ne figura encore pas d'autres moteurs à effets multiples que les nôtres (fig. 52), tous les constructeurs, abandonnant les préjugés qui leur avaient fait donner exclusivement la préférence aux moteurs à simple effet comme seuls admissibles, se mirent à étudier des moteurs à double effet tandem.

Fig. 52. — Moteur triple effet tandem de 200 chevaux de l'exposition de Paris en 1900 (Letombe).

Aujourd'hui, pour des puissances supérieures à 250 chevaux, on peut dire qu'il ne s'en construit plus d'autres.

Le plus gros type de moteur à un cylindre à simple effet qui ait été construit, fut exposé en 1900, à Paris, par la société Cockerill. Ce moteur était de l'invention de M. Delamarre. Il reçut des applications intéressantes pour la commande de soufflantes de hauts-fourneaux, mais sa construction a été abandonnée depuis. Le moteur de l'exposition de 1900 avait 1,3 m de diamètre de piston. On n'a rien fait de plus gros. Ce moteur pouvait donner 600 à 700 chevaux.

Il est intéressant de faire remarquer qu'en adoptant les dimensions du cylindre du moteur Cockerill de 1900 on ferait, avec deux moteurs double effet tandem jumelés, facilement 5 000 chevaux. On voit déjà donc qu'en moteur à gaz on peut faire énorme sans tomber dans l'inconnu.

Nous devons ajouter qu'au point de vue du rendement thermique, il n'y a du reste pas intérêt à exagérer la puissance des moteurs à gaz. Tout dépend de l'importance des stations qu'on veut établir : la puissance des machines doit être calculée de façon à ne pas avoir trop d'unités à surveiller en même temps dans la même salle.

159. — Il est clair que plus on multiplie les coups moteurs sur un même arbre et plus la régularité de la machine augmente. D'autre part, plus le couple moteur d'une machine devient constant et moins le volant a besoin d'être lourd pour obtenir une régularité déterminée.

Lorsqu'on détermine le poids qu'il faut donner à un volant en tenant compte de toutes les données du problème, c'est-à-dire de l'irrégularité à tolérer, du travail résistant, des efforts-moteurs et des effets de l'inertie des pièces en mouvement, on trouve les valeurs approximatives ci-dessous pour les principaux cas intéressants à retenir.

Pour fixer les idées, nous désignerons par 100 le poids du moteur à simple effet satisfaisant aux conditions de régularité imposée.

On voit que le poids du volant d'un moteur double effet tandem simple ou jumelé pourrait être très réduit.

Pourtant en pratique, il est bon de ne pas aller trop loin dans la réduction, surtout lorsque les moteurs commandent directement des alternateurs calés sur les arbres et que ces alternateurs sont destinés à être couplés en parallèle, car il ne faut pas qu'une défaillance momentanée, dans un allumage par exemple, puisse amener des troubles dans la marche.

En fait, on doit établir les volants dans ce cas, pour que l'irrégularité par tour ne dépasse pas 1/200e.

POIDS RELATIF DES VOLANTS	TYPES DE MACHINES DE MÊME PUISSANCE ET DE MÊME RÉGULARITÉ
100	Moteur à simple effet, à quatre temps.
60	Moteur à deux cylindres à simple effet en opposition. ou Moteur à simple effet jumelé avec manivelles calées à 180°. ou Moteur à double effet à quatre temps.
40	Moteur à deux cylindres à simple effet jumelé. ou Moteur à deux cylindres à simple effet tandem à quatre temps. ou Moteur à simple effet à deux temps.
32	Moteur triple effet tandem à quatre temps.
24	Moteur à trois cylindres avec manivelles à 120° à quatre temps.
16	Moteur triple effet tandem jumelé à quatre temps.
8	Moteur à quatre cylindres, ou double effet tandem, ou double effet jumelé à quatre temps ou Moteur double effet à deux temps.
0,25	Moteur double effet tandem jumelé. ou Moteur double effet jumelé à deux temps avec manivelles à 90°.

160. — Il n'y a pas lieu d'envisager le cas où il se produirait véritablement des ratés répétés dans l'allumage, car nous estimons qu'alors il s'agit d'une machine déréglée qu'il est préférable d'arrêter.

Il est évident d'ailleurs que la principale préoccupation d'un conducteur de moteur à gaz doit être de tenir toujours en état parfait de fonctionnement les inflammateurs et tous les organes d'allumage de la machine dont il a la surveillance.

Au point de vue de la sécurité de marche, l'emploi des magnétos à basse tension avec rupture du courant à l'intérieur même des cylindres a marqué un progrès considérable.

On peut obtenir certes un allumage excellent avec des inflammateurs à haute tension, des bobines d'induction et des accumulateurs, mais au prix de soins souvent trop délicats.

161. — Comme les moteurs à double effet ne sont employés aujourd'hui que pour de grandes puissances, nous les décrirons dans le chapitre spécial dans lequel nous parlerons tout particulièrement des grands moteurs ; nous passerons donc de suite à la description du moteur triple effet tandem qu'il est avantageux de construire même pour des puissances modérées.

D'ailleurs le poids par cheval d'un triplex est inférieur à celui de tous les autres systèmes de moteurs.

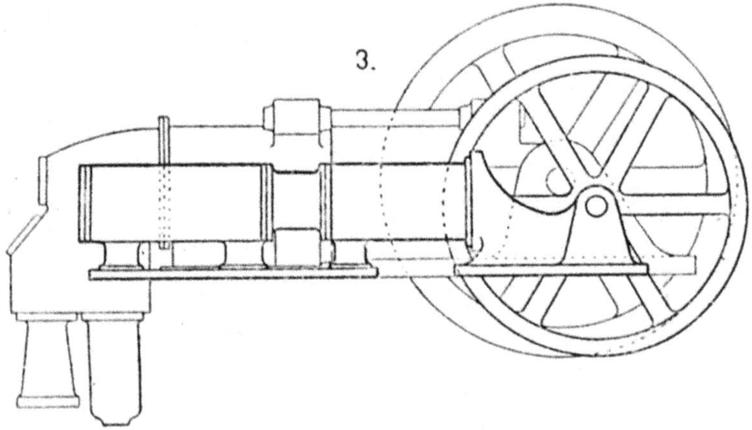

Fig. 53.— Encombrements relatifs d'un moteur à simple effet et d'un moteur triple effet tandem de même puissance.

Voici comment nous avons été amené à cette disposition que nous avons créée en 1898. Lorsqu'on regarde un moteur à double effet, on est frappé de l'importance que prend la place réservée au coulisseau de la crosse qui guide la tige de piston. Or, dans un moteur à double effet à quatre temps, sur quatre courses deux seulement sont motrices; nous avons pensé alors à fermer complètement la glissière et à remplacer la crosse par un piston à simple effet fonctionnant absolument comme les pistons des moteurs ordinaires.

La figure 53 montre d'ailleurs les encombrements relatifs d'un moteur à simple effet et d'un moteur triple effet tandem de même puissance.

Le trait fort se rapporte au moteur à effets multiples: on voit par la superposition des silhouettes combien ce dernier est plus petit que le moteur à simple effet. Nous avons ajouté une distribution sur cet effet nouvellement créé et de cette manière, sans augmenter d'une façon appréciable le poids de la machine, nous l'avons rendue capable de produire 50% de puissance de plus qu'en marchant à double effet seulement.

Rien que cette remarque suffit pour montrer que la construction des moteurs triple effet tandem doit être économique. Une difficulté subsistait: c'était de pourvoir à l'étanchéité de la tige des pistons entre le cylindre à double effet et le cylindre à simple effet.

Nous avons résolu la question d'une façon fort simple: pour entretoiser les deux cylindres, nous avons employé un long fourreau à large circulation d'eau, dont la longueur est supérieure à la course du piston. Ce fourreau est alésé au diamètre de la tige du piston qui coulisse dans son intérieur; pour éviter des fuites, la tige est munie de petits cercles élastiques en tout semblables aux segments des pistons. En somme, par ce moyen, tout se passe comme si, pour l'étanchéité, un petit piston se mouvait à l'intérieur de l'entretoise des cylindres. C'est l'apparition des premiers moteurs de tricycles, dont le diamètre de piston était si petit, qui nous a donné l'idée de recourir à ce système qui, en pratique, s'est montré parfait.

Les figures 54 et 55 montrent les dispositions générales d'un moteur triple effet tandem de 200 chevaux effectifs.

Les pistons ont 460 mm de diamètre et 650 de course. Le nombre de tours est de 170 par minute.

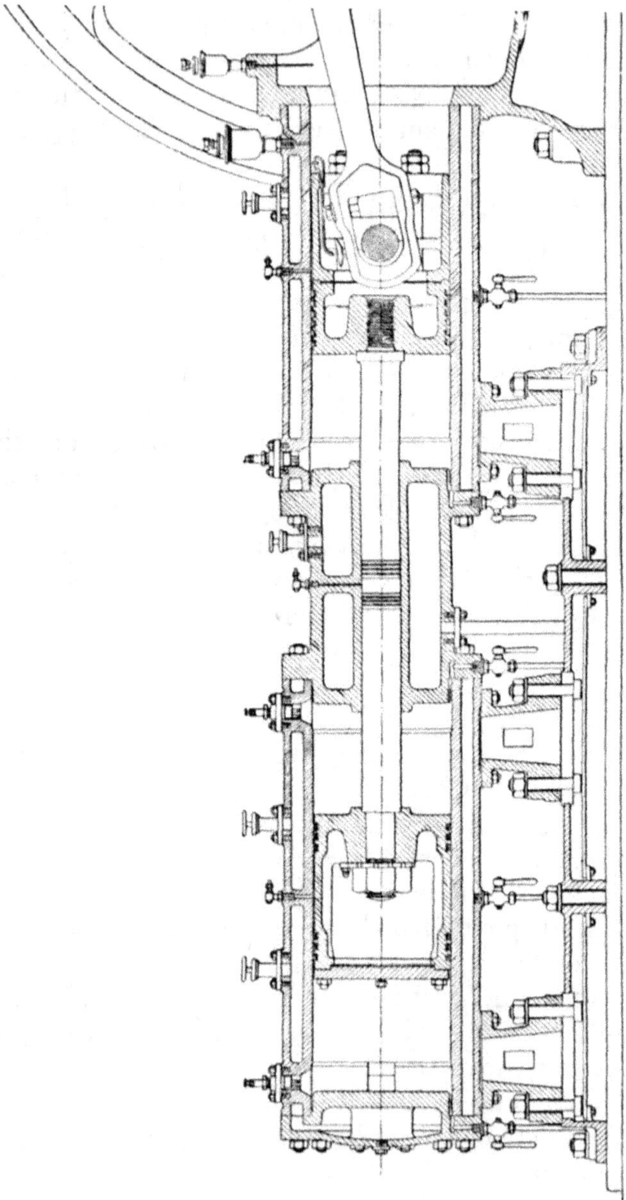

Fig 54 – Vue en coupe d'un moteur triple effet tandem (Letombe).

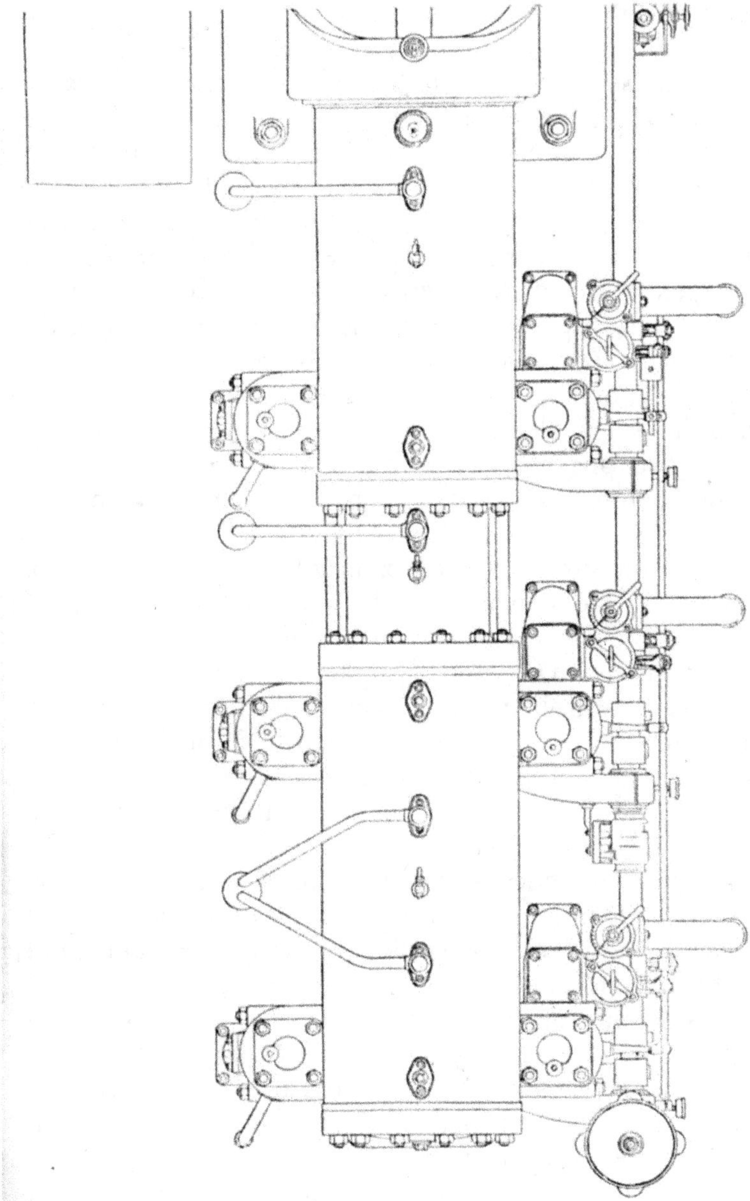

Fig. 55 – Vue en plan d'un moteur triple effet tandem.

Le bâti a la forme ordinaire d'un moteur à simple effet. Les cylindres sont fondus d'une seule pièce avec leur enveloppe.

L'entretoise formant fourreau pour le passage de la tige de piston est figurée fondue d'une pièce, mais dans les grands moteurs le tube central est rapporté à la presse. Le piston à simple effet est en deux pièces: la partie avant seule forme glissière et porte l'axe du pied de bielle. Dans la partie arrière de ce piston vient se fixer la tige par un filetage avec pas à gauche; l'extrémité de la tige est rivée dans l'intérieur du piston. Le piston double effet est creux et porte un couvercle démontable. Il reçoit dans sou intérieur l'écrou de serrage qui doit le rendre solidaire de la tige. Pour des diamètres de piston supérieurs à 460 mm, il devient indispensable de refroidir intérieurement les pistons par des dispositifs analogues à ceux que nous décrirons lorsque nous nous occuperons des grands moteurs double effet tandem.

On voit que le graissage de la petite tête de bielle se fait par un lécheur monté sur le collet du bâti. Les cylindres et l'entretoise sont graissés par des pompes à huile. La distribution se fait par un arbre latéral comme dans les moteurs à simple effet.

Remarquons qu'un moteur triplex (fig. 56) se comporte en somme comme trois moteurs à simple effet accouplés sur une seule manivelle. On a quelquefois reproché à tort à ces moteurs d'être compliqués: c'est une exagération, ils ne le sont pas plus que les moteurs à trois ou quatre cylindres universellement préférés aujourd'hui en automobile.

Le triple effet tandem se comporte très bien jusqu'à un alésage de cylindres de 600 mm environ, ce qui peut donner 300 à 400 chevaux. En jumelant deux machines de ce genre on obtient déjà donc des puissances importantes.

Dans les moteurs à effet multiple, il y a avantage à laisser, comme nous l'avons toujours préconisé, les distributions de chaque effet indépendantes les unes des autres. Les réglages sont ainsi plus faciles et, soit pour marcher plus économiquement à charge réduite, soit pour visiter certains organes en marche, on peut alors arrêter complètement sans inconvénient une ou plu-

Fig. 56 – Vue de l'installation d'un moteur triplex.

sieurs distributions. C'est ainsi que sur des moteurs qui doivent marcher jour et nuit, on arrive, simplement en les déchargeant un peu momentanément, à pouvoir nettoyer sans arrêter, successivement les inflammateurs et les soupapes. C'est un très grand avantage, au point de vue du fonctionnement, mais ce sont des dispositions qu'on ne peut pas toujours adopter.

163. — Nous ne nous étendrons pas beaucoup sur la description des moteurs à effets multiples composés de moteurs à simple effet accouplés, car ils ne diffèrent naturellement pas de ceux-ci, ni comme construction générale ni comme distribution.

Les premiers moteurs à simple effet jumelés étaient formés de deux cylindres parallèles fixés au même bâti. L'arbre portait deux coudes voisins marchant ensemble. On fit ainsi des moteurs jusqu'à 150 chevaux avec des volants en porte-à-faux. Avec ces dispositions, on a eu souvent des ruptures d'arbre.

On préfère aujourd'hui séparer complètement les cylindres et les bâtis et placer le volant entre les deux machines.

C'est surtout en Angleterre qu'on fit des moteurs avec cylindres en regard, les deux bielles attaquant le même coude. Cette forme coûte moins cher de construction que la précédente, mais la régularité obtenue est bien moindre, attendu que, par la division possible des temps pour les deux cylindres, on a dans ce cas deux courses motrices qui se suivent, puis un tour entier sans explosion, tandis qu'avec les cylindres parallèles on a régulièrement une impulsion motrice par tour.

En Allemagne on arriva à une grande régularité en jumelant deux moteurs à cylindres opposés avec manivelles à 180°.

Dans ce cas, le volant se place entre les deux machines. Avec quatre cylindres en fonctionnement, toutes les courses sont motrices et on a ainsi autant de régularité qu'avec une machine à vapeur.

Ces moteurs à quatre cylindres horizontaux ne se construisent plus parce qu'ils coûtent trop cher de construction et d'installation ainsi que nous l'avons déjà fait remarquer.

164. — Pour les groupements de cylindres à simple effet on n'emploie plus que la disposition verticale avec arbre en bas, comme dans les moteurs d'automobile.

A l'inverse du groupement horizontal, ces moteurs tiennent peu de place et n'ont besoin que de fondations peu coûteuses. Leur surveillance d'autre part est facile. Ils coûtent néanmoins assez cher à établir à cause de l'arbre à plusieurs coudes qu'il faut employer et qui est toujours d'un prix élevé.

Le moteur à gaz se prêtant particulièrement bien aux grandes vitesses, il y a lieu de s'étonner que les moteurs verticaux n'aient pas pris un plus grand développement.

Les grands moteurs à gaz horizontaux ont plu davantage aux industriels à cause de leur ressemblance avec les machines à vapeur lentes. Les machines à vapeur verticales à grande vitesse ayant des rendements thermiques assez bas, on a cru que cette infériorité était due à la forme des machines, alors qu'elle ne tient uniquement qu'aux propriétés de la vapeur et on en a conclu à tort que pour les grands moteurs à gaz, les cylindres verticaux ne sauraient convenir. Quelques échecs de moteurs verticaux ont d'ailleurs semblé donner raison à cette opinion, mais ces moteurs avaient été mal étudiés notamment au point de vue du graissage et de la distribution.

Il faut espérer qu'avec le temps ce préjugé disparaîtra, ce qui donnera un nouvel élan aux moteurs à gaz qui actuellement, pour les grandes forces, coûtent encore assez sensiblement plus cher que les machines à vapeur, ce qui fait hésiter beaucoup d'industriels à les adopter.

165. — Nous dirons encore quelques mots des moteurs à quatre temps à pistons différentiels dont nous avons donné le principe dès 1892, mais que nous n'avons eu l'occasion d'appliquer que dans ces dernières années.

Avec un piston différentiel, on fait très facilement un moteur à quatre temps, donnant un coup par tour, de dimensions très réduites.

Fig. 57. — Vue avant d'un moteur à pistons différentiels à arbre vertical.

Fig. 58. — Vue arrière d'un moteur à pistons différentiels à arbre vertical.

Il faut considérer que dans un moteur à simple effet, la nécessité d'employer une longue bielle éloigne beaucoup le cylindre de l'arbre : le haut du bâti, s'il s'agit d'un moteur vertical, prend ainsi une place inutile. Si on remplace cette extrémité du bâti par un cylindre d'un alésage égal à celui du cylindre normal multiplié par $\sqrt{2}$ et si on prolonge le piston par une partie formant piston différentiel pour occuper le cylindre élargi, on obtient deux faces de piston en travail, l'une constituée par le fond du piston normal et l'autre déterminée par la différence de sections des cercles des deux diamètres du piston.

Cette disposition de pistons fut adoptée par Bénier pour ses pompes ainsi que le montre la fig. 32 p. 147.

D'après les dimensions données aux deux diamètres du piston différentiel, la surface du fond et la surface annulaire sont égales. Par conséquent en rajoutant une distribution au cylindre de grand diamètre et croisant les temps, on conçoit qu'à chaque course descendante il puisse se produire ainsi une impulsion motrice.

Un tel moteur comporte moins d'organes qu'un moteur à deux temps de même puissance. Avec une bonne construction, ce dispositif donne d'excellents résultats : nous l'avons appliqué avec succès à des moteurs d'automobiles. Avec l'emplacement d'un deux cylindres on obtient ainsi l'effet d'un quatre cylindres, avec trois l'effet d'un six et avec quatre l'effet d'un huit cylindres.

Nous avons fait une application intéressante du piston différentiel à l'étude de moteurs spéciaux destinés à actionner directement des pompes centrifuges à arbre vertical, devant fonctionner toujours en charge et à des vitesses variables. La première application de ce genre de moteur fut faite par M. l'Ingénieur en chef des Ponts et chaussées Vidal, à la machinerie d'épuisement des nouvelles formes de radoub du port de Bordeaux. Les pompes et les moteurs furent exécutés par la Cie de Fives-Lille.

Comme dans ce cas particulier les dispositions générales de l'installation ne se prêtaient pas à l'emploi d'un volant lourd, nous avons rendu toutes les courses motrices en jumelant deux cylindres à pistons différentiels.

La figure 57 montre le bâti d'un moteur de ce type vu de l'avant. Ce bâti peut se fermer par des portes qu'on voit à droite et à gauche. On aperçoit nettement l'arbre à deux coudes placé verticalement.

Cet arbre est suspendu dans le haut par une crapaudine à billes.

La fig. 58 montre l'arrière de la machine avec ses deux cylindres superposés.

Le cylindre supérieur a sa distribution à droite, et celui du bas, sa distribution à gauche. Pour chacun des effets, les soupapes d'admission et d'échappement sont superposées. Les pistons différentiels se prolongent par des tiges creuses qui traversent les fonds et par où se fait, par joints coulissants, une circulation d'eau sous pression.

La mise en route de ces moteurs, qui doivent démarrer en charge, se fait par l'air comprimé.

Par une modification momentanée de la distribution les cylindres avant marchent d'abord à deux temps par l'air comprimé et quand le moteur est lancé on rétablit la distribution normale.

CHAPITRE IV

Les moteurs à gaz de grande puissance

166. Progrès des grands moteurs. — 167. Détails généraux de forme et de construction. — 168. Formes à donner aux cylindres ; positions des boîtes à soupapes. — 169. Description de quelques dispositifs de boîtes à soupapes. — 170. Construction des pistons et des arbres. 171. Les garnitures de tiges de piston. — 172. Moteurs à deux temps : moteur Oechelhauser. — 173. Moteur Koerting. — 174. Moteurs double-ciel tandem à quatre temps ; moteur Letombe.

166. — Depuis quelques années les moteurs à gaz de grande puissance ont fait des progrès considérables. Alors qu'en 1900 un moteur de 300 chevaux passait encore pour un grand moteur, on en fait aujourd'hui couramment de 1000 et il y en a de 3000 en construction.

Rien ne s'oppose plus d'ailleurs à ce qu'on fasse des moteurs encore plus puissants (n° 158), car toutes les difficultés rencontrées au début dans la construction des grands moteurs sont aujourd'hui vaincues.

Parler des grands moteurs modernes, c'est parler presque exclusivement des moteurs double effet à cylindre unique ou à cylindres en tandem, au moins pour les moteurs à quatre temps, et des moteurs, soit double effet, soit à pistons opposés pour les moteurs à deux temps.

Avant de passer à la description de ces machines, nous commencerons par étudier les détails généraux de formes et de constructions qui peuvent s'appliquer à tous les genres de moteurs de grandes puissances.

167. — Les difficultés rencontrées dans la construction des grands moteurs à gaz ont été causées surtout par un refroidissement insuffisant ou inégal des cylindres et des pistons.

Comme pour un moteur donné, la somme des chaleurs perdues à la paroi et à l'échappement est très sensiblement une constante (chapitre IX), quel que soit le refroidissement des enveloppes ; on a tout à gagner, tant au point de vue de la sécurité de marche, qu'au point de vue du rendement mécanique, à refroidir sans ménagement toutes les parties d'un moteur qui tendent à s'échauffer.

Or les grands cylindres sont plus difficiles à refroidir que ceux de petites dimensions pour deux raisons:

1°. Parce que les surfaces par rapport aux volumes sont plus réduites;

2°. Parce que les augmentations de diamètre entraînent évidemment une augmentation de l'épaisseur des parois.

Il s'ensuit que même en faisant circuler beaucoup d'eau dans les enveloppes de manière à ce que l'élévation de température audessus de la température ambiante ne dépasse pas 15 à 20°, il subsiste certainement une différence de température considérable entre les parois interne et externe des cylindres. Si alors certaines parties sont mal refroidies, le métal est soumis à des dilatations inégales qui amènent fatalement des ruptures.

Il faut en conséquence recourir à des artifices pour ne pas avoir des parois de cylindres trop épaisses, car suivant le nombre de tours adopté pour le moteur et la température de l'eau de réfrigération, on arrive toujours à une dimension limite audelà de laquelle le refroidissement devient tout à fait insuffisant. On a dans ce cas un graissage imparfait et bientôt des autoallumages anticipés qui troublent profondément la marche et causent quelquefois des ruptures d'organes; aussi a-t-on pris le parti maintenant de refroidir dans les grands moteurs à gaz, non seulement les cylindres, mais encore les pistons, les tiges de pistons et les soupapes.

Pour les cylindres on prend même la précaution de conduire par des tuyaux intérieurs l'eau jusqu'aux endroits les moins accessibles des enveloppes, car en ne se servant pour la circulation d'eau que d'une entrée et d'une sortie, il s'établit toujours un passage direct qui donne un refroidissement très inégal.

Il est évident d'autre part qu'il faut éviter les formes de pièces susceptibles de donner naissance à des tensions initiales par retrait de fonderie. Cette dernière remarque est trop générale pour que nous ayons besoin de nous y arrêter.

C'est en vain que pour remédier à des formes défectueuses certains constructeurs substituèrent dans leurs machines l'acier coulé à la fonte : les résultats obtenus furent plutôt encore moins bons. On a essayé, en particulier, de faire des cylindres entièrement en acier coulé pour éviter des ruptures, mais comme ce métal donne un frottement très défectueux, on fut alors obligé de garnir les cylindres sur toute l'étendue de leur alésage d'une chemise mince en fonte. Cette construction, très difficile, augmentait sensiblement le prix de revient des machines et la double épaisseur des parois rendait le refroidissement presque impossible.

En fait, lorsqu'un cylindre est bien étudié, on peut l'exécuter en fonte sans crainte d'avarie. Ce qu'il faut éviter, ce sont les sur-épaisseurs de fonte dans les chambres d'explosion et des enveloppes d'eau trop étroites ou présentant des cavités dans lesquelles l'eau ne saurait circuler aisément.

Dans le but de faciliter les opérations de fonderie, on fait souvent les grands cylindres en trois morceaux. La partie centrale, dans ce cas, forme le cylindre proprement dit : c'est une pièce très simple par conséquent. Aux extrémités de celle-ci on vient alors rapporter des têtes de cylindres sur lesquelles on fixe les boîtes de distribution et les couvercles.

168. — Pour éviter des tensions initiales de fonderie, il y a intérêt, pour les cylindres de grand diamètre, à répartir uniformément sur leur surface tous les orifices ou lumières dont ils doivent être garnis. Mais il n'y a là qu'une difficulté de fonderie à vaincre et quand la pièce est exécutée sans qu'on y ait rencontré de défaut, il n'y a rien à craindre, si toutefois le refroidissement est bien assuré même quand, par exemple, l'admission et l'échappement se font par un seul orifice.

Cette dernière disposition est très avantageuse à employer pour des moteurs dont les cylindres ne dépassent pas 600 mm d'alésage. Sur le continent, on préfère placer les boîtes d'admission et d'échappement en regard aux extrémités d'un même diamètre vertical, suivant l'usage adopté dans la construction des machines à vapeur à soupapes. Les soupapes d'admission se trouvent alors placées au-dessus des cylindres et les soupapes d'échappement en dessous.

On pourrait tout aussi bien, comme nous l'avons fait longtemps, placer les boîtes aux extrémités d'un même diamètre horizontal. Dans ces conditions le démontage des soupapes est particulièrement facile, tandis que cette opération est au contraire très laborieuse, quand les boîtes sont disposées au-dessus et au-dessous des cylindres.

L'inconvénient des boîtes latérales c'est de ne pas permettre une réduction suffisante du volume des chambres d'explosion pour arriver aux fortes compressions adoptées aujourd'hui, à cause de l'importance du volume des conduits reliant les boîtes aux cylindres.

Les pistons dans ce cas doivent approcher très près des fonds et au moment de l'allumage, le mélange comprimé se trouve divisé en deux parties éloignées l'une de l'autre, ce qui nuit au développement de l'onde explosive.

On remédie à ce désavantage en déterminant l'allumage de la charge à la fois dans les deux boîtes par deux inflammateurs distincts fonctionnant en même temps. L'importance du double allumage pour les chambres très étendues est telle que si l'on arrête momentanément le fonctionnement de l'un des deux inflammateurs, on voit nettement, par une réduction de la surface des diagrammes, qu'une partie du mélange passe alors à l'échappement sans avoir brûlé.

Avec les soupapes placées au-dessus et au-dessous des cylindres on atténue cet effet, parce que les conduits et la capacité des boîtes peuvent ainsi être plus réduits, mais l'inconvénient subsiste néanmoins, surtout lorsque, comme on le fait souvent, pour éviter de trop découper les cylindres, les soupapes sont laissées à quelque distance de l'alésage. Pour ces raisons, même avec des soupapes placées au-dessus et au-dessous des cylindres, l'allumage double est à recommander.

La fig. 59 montre une disposition de ce genre. Les soupapes sont maintenues un peu en dehors du cylindre, mais on voit sur le côté droit deux inflammateurs inclinés à 45° sur l'horizontale. Le bouchon du milieu contient une soupape de mise en route par l'air comprimé. La commande des soupapes d'admission et d'échappement se fait par une seule came agissant sur des galets placés à l'extrémité de leviers de renvoi qui transmettent le mouvement aux leviers de soupapes par de longues bielles. La soupape d'échappement est à circulation d'eau intérieure; il en est de même du siège de cette soupape qui est amovible.

Lorsque les cylindres ne sont percés que d'un seul orifice pour l'admission et l'échappement, la boîte de distribution est placée latéralement et les soupapes d'échappement et d'admission sont alors directement opposées l'une à l'autre sur une même verticale.

Cette disposition semble être préférée par les constructeurs des États-Unis, même pour les moteurs de grande puissance.

D'autres variantes ont été essayées par des constructeurs allemands. C'est ainsi que la maison Krupp a construit des moteurs avec les soupapes d'admission et d'échappement placées côte à côte au-dessus des cylindres.

Dans les moteurs Schüchtermann et Kremer, la boîte d'admission est au-dessus du cylindre, mais la boîte d'échappement est placée seule sur un côté de façon à faciliter l'enlèvement de

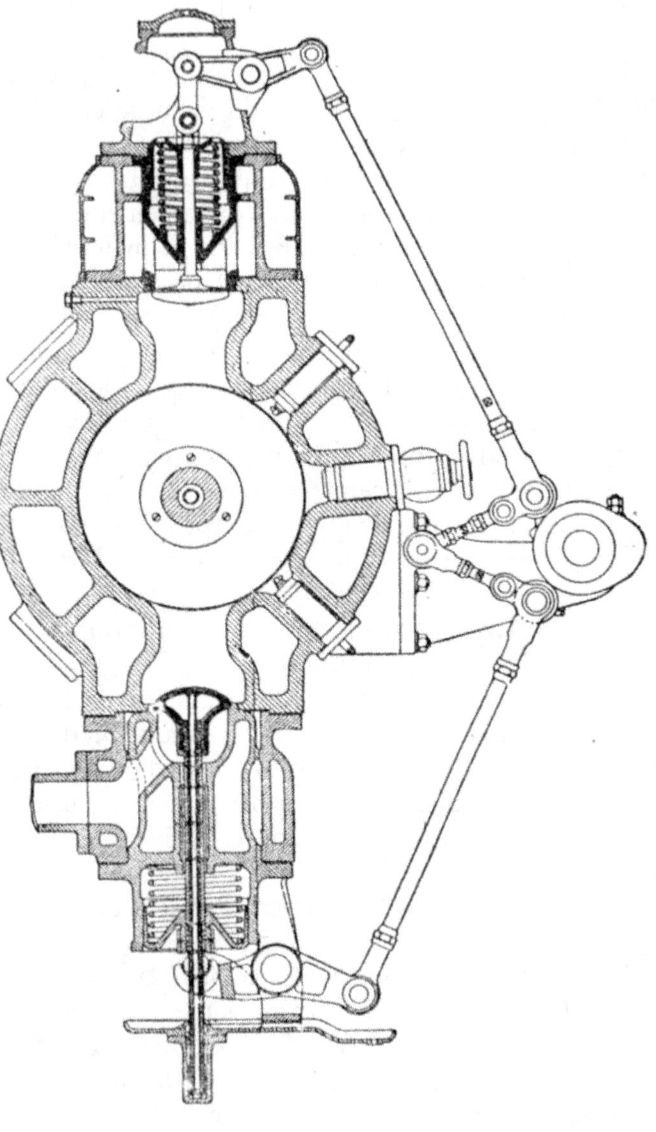

Fig. 59. —Coupe d'un cylindre avec soupapes au-dessus et au-dessous.

la soupape. Autant vaudrait alors prendre la disposition des Américains.

MM. Bechem et Keetman commencent l'échappement par des lumières percées dans le milieu du cylindre et découvertes à chaque fin de course de piston. L'expulsion des gaz brûlés se termine par une soupape de petite dimension. Dans ce genre de machine, les boîtes d'admission et d'échappement se trouvent encore au-dessus et au-dessous du cylindre, mais désaxées par rapport à la tige de piston, de façon à pouvoir faire sortir la soupape d'échappement par l'orifice d'admission.

Dans le moteur « Union» on place la soupape d'admission au-dessous et la soupape d'échappement au-dessus, le constructeur estimant que cette dernière doit être visitée plus souvent.

D'autres constructeurs au contraire, comme la Société Cockerill et la Société Alsacienne, prétendent qu'avec une bonne épuration des gaz, les soupapes d'échappement n'ont besoin d'être démontées que très rarement. Partant de cette idée, ces constructeurs simplifient leurs boîtes d'échappement par la suppression du siège rapporté, mais alors un démontage nécessite l'enlèvement préalable des tuyauteries.

La plupart des constructeurs laissent la boîte d'échappement en-dessous mais avec siège démontable à circulation d'eau.

La circulation d'eau pour la soupape d'échappement est générale et indispensable pour les grands moteurs. Plus rarement, la soupape d'admission est également refroidie.

169. — Nous donnerons la description de quelques boîtes à soupapes.

La fig. 60 montre une soupape d'échappement à tête rapportée en acier coulé. La circulation d'eau est assurée à l'intérieur par un tube central. Le siège amovible et le guide de la tige de soupape sont très largement refroidis. Dans la vue latérale on voit qu'un tuyau amène d'abord l'eau de refroidissement dans le siège même, ce qui est une bonne précaution à prendre. L'échappement se fait dans un espace annulaire.

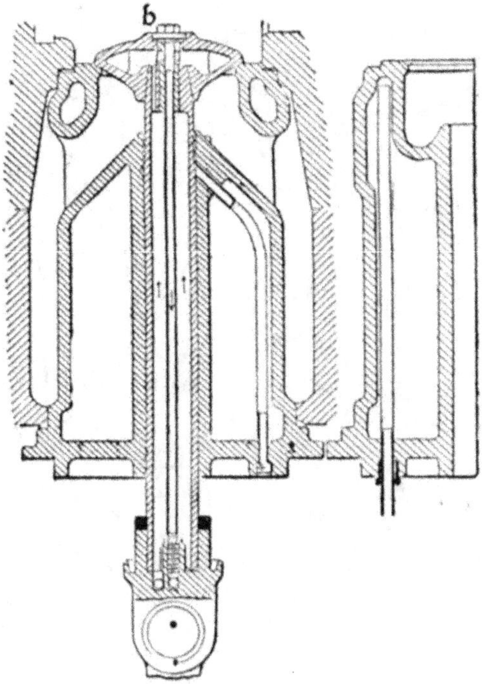

Fig. 60. — 1er exemple de boîte à soupape d'échappement.

La fig. 61 montre une disposition analogue à la présente mais avec un siège rapporté plus compliqué.

La coupe est faite par les conduits qui relient la circulation d'eau du guide à celle du siège. Des flèches indiquent le sens de la marche de l'eau de refroidissement également assurée par des tubes intérieurs.

La fig. 62 montre une soupape d'admission en acier coulée à circulation d'eau. Le siège rapporté étant constamment léché par les gaz froids des admissions n'a pas besoin d'être refroidi. La commande de la soupape est faite par leviers roulants.

Le contact est pris sur la tige de soupape par un galet. Le rappel de la soupape se fait par un double ressort.

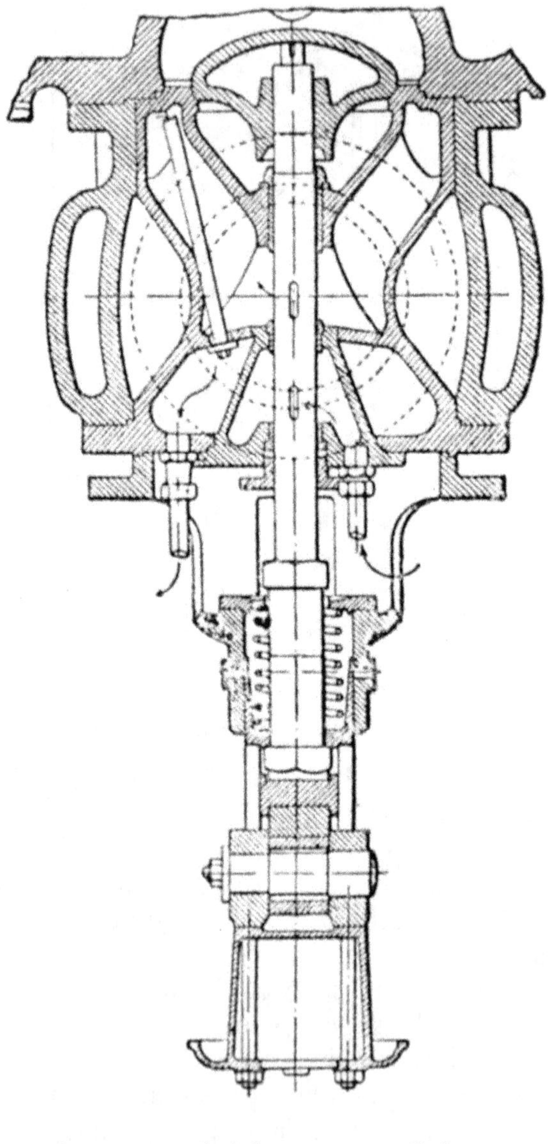

Fig. 61. — 2e exemple de boîte à soupape d'échappement.

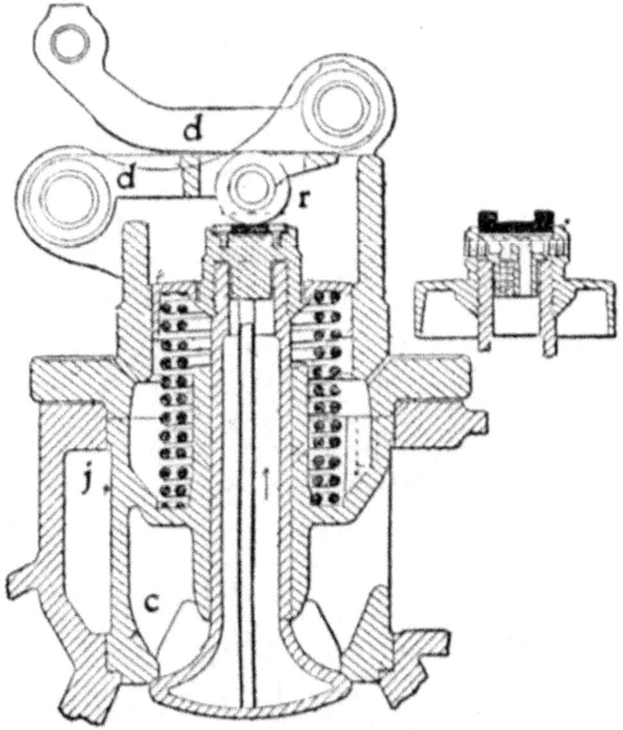

Fig. 62. — Soupape d'admission à circulation d'eau.

La fig. 63 représente la coupe d'une boîte d'admission complète comportant la soupape principale, sans circulation d'eau intérieure, et la soupape à gaz disposée latéralement. C'est une forme très souvent adoptée.

Les ressorts de rappel sont reportés dans le haut de la boîte.

La soupape à gaz est creuse et à double siège. Cette disposition est adoptée pour avoir un double passage pour le gaz à la levée de la soupape et aussi pour avoir une meilleure répartition du gaz dans l'air qui arrive librement par le pourtour de la soupape double jusqu'à la soupape principale.

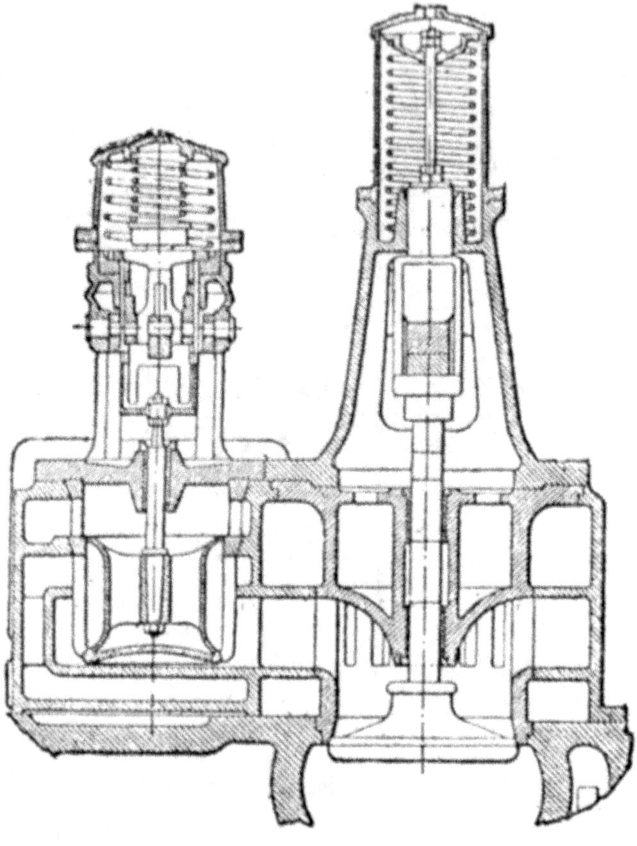

Fig. 63. — Boite d'admission complète.

170. — Pour la construction des pistons on éprouva les mêmes difficultés que pour les cylindres. Ce n'est pourtant pas que la forme de ces organes soit très compliquée : à part les conduits qu'il faut ménager à leur intérieur pour la circulation d'eau, ce sont de simples cylindres creux fermés aux deux bouts.

Au point de vue de l'emploi et de la répartition de nervures intérieures dans les pistons, les avis sont partagés. Les uns prétendent qu'il est préférable de s'en passer, les autres,moins absolus, estiment qu'il ne faut pas faire de nervures continues. L'essentiel, en somme, est de choisir des formes qui évitent les tensions initiales par retrait de fonderie.

Les casses de pistons en marche proviennent presque toujours de coups de bélier dus à une circulation d'eau mal comprise. Si, en effet, l'eau n'est pas refoulée aux pistons avec une pression suffisante, il peut se produire par inertie, à chaque changement de sens dans le mouvement alternatif du piston, une rupture dans la colonne de liquide : il en résulte alors un effet de marteau d'eau très préjudiciable à la résistance des pièces de fonte. Pour parer à cette éventualité, on a d'abord fait des pistons en acier coulé, mais dans ce cas il est absolument indispensable que les tiges et contre-tiges soient assez robustes pour être sûr que les cercles seuls des pistons portent dans les cylindres, car on ne peut attendre rien de bon d'un frottement d'acier coulé sur fonte. Nous préférons la disposition qui consiste à armer les pistons par des tiges d'acier qui les traversent de part en part. Néanmoins pour marcher en toute sécurité, le meilleur moyen à employer est encore de faire la circulation des pistons sous haute pression afin que les ruptures de colonne d'eau ne puissent pas se produire.

Les circulations d'eau dans les enveloppes des cylindres et dans les pistons ont cet avantage d'empêcher la dilatation des pièces. C'est ainsi qu'on peut observer, par exemple, qu'un moteur à gaz double-effet-tandem de 20 mètres de longueur ne s'allonge que d'une quantité inappréciable. Une machine à vapeur de même longueur, s'allongerait facilement sous l'effet de la dilatation de 12 à 15 mm. C'est pourquoi les grandes machines à vapeur ne peuvent être mises en marche qu'après plusieurs heures de réchauffage. Le moteur à gaz, au contraire, peut être mis en charge en quelques instants sans crainte d'accidents.

Étant donnés les efforts considérables développés dans les moteurs à gaz et surtout les efforts anormaux qui peuvent résulter, notamment d'allumages anticipés, on préfère donner aux arbres la forme de coudés.

Comme un arbre coudé coûte toujours très cher, on essaye aux États-Unis d'employer, pour les grands moteurs à gaz, des arbres à simple manivelle. Cette disposition avait été autrefois essayée par M. Delamarre puis abandonnée. L'avenir nous dira si cette simplification vaut la peine d'être tentée.

Les grandes surfaces de portée pour les tourillons facilitent considérablement le graissage à la condition que celui-ci soit bien étudié. Notons qu'on donne de plus en plus la préférence aux graissages sous pression.

Pour réduire au minimum les usures de cylindres, on en est arrivé, pour des alésages dépassant 600 mm, à faire porter les pistons par leur tige. Avec les cylindres en tandem, les moteurs ont alors trois glissières: une à l'avant, une au milieu et la troisième à l'arrière. Il est préférable de faire ces glissières plates et assez basses, de façon à ce qu'elles ne soient pas une gêne pour l'enlèvement des fonds de cylindres. Le nettoyage des chambres d'explosion peut se faire ainsi très facilement et, pour visiter les pistons, il suffit de les amener sur les glissières.

Les arbres se font généralement en acier demi-dur. On renonce aujourd'hui à équilibrer les coudes des arbres par des contrepoids, ceux-ci ne pouvant jamais avoir les dimensions suffisantes pour contrebalancer dans une mesure appréciable les effets de l'inertie des pièces en mouvement.

Les effets de l'inertie ne sont d'ailleurs gênants qu'au point de vue de leur action sur les fondations. En dehors de cette considération, leur influence est, contrairement à ce qu'on croit généralement, nettement favorable, soit au point de vue de la régularité, soit au point de vue de la fatigue des pièces.

Dans les grandes machines, en effet, l'inertie des pièces en mouvement atteint facilement 12 kgr. par centimètre carré, c'est-à-dire une valeur égale aux compressions couramment employées aujourd'hui. Il en résulte que pendant les compressions, l'arbre d'un moteur à gaz travaille très peu et qu'à l'explosion, la pression qu'il supporte est diminuée de toute la valeur de l'inertie. Aussi lorsque dans un grand moteur, en régime normal, la pression

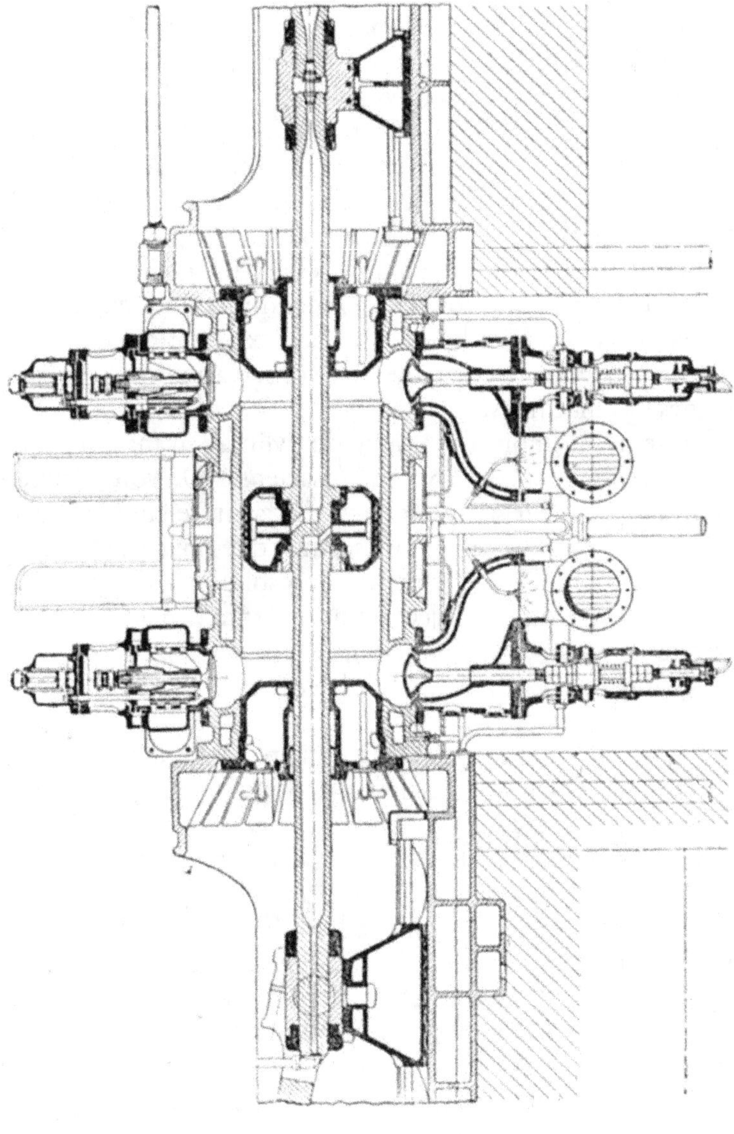

Fig. 64 – Coupe d'un cylindre à quatre temps à double effet.
(Société Alsacienne).

atteint, par exemple, 24 kgr., la véritable pression sur l'arbre n'est que de 12 kgr. On est néanmoins obligé de calculer les arbres pour les pressions les plus élevées de l'explosion car à la mise en marche ou lorsque le moteur vient accidentellement à ralentir par suite d'une surcharge trop importante ou pour toute autre cause, on ne peut plus compter naturellement sur les effets de l'inertie.

C'est pour avoir négligé cette dernière observation que certaines ruptures d'arbres se sont quelquefois produites.

On voit par les considérations ci-dessus, qu'on est amené à donner aux arbres des moteurs à gaz des dimensions qui, en régime normal, font travailler le métal dans d'excellentes conditions, ce qui est évidemment favorable à la conservation en bon état des organes des machines.

La figure 64 montre la coupe du cylindre avant d'un moteur double effet tandem de la Société Alsacienne. On voit comment le piston est porté par sa tige et de quelle façon se fait la circulation d'eau à l'intérieur de ces organes. Ainsi que nous l'avons dit plus haut, les sièges d'échappement sont solidaires des boîtes. On peut remarquer qu'une injection d'eau est faite dans la tuyauterie d'échappement, ce qui atténue considérablement le bruit à l'évacuation des gaz brûlés à l'air libre.

171. — Les garnitures des tiges de piston se font entièrement métalliques. Dans nos premiers moteurs à double effet, nous avions employé à cet effet des bagues coniques en métal blanc entrant les unes dans les autres. Cette disposition fut souvent imitée, mais dans les grands moteurs, elle a l'inconvénient de brider les tiges, ce qui augmente les difficultés de montage et est une gène dans le cas de l'ovalisation des cylindres.

On donne aujourd'hui la préférence à des anneaux de fonte, fendus comme des cercles de piston, mais dont la tension est en sens inverse de ceux-ci.

Ces anneaux sont ajustés soit seuls soit deux à deux dans des cages qui ne touchent pas les tiges. La fig. 65 montre une disposition de ce genre. L'huile de graissage arrive entre deux séries de cercles : ceux tournés vers l'extérieur sont en trois pièces garnies d'anti-friction et un ressort à lame qui les recouvre les applique sur la tige.

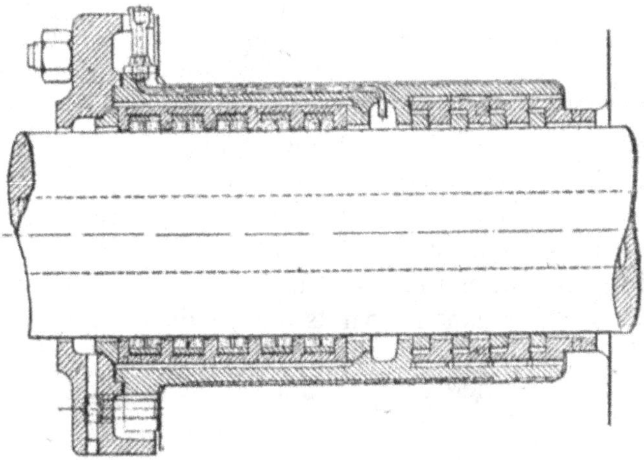

Fig. 65. — Garniture de tige de piston.

On voit par les dispositions prises que la tige peut bouger légèrement sans perdre le contact des cercles d'étanchéité.

Les garnitures constituées uniquement par des cercles de fonte sont encore celles qui donnent les meilleurs résultats lorsqu'elles sont bien exécutées.

172. — Nous commencerons la description des grands moteurs à gaz par les types de moteurs à deux temps qui ont reçu la consécration de la pratique.

On n'en utilise actuellement, que deux sortes : le moteur à pistons opposés Oechelhauser et le moteur à double effet genre Koerting.

En dehors des concessionnaires ou des imitateurs de ces marques, il ne s'est pas créé jusqu'ici d'autres types de moteurs à deux temps.

Nous décrirons d'abord le moteur Oechelhauser le premier en date qui fonctionna.

Ce moteur se compose d'un très long cylindre, dans lequel se meuvent deux pistons opposés. Le mouvement est donné à ces pistons par un arbre à trois coudes. Le coude du milieu actionne par bielle, et de la façon ordinaire, le piston tourné vers le bâti : les deux autres coudes, par de longues bielles latérales, viennent attaquer, en retour, une crosse disposée à l'arrière de la machine, pour guider le deuxième piston. Les coudés des bielles en retour sont opposés de 180° au coude principal de l'arbre de telle sorte que les pistons se meuvent en sens inverse.

Lorsque les pistons arrivent à leur fin de course, ils découvrent des orifices percés dans les parois mêmes du cylindre. Du côté avant, on trouve ainsi des lumières d'évacuation pour les gaz brûlés,et du côté arrière on a, par une double rangée de trous, des arrivées successives d'air et de gaz.

Le fonctionnement est le suivant :

Lorsque les pistons, en s'éloignant, viennent à découvrir les orifices qui se trouvent à leurs extrémités, l'échappement d'un côté commence, et de l'autre côté pénètre, par la première série de lumières découvertes, de l'air sous faible pression qui chasse les gaz brûlés devant eux pour les forcer à s'évacuer en un temps très court.

Le mouvement des pistons s'accentuant, la deuxième couronne de trous se trouve découverte et c'est par ces derniers que le gaz pénètre dans le cylindre pour former un mélange tonnant avec l'air précédemment introduit ou qui continue à arriver.

Lorsque les pistons commencent à se rapprocher, les lumières se ferment et immédiatement après la compression commence. Lorsque les pistons sont arrivés à leur rapprochement le plus voisin, une étincelle détermine l'inflammation du mélange tonnant et les pistons, en s'écartant à nouveau, donnent une double course motrice.

L'air et le gaz sont fournis sous pression à la machine par une pompe placée ordinairement à 45° dans les fondations et

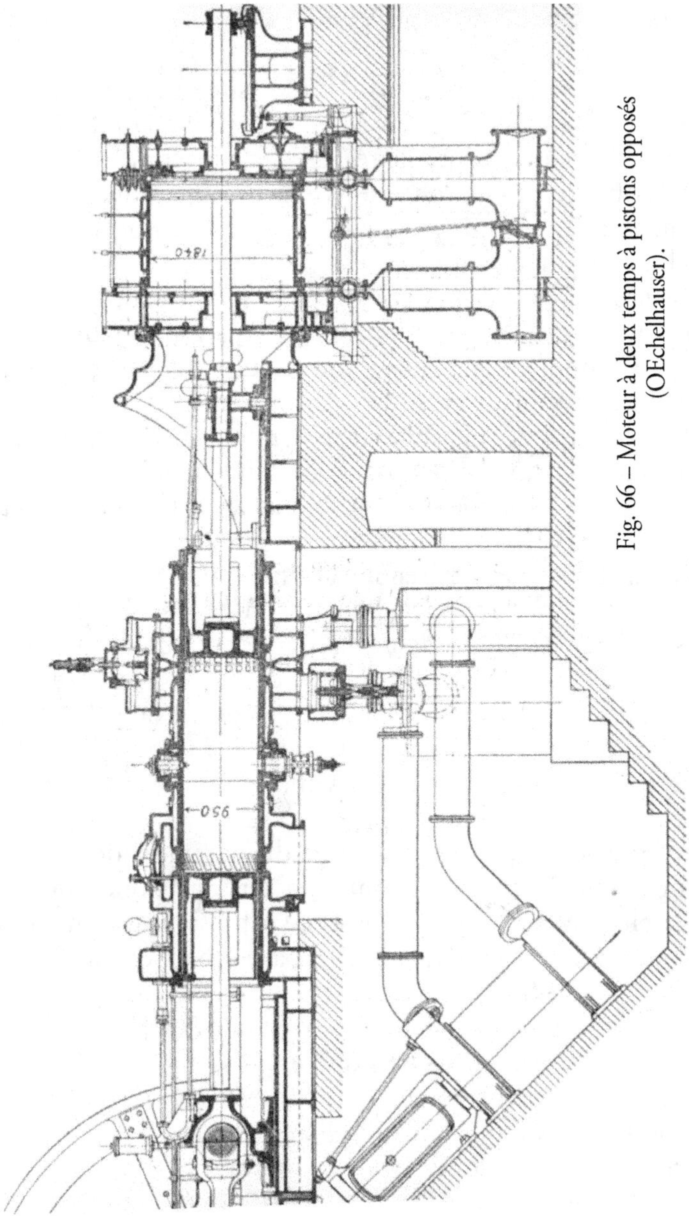

Fig. 66 – Moteur à deux temps à pistons opposés (OEchelhauser).

actionnée directement par une bielle solidaire d'une manivelle placée en bout de l'arbre moteur.

L'introduction du gaz combustible est assurée par une soupape, dont la durée d'ouverture ou la levée dépend de la position du régulateur, de façon à assurer le réglage de la machine.

Dans la figure 66 on voit que la machine actionne en bout, directement dans le prolongement de la tige piston arrière, le piston d'une soufflante.

Ce genre de machine a surtout été apprécié dès le début de l'emploi du gaz de hauts-fourneaux dans les moteurs à gaz, c'est-à-dire à une époque où l'avantage des moteurs à gaz sur les machines à vapeur paraissait déjà tellement grand qu'une consommation très réduite n'avait pas grand intérêt, car dans les usines métallurgiques, on n'a pas eu de suite l'emploi de tous les gaz disponibles. On perd en effet toujours avec le moteur à deux temps, du gaz par l'échappement et les pompes auxiliaires sont une cause d'abaissement de rendement mécanique.

Ce système paraît avantageux lorsqu'on peut se servir de l'air d'une soufflante voisine, ou de la soufflante actionnée par la machine elle-même pour produire les chasses d'air : en effet, à côté du volume considérable d'air sous pression qu'il faut pour les hauts-fourneaux, la dépense d'air pour la machine peut alors paraître négligeable ; il n'en est pas moins vrai que la perte de travail existe quand même.

Dans tous les cas, au point de vue du système à deux temps proprement dit, le cylindre unique de cette machine donne la forme la plus favorable pour produire l'expulsion des gaz brûlés avec le minimum de perte de gaz frais par l'échappement.

173. — Le moteur Kœrting se compose d'un cylindre dans lequel se meut un piston très long. Ce piston dans son mouvement forme distributeur sur des ouvertures disposées tout le tour de la circonférence médiane du cylindre, pour servir de lumières d'échappement. Le cylindre, fondu avec son enveloppe, est aussi symétrique que possible ; à ses extrémités sont rapportées deux têtes de cylindre, qui ne portent à leur partie supérieure que l'emplacement des soupapes d'admission ; ces soupapes, de grand diamètre, sont exactement faites comme les soupapes des moteurs à quatre temps.

La dissymétrie dans les têtes des cylindres présente une certaine difficulté pour la fonderie. Pour éviter des casses par retrait, on les a faites quelquefois en acier coulé. Le piston est porté par une tige creuse qui s'appuie à l'avant et à l'arrière, en dehors des cylindres sur des crosses qui le guident.

Latéralement et commandées par une manivelle extérieure, se trouvent dans le prolongement l'une de l'autre les pompes à air et à gaz dont la distribution se fait par des tiroirs cylindriques mus par excentriques et des leviers de renvoi.

La pompe à gaz a un diamètre de piston presque égal à celui du piston moteur, et la pompe à air a un piston de diamètre notablement plus grand que celui-ci, à cause de la nécessité des chasses d'air.

Pour le réglage, un régulateur agit sur un retour plus ou moins accentué de gaz à l'aspiration de la pompe.

La fig. 67 représente un moteur Kœrting en coupe longitudinale et la fig. 68 une vue extérieure du même moteur avec une coupe par la pompe à gaz.

Dans les systèmes à deux temps, que nous venons d'examiner, le réglage ne se fait, et ne peut d'ailleurs se faire, que par l'appauvrissement du mélange tonnant.

C'est un inconvénient, comme nous le verrons plus loin, pour les marches à puissances réduites.

On peut dire que les moteurs à deux temps, tels qu'on les construit, n'ont qu'une apparente simplicité, attendu que la nécessité de l'emploi de pompes auxiliaires les complique beaucoup. Ils ne coûtent d'ailleurs pas moins cher à établir, au contraire, que les moteurs à quatre temps.

L'évacuation des gaz brûlés obtenue par des orifices directement percés dans les cylindres est une disposition évidemment simple mais qui a l'inconvénient de gêner le graissage : en effet, à chaque

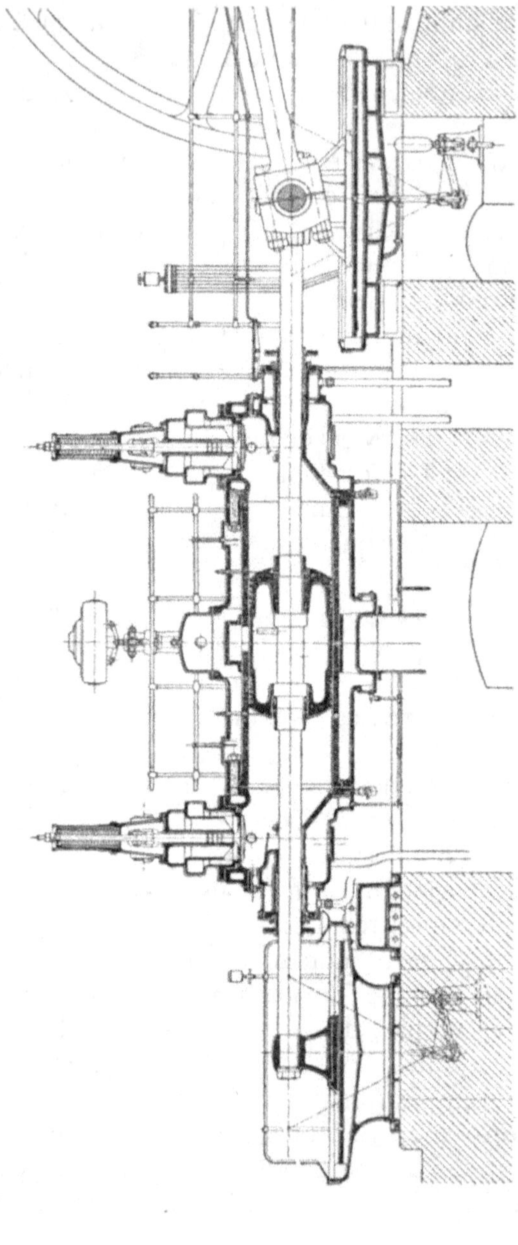

Fig. 67 – Coupe longitudinale d'un moteur à deux temps à double effet (Kœrting).

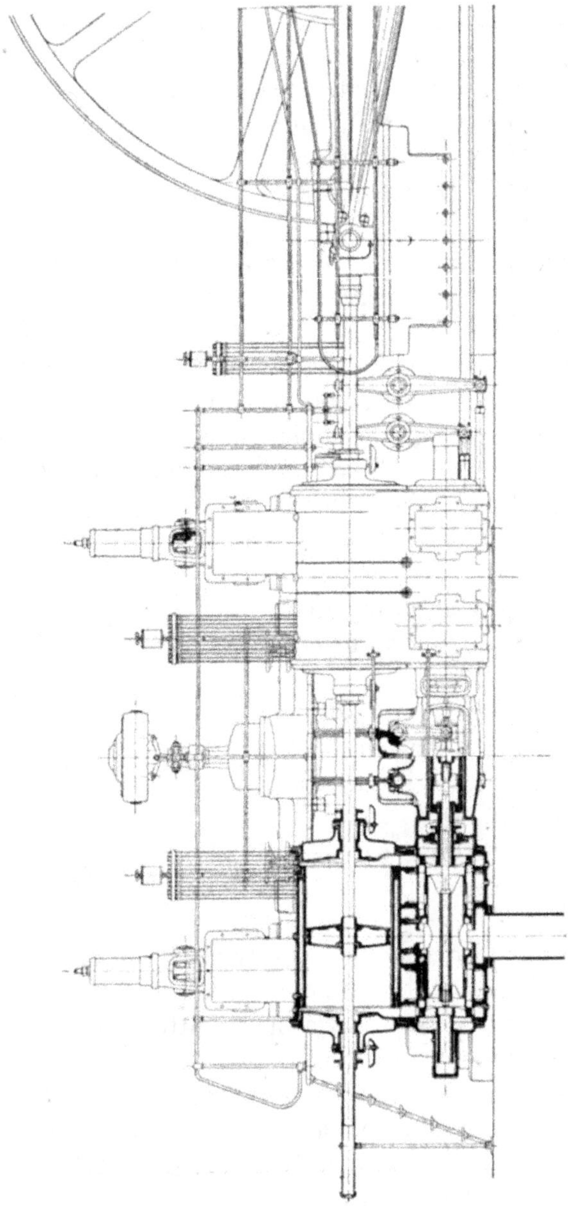

Fig. 68 – Vue extérieure et coupe par la pompe à gaz d'un moteur à deux temps à double-effet (Kœrting).

passage du piston sur les orifices, l'huile qu'on a injectée dans les cylindres pour la lubrification du piston est forcément rejetée au-dehors et, de ce fait, les consommations d'huile des moteurs à deux temps sont supérieures à celles des moteurs à quatre temps.

Nous avons déjà dit ce que nous pensions, d'une façon générale, de l'avenir des moteurs à deux temps et nous n'y reviendrons pas.

174. — Le nombre de types de grands moteurs à double effet tandem à quatre temps est déjà assez grand. Il serait sans intérêt de les décrire tous successivement, attendu qu'en dehors des systèmes de distribution, ces machines présentent, comme genre de construction, beaucoup de points communs.

A titre d'exemple, nous donnerons la description du dernier type de moteur de 1 000 chevaux indiqués que nous avons étudié pour la Société des ateliers du Thiriau (La Croyère, Belgique), modèle qui fut essayé à la fin de l'année dernière par MM. A. Witz et E. François.

Cette machine comporte naturellement tous les perfectionnements de détails auxquels ont été conduits successivement tous les constructeurs.

Elle présente en outre certaines particularités intéressantes dans la distribution, l'agencement général, la mise en marche, etc... qui donnent la solution de desiderata incomplètement réalisés jusqu'ici.

La machine se compose de deux cylindres à double effet reliés entre eux par une entretoise, d'un bâti arrière et d'un bâti avant portant l'arbre.

Le bâti est de forme allongée et très bas. Il porte à l'arrière une couronne pour recevoir le premier cylindre ; le fond constitue une glissière plate et le passage de la bielle entre les deux paliers de l'arbre coudé forme cuvette profonde entrant dans la fondation. La cuvette se relève à l'avant pour entretoiser les côtés latéraux. Pour empêcher la flexion de la couronne d'attache du premier cylindre, celle-ci est reliée aux têtes de palier par de forts boulons d'acier serrant sur des entretoises cylindriques.

Pour consolider les paliers, les chapeaux sont en acier coulé et s'appuient sur les montants de ceux-ci par des plans inclinés à 45°. De cette façon le chapeau, par le serrage énergique qu'on lui donne, annule l'influence de la coupure du bâti occasionnée par le logement des coussinets. Ceux-ci sont formés de quatre pièces d'acier garnies d'anti-friction et sont maintenus en place verticalement par la pression des vis qui traversent le chapeau du palier.

Le rattrapage de jeu se fait par un coin s'appuyant sur la portée du coussinet placée horizontalement du côté des cylindres. Ce coin porte sur le bâti par une partie cylindrique à génératrices verticales de façon à permettre à l'arbre de prendre de lui-même la place qu'il doit occuper. Le serrage du coin s'opère de bas en haut par la manoeuvre d'une vis qui traverse librement le chapeau de palier et qui, après avoir passé dans le coin formant écrou, s'appuie dans le fond de la cage des coussinets.

Le graissage de l'arbre et de la glissière se fait exclusivement sous pression. A cet effet des tuyaux amènent l'huile directement aux paliers et un manomètre mis en communication par un petit tuyau avec un trou percé dans le coussinet supérieur permet de se rendre compte à tout instant si le graissage se fait bien. Un trou percé dans l'arbre au milieu de l'une des portées de coussinets communique, par des conduits forés, avec un orifice aboutissant au centre du tourillon de la tête de bielle, de sorte que celui-ci est également graissé sous pression. L'arbre, au sortir des coussinets, porte des larmiers circulaires qui forcent l'huile qui s'écoule latéralement à se précipiter dans des gorges communiquant avec le bâti, de façon à ramener toujours l'huile ayant servi dans la partie inférieure de celui-ci.

Une dérivation de la conduite d'huile sous pression débouche également au milieu de la glissière. Le patin de crosse ayant une longueur supérieure à la course des pistons, ce centre ne se trouve jamais à découvert. Un conduit percé dans la crosse permet à l'huile de monter jusqu'aux coussinets de la petite tête de bielle pour en assurer le graissage.

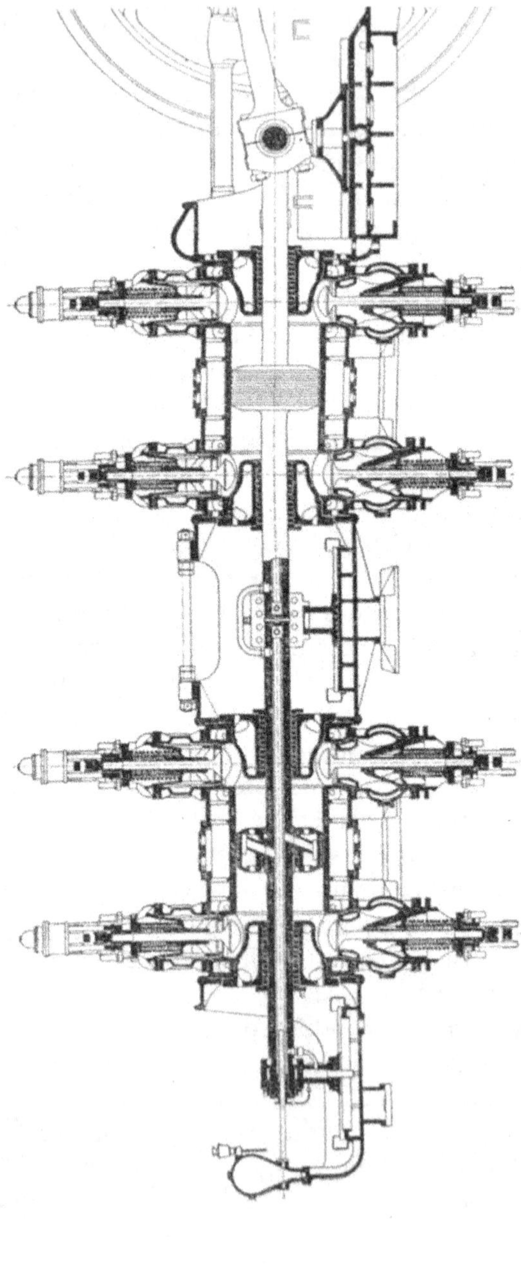

Fig. 69 – Coupe longitudinale d'un moteur double-effet tandem (Letombe).

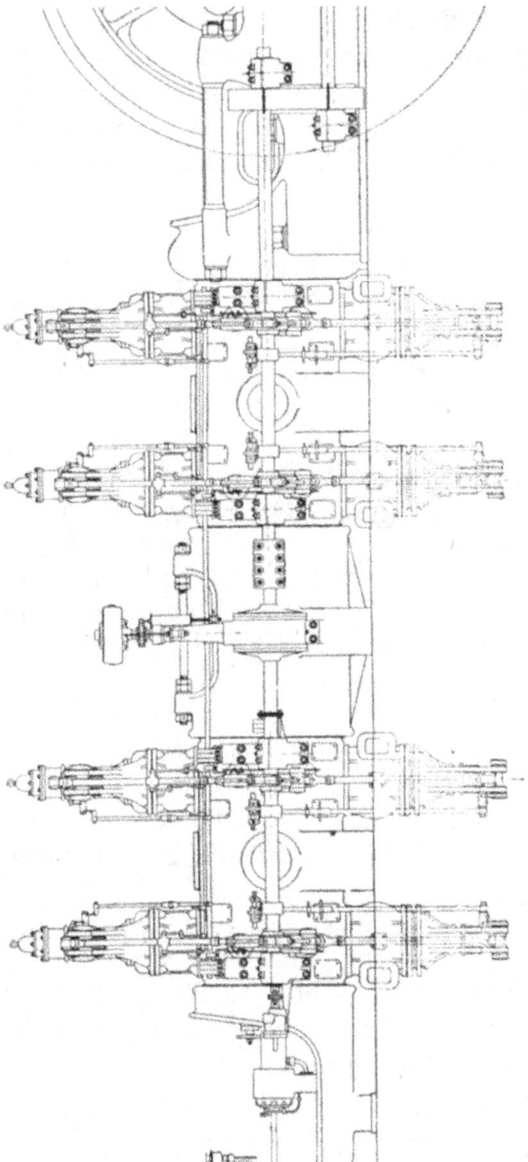

Fig. 70 – Vue extérieure d'un moteur double-effet tandem (Letombe).

Toute l'huile qui s'écoule dans le bâti est reprise par une pompe, traverse un filtre et revient indéfiniment au bâti.

L'ouverture supérieure du bâti est naturellement fermée par un couvre-bielle étanche en tôle pour éviter les projections d'huile.

Afin d'éviter l'échauffement de l'huile, le dessous de la glissière comporte un compartiment où circule l'eau de refroidissement avant de se rendre aux enveloppes des cylindres.

L'arbre se prolonge latéralement pour recevoir le volant et un alternateur ; il est soutenu à son extrémité par un palier à graissage à chaînes.

Le graissage sous-pression a le grand avantage de permettre un ajustage très précis et sans jeu de tous les coussinets, sans avoir aucun échauffement.

Les organes de transmission se meuvent ainsi sans bruit, même à des vitesses relativement considérables. C'est ainsi qu'avec cette machine, dont la course des pistons est de 800 mm, on a pu tourner à 150 tours sans entendre le moindre choc dans les coussinets de bielle. Le fait est assez rare dans un moteur à double effet pour que nous le signalions. Pour atteindre ce résultat, il faut nécessairement une très grande perfection dans la construction. C'est à quoi la Société anonyme des Ateliers du Thiriau, constructeur de la machine, est arrivée facilement.

Les cylindres sont fondus d'une seule pièce avec leurs enveloppes et avec des portées absolument symétriques ; ils présentent en dessus et en dessous des ouvertures pour l'emplacement des boîtes à soupapes.

La partie médiane des enveloppes porte quatre grandes ouvertures à 90°, pour les visites et les nettoyages, dans lesquelles on peut facilement passer le bras (fig. 69 et 70).

Les larges enveloppes sont d'ailleurs avantageuses pour l'enlèvement parfait des noyaux de fonderie.

Les formes adoptées sont telles que pour la résistance, on compte autant sur le cylindre intérieur que sur l'enveloppe. Ces deux parties sont à cet effet entretoisées par des anneaux venus de fonderie qui forment frettes autour du cylindre intérieur. Les lumières d'admission et d'échappement sont consolidées par des tirants en acier au nickel.

Les têtes des cylindres portent de larges collets, sur lesquels viennent s'attacher les bâtis d'entretoise et d'extrémité.

Le bâti qui relie les cylindres a une forme extérieure cylindrique et porte à sa base une glissière plate. Cette entretoise est percée dans le haut d'une large ouverture permettant d'accéder facilement aux boulons de serrage des couvercles, ainsi qu'à la crosse qui supporte les tiges de piston entre les deux cylindres; cette ouverture est consolidée par un long boulon d'acier placé à la partie supérieure.

Le bâti arrière porte également une glissière plate, et supporte en même temps le réservoir d'air pour la circulation d'eau des pistons.

Les boîtes de distribution sont en plusieurs pièces. La boîte d'admission est venue de fonte avec la boîte de mélange; cette boîte est orientée de façon que le plan passant par l'axe des soupapes soit perpendiculaire à l'axe des cylindres.

La boîte de mélange porte à la partie supérieure un conduit pour l'air, et à la partie inférieure un conduit pour le gaz.

Le siège de la soupape d'admission proprement dit est rapporté dans l'intérieur de sa boîte, et est maintenu en place par un couvercle boulonné, qui porte en même temps un tourillon pour la manoeuvre des leviers de commande.

La soupape est maintenue en place par un double ressort, de façon que si, pendant le fonctionnement, l'un d'eux vient à casser, la machine puisse encore fonctionner jusqu'au plus prochain arrêt normal.

La soupape de mélange est une soupape double qui reçoit sa commande par la partie supérieure, à l'aide de leviers commandés par un relais des leviers d'admission. La tige de commande de cette soupape est surmontée d'un dash-pot à huile destiné à amortir le choc de la soupape sur son siège à la fermeture.

Le dash-pot à huile est un peu plus compliqué que le dash-pot à air, mais il a l'avantage d'être indéréglable.

La boîte à soupape d'échappement comprend d'abord une collerette à circulation d'eau fixée directement sur le cylindre et sur laquelle vient se rapporter la tuyauterie d'échappement. Dans l'intérieur de cette collerette se place une pièce amovible, également à circulation d'eau, qui forme siège et guide pour la soupape d'échappement. — Cette pièce est maintenue en place par un couvercle analogue à celui que nous avons décrit pour la soupape d'admission. Les soupapes d'admission et d'échappement sont en acier forgé et forées intérieurement pour recevoir une circulation d'eau par un tube central. Les extrémités des tiges de soupapes portent une potence solidaire de deux petits corps cylindriques coulissant sur des tiges creuses fixes par lesquelles se font l'entrée et la sortie de l'eau de refroidissement.

L'arrivée de l'air et du gaz au moteur est assurée par une série de tuyaux divisés en deux parties qui se raccordent avec les boîtes à soupapes de mélange. — Dans chacun de ces conduits se trouve un papillon dont la position est réglable à la main pendant la marche par un système de volant et de vis.

Les tuyaux d'échappement se trouvent reliés à un collecteur par des tuyaux à presse-étoupe de façon à prévenir des ruptures par dilatations inégales.

La distribution se fait par un arbre latéral tournant à la moitié de la vitesse de l'arbre du moteur et placé à la hauteur de l'axe des cylindres. Cet arbre est actionné par un relais inférieur, fixé sur le bâti. Ce relais communique son mouvement à l'arbre de distribution par des engrenages droits et il est lui-même actionné par un jeu d'engrenages hélicoïdaux dont l'un d'eux est calé à l'extrémité de l'arbre moteur.

L'arbre de distribution proprement dit est lui-même en deux pièces réunies par un manchon. — Cette disposition a été prise pour faciliter le démontage.

Pour chaque extrémité de cylindre, la distribution se fait par un seul excentrique qui actionne d'abord un levier principal dirigé vers le bas de la machine et duquel part une bielle qui s'en va actionner directement les leviers roulants de commande de la soupape d'échappement. D'un point convenablement choisi sur le collier de cet excentrique part une seconde bielle qui actionne, à la partie supérieure de la machine, les leviers roulants de commande de la soupape d'admission.

A côté de la commande normale de l'échappement se trouve une deuxième commande par came, dont on n'use qu'à volonté, soit pour maintenir la soupape constamment ouverte quand on vire au volant, soit pour diminuer les compressions aux mises en marche.

Nous avons reconnu à l'usage qu'avec notre dispositif spécial de mise en route par l'air comprimé, ce mécanisme additionnel peut être supprimé sans inconvénient.

Les leviers roulants, tant pour l'admission que pour l'échappement, sont constitués par un levier droit qui agit directement sur la tige de la soupape à commander et sur lequel appuie un levier actionné par les bielles de distribution. Le tracé de ce dernier levier est tel que, bien que son mouvement soit continu soit en s'abaissant, soit en se relevant, il n'agit sur le levier qui actionne la tige de soupape que d'une façon intermittente, sans choc et sans frottement.

Par l'emploi d'excentriques pour assurer la distribution, les leviers roulants sont indispensables car une faible partie seulement de la course de ceux-ci est utilisable. Par contre les excentriques donnent des mouvements très silencieux.

Pour actionner la soupape de mélange, on utilise le mouvement de l'extrémité du levier principal qui actionne la soupape d'admission, la liaison étant faite par une petite bielle agissant sur un premier levier d'équerre en entraînant un second par l'intermédiaire d'un déclic à déclenchement spécial qui laisse tomber la soupape à des moments variables suivant la position occupée par le régulateur.

Nous indiquerons en détail le mécanisme employé lorsque nous parlerons des systèmes de distribution en général.

La commande des organes de déclics ainsi que ceux d'allumage sont pris sur un même point des bielles d'admission. Pour chaque effet, on utilise le mouvement d'une magnéto à déclenchement pour provoquer, par un système de tringles appropriées, des allumages simultanés à rupture sur deux tampons placés sur une même verticale et dans le voisinage des boîtes de distribution. L'un des tampons reçoit son courant de la magnéto actionnée et le deuxième, d'une magnéto rotative commandée directement par l'arbre de distribution et qui sert à la fois pour les quatre effets du moteur.

Nous estimons que dans les grands moteurs dont les cylindres ont toujours des chambres de compression assez étendues, le double allumage est indispensable. Le dispositif que nous avons adopté est évidemment plus simple que celui qui consiste, pour un moteur à double-effet tandem, à faire usage de huit magnétos à déclenchements toujours difficiles à placer. Pour la mise en marche l'action des magnétos à déclenchement seule suffit et dès que le moteur commence à prendre de la vitesse, la magnéto rotative donne du courant : dès lors le double allumage est assuré dans de bonnes conditions.

Le régulateur du système Hartung se trouve placé au milieu de la machine, en face de l'entretoise des cylindres : il permet le réglage du nombre de tours du moteur dans d'assez grandes limites en agissant sur une balance à ressort. Cet appareil est muni en outre d'un modérateur à huile pour parer aux réactions des organes de distribution.

Les pistons sont en fonte, fondus d'une seule pièce avec un conduit d'arrivée et de sortie d'eau ; ils portent huit cercles d'étanchéité qui, seuls, appuient sur l'alésage des cylindres. Les corps des pistons sont en effet tournés à un diamètre de 4 mm inférieur à celui des cylindres. Les tiges sont en acier forgé et forées dans toute leur longueur : elles sont réunies à leurs extrémités entre les cylindres par une double mâchoire à filets trapézoïdaux qui se ferme suivant un plan vertical et qui s'attache à la partie inférieure sur la crosse intermédiaire de suspension des tiges. La tige du premier cylindre pénètre dans la crosse principale en s'appuyant sur un collier conique en deux pièces et est serrée

Fig. 71 – Moteur double-effet-tandem de 1 000 chevaux indiqués avec alternateur volant (Letombe).

à son extrémité par un écrou. Cette disposition a pour but de permettre, lors d'un démontage, en enlevant le collier d'appui, le passage de la tige à travers la crosse. De cette façon on peut amener le piston sur la glissière simplement en relevant la bielle dont la partie postérieure est à fourche.

La crosse d'extrémité est creuse et sert de conduit pour l'évacuation de l'eau de circulation des pistons. Cette circulation se fait entièrement par l'arrière : à cet effet un tube intérieur passe d'un bout à l'autre des tiges des pistons jusqu'à l'avant. Ce tube porte des parties renflées formant pistons, à peu près étanches, en face des orifices de distribution d'eau dans les pistons.

L'eau arrive dans l'intérieur de ce tube par un joint coulissant qui aboutit au réservoir d'air placé sur le refoulement de la pompe de circulation.

L'eau arrivant sous haute pression traverse le tube intérieur dans toute sa longueur jusqu'à l'extrémité avant de la tige du premier cylindre, puis revient par l'espace-annulaire laissé entre ce tube et l'alésage intérieur des tiges. Dans son parcours, cette eau pénètre d'abord dans le piston avant, puis en ressort pour passer à la tige arrière par un tube extérieur rapporté, et passe enfin au deuxième piston d'où, en sortant, elle va s'évacuer par la crosse arrière pour tomber dans un réservoir placé sous le bâti, d'où elle est reprise pour servir à nouveau après refroidissement.

La figure 71 montre une vue extérieure du côté de la distribution de moteur que nous venons de décrire.

On remarque combien la commande de chaque distribution par un seul excentrique donne un aspect simple à cette machine.

La fig. 72 représente une machine du même type, mais plus puissante, la vue étant prise du côté des tuyaux d'arrivée d'air et de gaz.

Fig. 72 – Moteur double-effet-tandem de 1 500 chevaux.

CHAPITRE V

Systèmes de distribution et de réglage des moteurs à gaz

175. Du réglage par appauvrissement. — Avantage théorique, inconvénients pratiques. — 176. Des réglages par tout ou rien. — 177. Quelques dispositifs de réglage par « tout ou rien ». — 178. Régulateur à ressort (Niel). — 179. Réglages qualitatifs modernes. Réglage par sur-compression (Letombe). — 180. Mécanismes de réglage par sur-compression. — 181. Mécanismes de réglage qualitatif. — 182. Conditions à remplir pour un bon réglage. Nécessité de faire des machines économiques à charges réduites. — 183. Avantages des réglages quantitatifs. — 184. Dispositifs pour supprimer les forts ressorts de soupape. — 185. Tracé graphique des variations de rendements thermiques des moteurs à explosion en fonction des compressions. — 186. Description de quelques systèmes de réglage quantitatif.

175. —Théoriquement, pour régler un moteur, c'est-à-dire pour obtenir que ses diagrammes se modifient de façon à ce que sa vitesse reste constante, quelles que puissent être les variations de puissance qui lui sont imposées, il devrait suffire, au moins pour les machines qui marchent suivant le cycle Beau de Rochas (et c'est le plus grand nombre), de faire varier les volumes d'admission du gaz combustible proportionnellement à la puissance développée, attendu que la théorie indique que dans ce cas, le rendement ne dépend absolument que du volume total d'aspiration et de la valeur de la compression ; les quantités de chaleur fournies par cycle et les températures développées n'interviennent en effet pas dans la formule de rendement. Il ne faut pas oublier néanmoins que la formule

$$\rho = 1 - \frac{n_1}{\pi} \qquad (57)$$

suppose une combustion rigoureusement à volume constant. Malheureusement, lorsque les mélanges tonnants n'ont pas une composition bien déterminée, sans insuffisance ni excédent sensible d'oxygène, leurs combustions diminuent de rapidité et s'achèvent dans des temps très différents; or, nous avons démontré par le calcul que si les combustions se ralentissent, le rendement des moteurs doit baisser très rapidement. C'est précisément ce qui se produit lorsqu'on veut régler les moteurs en agissant simplement sur la quantité de gaz combustible admis à chaque aspiration. Ce procédé est désigné sous le nom de réglage qualitatif. On a cru d'abord que ce mode de réglage serait suffisant, parce que, même avec une variation assez grande dans la composition des mélanges gazeux, les allumages se faisaient quand même. Mais, ne pas avoir de ratés ne suffit, pas, il faut encore que les mélanges introduits dans les cylindres brûlent dans les conditions indiquées par la théorie.

Otto, pour sa première machine, avait tout naturellement pensé à recourir au réglage qualitatif qui parait être de beaucoup le plus simple mais il éprouva, dès ses premiers essais, de telles difficultés avec les ratés et les non-combustions qu'il fut immédiatement amené à donner à la culasse de son moteur et à son tiroir de distribution des formes toutes particulières, de manière à avoir un mélange riche et de composition aussi constante que possible dans le conduit aboutissant à la lumière d'admission du cylindre. Il obtint ainsi une assez grande régularité, mais il ne put néanmoins de cette façon réduire suffisamment l'admission du gaz pour aller jusqu'à faire tourner son moteur à vide, sans ratés : il dut, après une certaine réduction, en arriver à suspendre toute admission de gaz. Il ne put d'ailleurs jamais éviter les combustions ralenties, aussi les premiers moteurs Otto avaient des consommations assez élevées. Il est vrai qu'Otto, qui tenait plus à la douceur de la marche qu'à une faible consommation, recherchait les combustions lentes.

Avec le réglage qualitatif, ce ne sont du reste pas seulement les combustions lentes qui sont à craindre, mais la non propagation de la flamme dans toute l'étendue du mélange tonnant. On rejette alors quelquefois à l'échappement une notable partie du gaz combustible admis : c'est pour cette raison que beaucoup de moteurs ont des consommations aussi élevées à faible charge.

Nous avons mis en évidence cette difficulté de la propagation de la flamme dans des mélanges dilués par l'expérience suivante : à 40 centimètres environ au-dessus d'un brûleur Bunsen de laboratoire, nous avions disposé un inflammateur électrique à haute tension à étincelle continue. Faisant alors arriver le gaz au brûleur, il s'élevait de celui-ci une colonne de mélange gazeux combustible qui atteignait l'étincelle. Il semble qu'à cet instant la flamme devrait se propager immédiatement jusqu'au brûleur, attendu qu'on peut considérer que le mélange gazeux qui en sort est évidemment plutôt plus riche que le mélange qui arrive à l'étincelle après une certaine dilution dans l'air. Or, l'expérience montre qu'il existe toujours une distance convenable entre le brûleur et l'étincelle au-delà de laquelle la flamme ne se propage pas. On voit bien l'étincelle s'auréoler d'une sorte de boule gazeuse qui reste en ignition, mais la flamme ne descend pas sur le brûleur. Si de tels phénomènes sont possibles dans l'air, a fortiori pourront-ils se produire dans l'intérieur des cylindres, surtout lorsque les chambres de compression n'ont pas une forme régulière et que l'homogénéité des mélanges laisse à désirer.

176. — Les concessionnaires d'Otto, pour diminuer les consommations aux charges réduites, eurent recours à un moyen radical : ils réglèrent les machines par le système qu'on a appelé le « tout ou rien ».

Malheureusement, au point de vue de la régularité des machines, le procédé laissait grandement à désirer : en effet, il faut déjà aux moteurs à quatre temps à simple effet des volants très lourds pour leur garder une régularité suffisante, malgré les trois temps passifs de leur cycle et on conçoit que lorsqu'on en arrive à devoir attendre pendant huit courses ou douze courses successives une explosion, la régularité devienne très problématique.

Avec le réglage par « tout ou rien » il est presque impossible de commander d'une façon satisfaisante des dynamos d'éclairage. Pour éviter des oscillations irrégulières dans la lumière on est obligé dans ce cas d'employer des batteries d'accumulateurs formant tampon ou de laisser glisser fortement les courroies, ce qui cause, dans un cas comme dans l'autre, des pertes de travail et des dépenses importantes d'entretien. Dans des installations de ce genre, le mécanicien en arrive même, pour avoir plus de régularité, lorsque la charge de la dynamo reste constante, à régler le moteur en réduisant par tâtonnement l'arrivée du gaz jusqu'à ce qu'il ne se produise plus de passage à vide ; on peut obtenir ainsi une marche qui peut être jugée satisfaisante au point de vue de l'éclairage proprement dit, grâce à une surveillance de tous les instants du mécanicien, mais au point de vue du rendement, le procédé ne vaut rien, car on détruit de cette façon tout l'avantage économique du réglage par tout ou rien. On ne fait en réalité ainsi qu'un réglage qualitatif non automatique, qui déforme en permanence les diagrammes : par conséquent le but qu'on se proposait, par l'emploi du réglage par « tout ou rien », n'est pas atteint. Autant vaut alors ne pas l'employer.

177. — Pour le réglage par « tout ou rien », on a eu recours à des dispositions très diverses : les plus simples d'entre elles consistent à interposer une petite lame entre le levier qui actionne la soupape et le levier qui est commandé par une came de l'arbre de distribution. D'un côté cette petite lame est poussée par une partie plate, et par son autre extrémité, taillée en biseau ; elle pénètre dans un cran préparé à cet effet. La position de la lame dépend de la hauteur du régulateur, par un mécanisme de suspension simple à imaginer. Comme l'ensemble des pièces à mouvoir ne présente aucune résistance appréciable quand la lame n'est pas en prise, on conçoit qu'au moindre mouvement du régulateur, la lame sera déplacée, passera à côté de son cran de butée, et qu'en conséquence l'admission du gaz sera momentanément suspendue.

Ce dispositif, adopté d'abord par Crossley et Lenoir, fut imité par beaucoup d'autres constructeurs. M. Delamare donna la préférence à un système analogue très ingénieux, qui consistait à se servir comme régulateur d'un pendule simple, au lieu d'un régulateur centrifuge à boules. Au bas du pendule se trouvait un couteau qui venait frapper dans une encoche de la tige de la soupape à gaz, pour l'ouvrir. Ce couteau était maintenu en direction par l'appui qu'il prenait sur un levier à mouvement alternatif qui accompagnait les mouvements du pendule : celui-ci ayant une durée d'oscillation constante, dès que la machine tendait à prendre une accélération, il cessait de s'appuyer sur son levier accompagnateur. Dans ces conditions, le couteau devenant libre obéissait à l'action d'un ressort de rappel et changeait de direction : il manquait alors la tige de la soupape à gaz.

M. Delamare s'est servi aussi, pour déplacer le couteau d'enclenchement de la soupape à gaz, d'une transmission à air. Dans ce système une petite pompe envoyait de l'air comprimé sous un piston qui par son mouvement pouvait déplacer le couteau ; mais ce piston restait immobile tant que pour un régime de vitesse déterminée du moteur, l'air pouvait s'échapper par un orifice convenablement réglé. Quand la machine tendait à tourner plus vite, cet orifice devenait insuffisant et la pression de l'air augmentait ; le piston de réglage entrait alors en mouvement et déplaçait le couteau qui manquait son contact de façon à supprimer l'admission du gaz.

Le même dispositif de réglage fut employé en remplaçant la pompe à air par une pompe à eau.

On fit aussi des régulateurs dits d'inertie qui consistaient simplement en une masse oscillante attachée à l'extrémité du levier de commande de la soupape à gaz, et portant un couteau; sous l'influence des chocs de la commande, la masse oscillait d'un angle constant si la vitesse du moteur restait constante; quand une accélération survenait, il en résultait un choc plus violent sur la commande qui faisait osciller davantage la masse et le couteau manquait sa butée.

178. — La fig. 73 montre un dispositif original de réglage par « tout ou rien » dû à Niel. Dans ce système le régulateur est constitué par un ressort fixé: sur l'un des bras d'un levier à trois branches. La branche opposée au ressort sert de butée et la troisième porte un couteau qui doit tomber dans l'encoche d'un levier qui appuie sur la tige de la soupape à gaz. Le levier à trois branches est articulé à l'extrémité d'un balancier recevant d'un petit excentrique un mouvement d'oscillation. Le ressort se termine à son extrémité par une petite masse.

Lorsque le balancier monte, par l'effet de la butée du levier à trois branches, le ressort se relève. La masse vient alors s'appuyer sur l'articulation du balancier et le ressort se courbe en arc: le couteau de butée de la soupape à gaz suivant le mouvement prend une direction oblique.

Quand le balancier redescend, le ressort reprend sa position rectiligne pour diriger le couteau dans la direction convenable qui correspond à l'ouverture de la soupape à gaz.

La détente du ressort se faisant toujours dans le même temps, si la machine tend à accélérer sa marche, le couteau manque sa butée et l'admission du gaz est suspendue. Ce système fonctionnait très bien et était d'un réglage facile: son seul inconvénient était d'être un peu bruyant. Sur la figure 73, on voit, en arrière du mouvement, les pièces d'un allumage à tube.

179. — Quoi qu'il en soit, dans la construction des grands moteurs le système de réglage par tout ou rien a dû être complètement abandonné. On revint d'abord aux réglages qualitatifs en s'efforçant de les perfectionner.

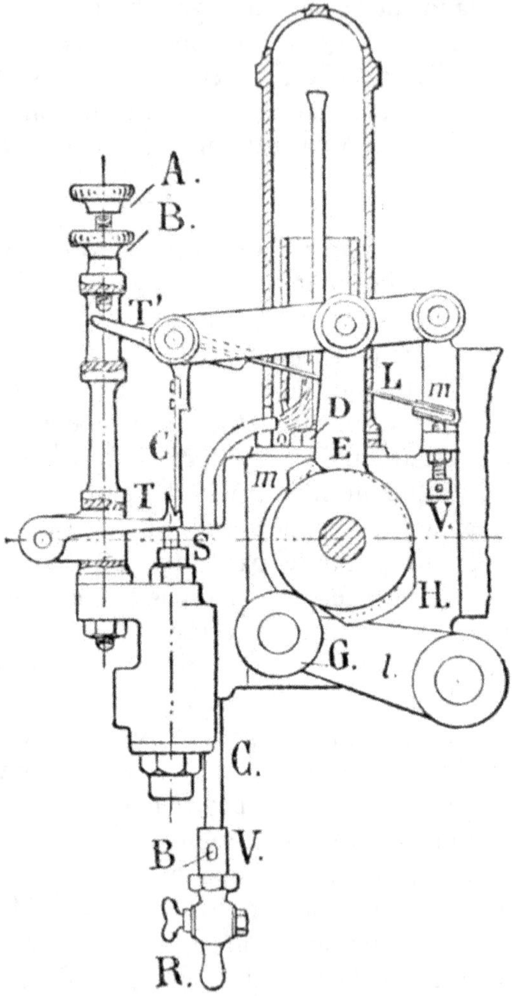

S, soupape à gaz; T, levier de la soupape à gaz; C, couteau de commande; T', butée réglable; L, ressort du réglage; *m*, masse de ressort; E, excentrique de commande; A, B, vis de réglage.

Fig. 73. — Régulateur à ressort par « tout ou rien » (Niel).

Dès 1897 nous avions trouvé un procédé pour remédier aux défauts de ce système de réglage: c'est ce que nous avons appelé le réglage par « sur-compression. »

La pratique montre en effet que si la combustion d'un mélange tonnant est d'autant moins rapide que ce mélange devient plus pauvre, on peut augmenter la vitesse de propagation de la flamme par une augmentation croissante de la compression préalable. Ce phénomène n'a rien qui doive surprendre à priori puisque, en fait, par des augmentations successives de compression, on rapproche de plus en plus les molécules des gaz les unes des autres et il est naturel qu'en leur milieu les réactions se fassent dès lors plus rapidement.

Nous opérions de la façon suivante: l'admission normale du moteur était inférieure au volume total du cylindre et par conséquent donc le diagramme de pleine charge était par rapport à un cycle Beau de Rochas à détente prolongée. Nous savons que cette méthode ne peut que favoriser l'élévation du rendement thermique des machines: son seul inconvénient est d'exiger, pour une puissance déterminée à obtenir, des cylindres plus volumineux que lorsqu'on marche avec une admission pleine.

Pour régler la machine à charge réduite, nous diminuions la quantité de gaz admis par chaque aspiration comme dans le réglage qualitatif, mais en même temps, nous augmentions le volume d'admission de l'air comburant de sorte que, finalement, pour diminuer la puissance de la machine, nous remplissions de plus en plus les cylindres pendant le premier temps du cycle, mais en admettant un mélange tonnant de plus en plus pauvre en calories. — Comme le volume des chambres de cylindres restait évidemment invariable, et que les volumes à comprimer devenaient plus grands, il s'ensuivait évidemment que par ce procédé de réglage les compressions allaient en croissant.

La fig. 74 indique comment les diagrammes varient dans un réglage par sur-compression.

La théorie et la pratique se montrèrent d'accord pour prouver l'excellence du système n° 67. Au temps où une compression de 8 kilogs passait déjà pour très élevée, nous pûmes atteindre ainsi des compressions finales de douze kilogs très favorables à la combustion rapide des mélanges très dilués.

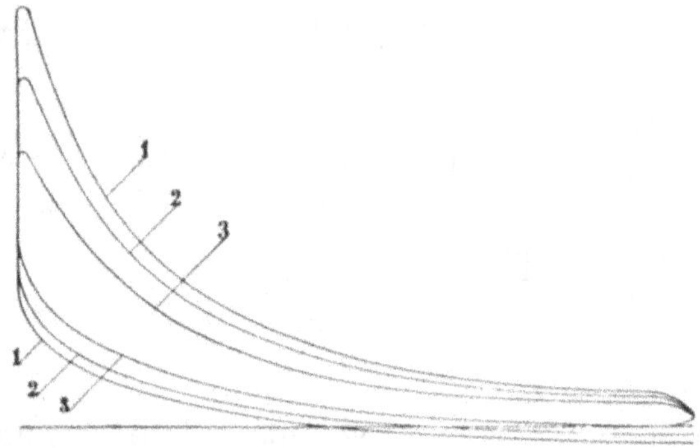

1-1, Diagramme de pleine charge ; 2-2, 3-3, Diagrammes de charges réduites.

Fig. 74. — Diagramme de réglage par sur-compression.

Ces résultats faisant la preuve qu'on pouvait marcher sans inconvénients à haute compression avec un mélange pauvre, on en arriva peu à peu à prendre 10 à 12 kilogrammes et même davantage comme valeur normale de compression des moteurs pour leur pleine charge. — Or, la théorie indique, ainsi que nous le verrons plus loin, que si le rendement des moteurs va en croissant avec l'augmentation des compressions, cet accroissement n'est pas proportionnel à la valeur de ces dernières. Pour se rendre compte de cette vérité, il suffit de tracer la courbe des variations de rendement des moteurs en fonction des compressions ; on voit qu'après avoir monté très vite la courbe, à partir d'un point correspondant à douze kilogs environ, prend une allure parabolique, qui indique qu'il faudrait augmenter considérablement les compressions pour y trouver un sensible avantage.

Étant donné les compressions initiales actuellement en usage, le réglage par sur-compression ne présente plus le même intérêt qu'autrefois. D'ailleurs, avec les emplacements pris nécessairement dans les cylindres par les conduits aboutissant aux boîtes à soupapes, il devient très difficile de réduire davantage le volume des chambres et pour avoir de fortes compressions, on est bien forcé de profiter de toute la course des pistons.

180. — Nous obtenions dans nos machines le réglage par sur-compression par des dispositifs très simples ; nous en indiquerons quelques-uns, parce que leurs mécanismes sont applicables à d'autres systèmes de réglage.

a. — Sur le côté de la soupape d'admission proprement dite, nous avions disposé deux soupapes superposées, l'une commandant l'autre ; la soupape du haut était la soupape à gaz et la soupape intérieure était la soupape de mélange. L'air arrivait entre les deux soupapes. Un conduit reliait la soupape de mélange à la soupape d'admission. La disposition était telle qu'une aspiration venant du cylindre tendait à appliquer la soupape de mélange sur son siège. Ceci dispensait de l'emploi de forts ressorts pour maintenir les soupapes sur leurs sièges lorsque, par suite d'une admission fractionnée, un vide relatif se faisait dans les cylindres, (fig. 75).

La came qui commandait ces deux soupapes superposées portait elle-même des bossages superposés. Les bossages inférieurs correspondaient à l'ouverture normale de la soupape de mélange et les bossages supérieurs étaient calculés pour la levée normale de la soupape à gaz. La soupape de mélange s'ouvrait donc en avance, mais sans qu'il pût en résulter un inconvénient car, pendant ce temps, la soupape d'admission proprement dite n'était pas encore ouverte. Du reste, le calage de la came de réglage était fait de telle façon que la soupape à gaz ne pouvait s'ouvrir que lorsque l'admission du cylindre devait commencer. Les bossages de la came étaient divisés en gradins d'inégales longueurs en face desquels pouvait se déplacer le galet du levier de commande. Pour obtenir le réglage par sur-compression ; il suffisait de faire les gradins d'air de plus en plus longs et les gradins de gaz correspondants de plus en plus courts. Le galet du levier qui se trouvait commandé par cette came était monté sur un axe assez

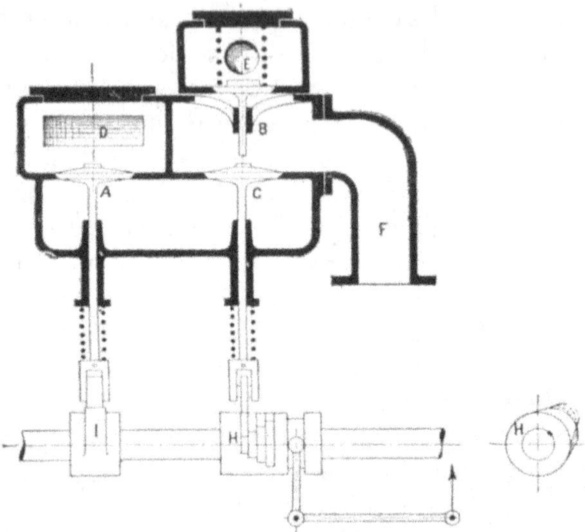

A, soupape d'admission ; B, soupape à gaz ; C, soupape d'air ; D, lumières du cylindre.

Fig. 75. — Dispositif de réglage à sur-compression avec soupapes séparées.

large pour pouvoir être déplacé de droite à gauche devant tous les gradins. Une pince flexible, sous la dépendance du régulateur, assurait ce mouvement. Il est plus simple d'agir ainsi que de faire coulisser la came sur son arbre, comme le représente la figure.

Cette première disposition convenait surtout à l'emploi du gaz de ville qui ne nécessite que de petites soupapes à gaz.

b. — Pour l'emploi des gaz pauvres, nous eûmes recours à d'autres dispositions ; nous séparions les soupapes d'air et de gaz et chacune d'elles avait sa came de commande séparée. Ces cames étaient à gradins et taillées comme nous l'avons indiqué plus haut pour les cames à bossages superposés.

La fig. 34 (p. 154) montre une disposition de ce genre avec cames coulissant sur l'arbre sous l'action du régulateur et attaquant directement les tiges de soupapes On obtient ainsi des passages aussi grands que l'on veut pour l'air et le gaz, mais le résultat reste le même que précédemment.

Dans ce système, les soupapes d'air et de gaz étaient également disposées pour qu'une aspiration du cylindre tende à les fermer.

Afin d'éviter l'emploi de forts ressorts pour maintenir en place la soupape principale après les admissions fractionnées, celle-ci se terminait par une tige de gros diamètre qui passait dans un guide en communication avec l'extérieur.

On conçoit que, dans ces conditions, lorsque la commande de cette soupape cessait à fin de course, si une dépression existait dans le cylindre, cette soupape ne pouvait revenir sur son siège que lorsque la pression à l'intérieur du cylindre était devenue égale à la pression extérieure. Remarquons que de cette façon, dans le conduit qui séparait la soupape principale des soupapes de mélange, les gaz qui restaient entre deux aspirations y gardaient une pression sensiblement égale à la pression atmosphérique.

Observons, en passant, que ces dispositions conviennent parfaitement à un réglage par admission variable : si, en effet, dans ce but, on taille les cames d'air et de gaz de façon que leurs gradins aillent en diminuant dans le même sens, il est évident qu'on admettra dans les cylindres des volumes variables de mélange de composition sensiblement constante.

Les machines du type Winthertur sont précisément pourvues d'un réglage comportant des soupapes d'air et de gaz tendant à se fermer sous l'influence des aspirations du piston-moteur.

Dans ce genre de moteur, pour obtenir des temps variables d'ouvertures des soupapes de réglage, au lieu d'employer des cames à gradins on se sert, pour actionner les leviers de distribution, d'un bossage disposé sur un collier d'excentrique dont l'orientation dépend de la position du régulateur.

c. — Pour éviter l'emploi des cames à gradins, difficiles à maintenir en bon état lorsque les soupapes deviennent lourdes, nous avons eu recours au dispositif suivant pour le réglage par sur-compression : la soupape de mélange et la soupape à gaz sont commandées mécaniquement et pendant le même temps ; la soupape d'air est remplacée par un obturateur tournant dans une boîte et pouvant masquer plus ou moins des lumières en communication avec l'air extérieur. La position de cet obturateur dépend des mouvements du régulateur. On conçoit que plus cet obturateur se ferme, moins le cylindre se remplit, plus la dépression devient grande dans le conduit entre le cylindre et l'obturateur et plus par conséquent le gaz est aspiré en abondance (fig. 76).

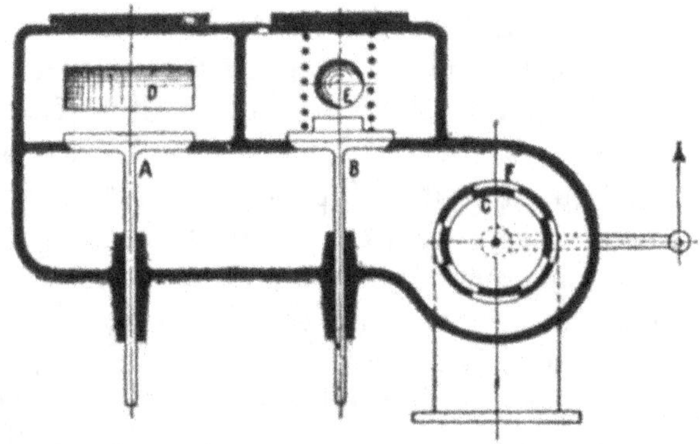

A, soupape d'admission. — B, soupape à gaz. — C, obturateur d'air.

Fig. 76. — Réglage par sur-compression avec obturateur.

La position la plus fermée de l'obturateur est choisie pour correspondre à l'admission du mélange tonnant le plus riche. — Lorsque la puissance demandée au moteur doit diminuer, le régulateur monte et détermine une ouverture de plus en plus grande des lumières d'air de l'obturateur : dans ces conditions, il est évident que le cylindre se remplit avec une facilité croissante, mais les dépressions dans les conduits allant alors en diminuant, le gaz se trouve aspiré en quantité décroissante. — On remplit donc ainsi plus complètement le cylindre mais avec un mélange plus pauvre, ce qui correspond bien au but cherché.

Pour les très faibles charges, les régulateurs agissaient de plus sur le déplacement du galet de la soupape de gaz pour le faire passer à côté de son bossage de commande. Lorsque, en effet, un mélange devient trop pauvre, malgré l'augmentation de la compression, on risque d'avoir de mauvaises combustions et il est préférable alors de suspendre toute admission de gaz. Comme à ce moment la machine se trouve certainement très déchargée, le volant a, en général, un poids suffisant pour qu'un passage à vide dans ces conditions n'affecte pas défavorablement la vitesse de régime du moteur.

181. — Dans les moteurs modernes, pour atténuer les défauts du réglage qualitatif auquel certains constructeurs tiennent beaucoup (non tant parce que par ce procédé la compression reste constante, mais surtout parce qu'on n'a pas ainsi à subir de dépression dans les cylindres après les admissions réduites, ce qui exige de très forts ressorts pour maintenir les soupapes en place) on fait, quand le moteur doit être plus déchargé, des admissions variables de plus en plus retardées d'un mélange tonnant de composition constante et, afin de ne pas faire varier la compression finale, on fait précéder ces admissions d'une charge d'air pur[17].

Dans ce cas, la soupape à gaz se ferme toujours à fin de course d'aspiration mais s'ouvre pendant la course du piston à des moments variables.

La fig. 77 montre le mécanisme employé à cet effet par la société de Nuremberg. Une bielle, recevant son mouvement d'un excentrique, entraîne par un loquet à déclic un levier roulant qui doit soulever la soupape à gaz, mais le contre-levier sur lequel celui-ci s'appuie occupe des positions variables sous l'action du régulateur, de sorte qu'en réalité, la soupape à gaz s'ouvre à des moments variables.

A la fin de sa course, le loquet à déclic rencontre un obstacle fixe qui produit son déclenchement toujours à fin de course d'aspiration. Un dash-pot à air amortit le choc qui pourrait se produire par la fermeture brusque de la soupape lorsque le déclic a lieu.

17) Ce procédé n'a rien de nouveau, attendu qu'il fut appliqué par la Société Otto dès 1892.

Une autre considération qui fait recourir certains constructeurs au réglage qualitatif, c'est que lorsque les compressions diminuent, les forces d'inertie des pièces en mouvement ne sont plus équilibrées aussi bien, et si alors les coussinets principaux n'ont pas été ajustés avec tout le soin désirable, la marche donne lieu à des chocs au moins désagréables à entendre.

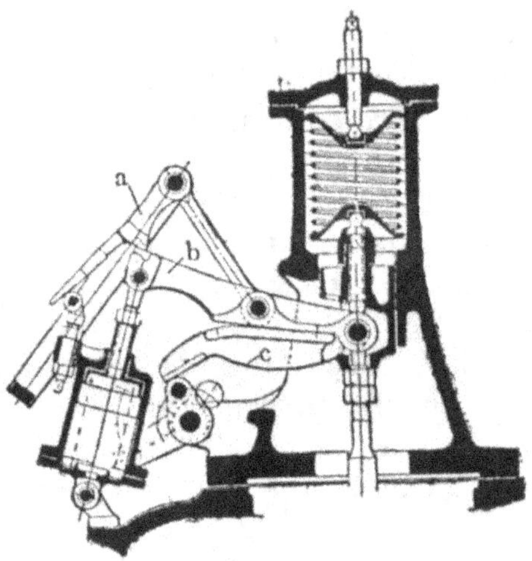

a, levier de décli: ; *b*, levier entrainé ; *c*, levier roulant sous la dépendance du régulateur.

Fig. 77. — Réglage qualitatif par admission retardée du gaz (Nuremberg).

Le procédé n'est pourtant pas parfait, car si en opérant ainsi on arrive bien à reculer, dans une certaine mesure, le moment où les ratés se produisent, ce qui peut paraître suffisant pour la régularité de la marche des moteurs, il ne résulte de son emploi aucune amélioration sensible de rendement thermique aux faibles charges. En réalité, par l'admission retardée d'un mélange de composition constante, on espérait que les gaz tonnants ne se mélangeraient pas à l'air pur précédemment introduit dans les cylindres, mais la stratification complète entre deux volumes de gaz admis successivement dans un cylindre est encore bien plus difficile à obtenir qu'un mélange parfait ; aussi subsiste-til toujours dans ce cas des pertes importantes par combustions incomplètes dues à la diffusion d'une partie du mélange tonnant dans un trop grand volume d'air.

En somme, on n'arrive ainsi à faire, par des moyens compliqués, que ce qu'Otto avait réalisé dans son tout premier moteur par des dispositifs d'une grande simplicité.

Certains constructeurs ont attribué les inconvénients du réglage par admission retardée du gaz à la différence de vitesse des éléments gazeux admis à des moments variables : ils ont alors imaginé des tiroirs compliqués qui déterminent d'abord l'ouverture des lumières d'air, puis leur fermeture pour ouvrir ensuite en même temps des lumières d'air et de gaz.

La fig. 78 représente le mécanisme imaginé à cet effet par MM. Schuchtermann et Kremer.

La soupape d'admission principale est ouverte par un

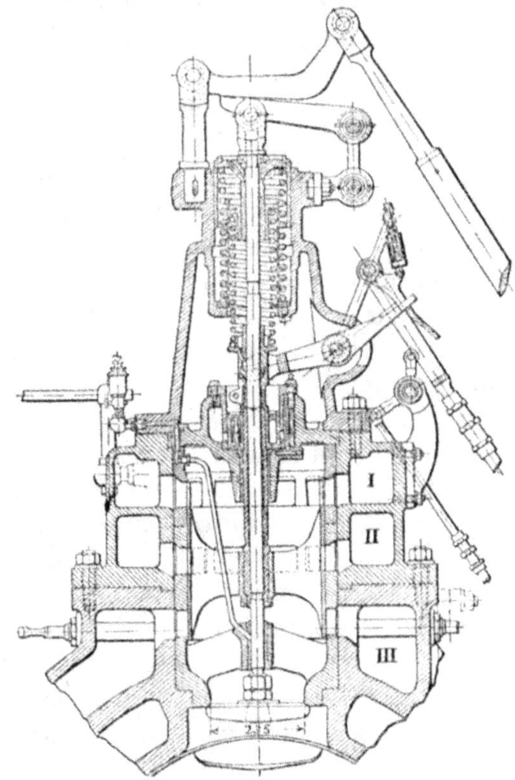

I. Prise secondaire d'air. — II. Prise de gaz. — III. Air primaire.

Fig. 78. — Réglage qualitatif par admission retardée d'un mélange constant (Schuchtermann et Kreiner).

système de levier roulant placé à la partie supérieure. Guidé par la tige de cette soupape, un tiroir cylindrique constitue l'organe d'admission variable. La partie de la boîte dans laquelle se meut le tiroir présente trois séries de lumières superposées. Le mouvement de commande spécial du tiroir qui se meut d'abord en sens inverse de la soupape d'admission détermine la fermeture des deux séries de lumières supérieures qui correspondent à l'arrivée normale d'air et de gaz et en même temps l'ouverture de la lumière inférieure qui permet une entrée d'air pur par un conduit indépendant.

Le tiroir est entrainé par un dispositif à déclic, analogue à ceux employés pour les machines à vapeur, qui laisse retomber le tiroir brusquement lorsque la queue du levier d'enclenchement vient rencontrer un galet dont la position est sous la dépendance du régulateur. Au moment de la chute du tiroir, chute amortie par un dash-pot à air, le tiroir ferme l'orifice d'air pur et ouvre les lumières normales d'admission d'air et de gaz.

On voit qu'on a bien ainsi, admission initiale plus ou moins prolongée d'air pur, puis admission d'un mélange tonnant pour compléter la cylindrée, cette admission se faisant d'autant plus tard que le moteur est plus déchargé.

L'inventeur de ce système comptait qu'en faisant partir l'air et le gaz composant le mélange tonnant, du repos, il obtiendrait une stratification plus nette par rapport à la charge d'air admise tout d'abord derrière le piston. Ainsi qu'il fallait s'y attendre, ce procédé n'a rien donné de plus que le précédent.

Il est d'ailleurs probable que ce ne seront jamais des combinaisons de soupapes ou de tiroirs qui pourront établir une stratification complète entre deux gaz introduits successivement dans une même enceinte. La marche des grands moteurs à gaz pourvus de réglages qualitatifs a d'ailleurs souvent laissé à désirer surtout aux faibles charges.

182. — Pour obtenir des moteurs une vitesse très constante (ce qui est indispensable,lorsqu'en particulier il s'agit de commandes d'alternateurs montés directement sur les arbres des machines, et que ces alternateurs sont destinés à être couplés en parallèle), ce qu'il faut d'abord s'efforcer d'avoir, ce sont des diagrammes de surfaces variables mais corrects et sans recourir à aucun passage à vide. — Mais en dehors de la nécessité d'assurer la régularité du moteur, il y a lieu d'autre part de rechercher le moyen d'obtenir la marche la plus économique possible aux charges réduites.

On reproche d'autre part aux moteurs à gaz d'être moins élastiques que les moteurs à vapeur. Cette opinion vient simplement de ce que les dispositifs de réglage employés pour les moteurs à gaz étant souvent imparfaits, on est obligé de faire travailler ceux-ci en pleine charge afin que les régulateurs n'aient pas à agir. Dans ces conditions, il est certain en effet que les moteurs manquent d'élasticité. Mais si, par des dispositions spéciales, on pouvait arriver à faire marcher un moteur économiquement à 70% de sa pleine charge, il est évident qu'alors la machine serait capable d'une très grande surcharge : elle deviendrait ainsi, par conséquent, d'une élasticité comparable à celle des machines vapeur. Il faut d'ailleurs observer qu'on ne peut profiter que rarement de la grande élasticité des machines à vapeur, attendu que si les machines sont capables de fortes surcharges, les chaudières qui les alimentent ne le sont guère. Au surplus dans les stations centrales, les dynamos ou alternateurs commandés ne peuvent supporter que des surcharges assez limitées et par conséquent, on ne peut pas dire que, dans ce cas particulier, le moteur à gaz soit très inférieur à la machine à vapeur au point de vue de son élasticité.

La théorie et la pratique indiquent que le meilleur moyen actuellement connu pour faire marcher économiquement un moteur à gaz dans des limites de puissance très étendues, c'est d'abord de faire subir aux mélanges admis la compression préalable la plus élevée possible, eu égard, bien entendu, à la nature du gaz combustible à employer. (Pour les moteurs dits à explosion, il n'est d'ailleurs pas nécessaire de dépasser jamais une compression de 15 kilogs par centimètre carré parce que, à partir de cette valeur, le rendement thermique des machines ne croit plus que très faiblement, même avec une augmentation notable de la compression.) Ces hautes compressions initiales étant atteintes, ainsi que nous allons le voir plus loin, le réglage qui, sans être parfait, donne alors les meilleurs résultats est celui qui consiste à faire des admissions variables d'un mélange tonnant de composition aussi constante que possible. L'inconvénient du procédé, a priori, est qu'au fur et à mesure de la réduction des admissions, les volumes à comprimer devenant plus petits et la capacité des chambres restant constante, les compressions vont en diminuant. Mais par contre il est certain qu'un mélange tonnant de composition constante, même admis en quantité variable, a le grand avantage de donner des combustions bien plus parfaites qu'un mélange appauvri malgré sa dilution avec la quantité constante de gaz résiduaire d'échappement qui reste dans les chambres des cylindres au moment de l'aspiration.

En réalité, en opérant par le réglage quantitatif, on consent pour les faibles charges une légère diminution de rendement pour éviter les pertes plus grandes qui se produisent par d'antres moyens dont la supériorité n'est que théorique.

Ainsi que nous l'avons déjà fait remarquer, l'inconvénient des admissions fractionnées est de nécessiter des ressorts très puissants pour maintenir les soupapes d'admission et d'échappement en place, quand un vide partiel prend naissance dans les cylindres ; il faut compter devoir employer à cet effet des ressorts accusant une tension initiale de 800 grammes par centimètre carré de section utile de soupape. Cette nécessité n'a qu'un inconvénient relatif, car lorsqu'on donne aux ressorts des dimensions suffisantes, on peut s'en servir en toute sécurité. D'ailleurs, pour parer à l'inconvénient d'une rupture, on emploie souvent des ressorts doubles. Quant aux efforts supplémentaires demandés aux organes de distribution pour les faire manœuvrer, ils sont en général compensés au moment des fermetures.

184. — Certains constructeurs, pour éviter l'emploi de ces ressorts puissants, ou pour diminuer leur tension initiale, ont imaginé des systèmes de blocage pour empêcher les soupapes de s'ouvrir par dépression. On a eu recours en particulier à des combinaisons qui tendent les ressorts de rappel pendant les périodes où les soupapes n'ont pas à fonctionner. Bien souvent, le remède est pire que le mal : en effet, lorsqu'on emploie de forts ressorts, on n'a à vaincre leur résistance que pendant une seule course, tandis que lorsqu'on les tend en dehors des moments de manoeuvre des soupapes, on produit un travail résistant pendant trois courses, et par conséquent, le rendement mécanique de la machine doit plutôt être moins bon dans ce cas. On a essayé aussi de bloquer les mécanismes de soulèvement de soupape sans l'interposition de ressort, mais c'est une difficulté mécanique très grande que de réaliser des portées justes en des points opposés. Au moindre jeu, les systèmes perdent beaucoup de leur efficacité et deviennent même une cause de trouble dans les réglages.

185. — Pour juger de l'effet que peut produire théoriquement le réglage quantitatif sur les consommations d'un moteur, nous tracerons la courbe des augmentations de rendement du cycle Beau de Rochas en fonction de l'élévation des compressions.

Rappelons que la formule de rendement d'un tel cycle peut se mettre sous la forme

$$\rho = \frac{\pi - \omega}{\pi} \qquad (58, \text{ p. } 67).$$

π étant la valeur de la compression adiabatique du mélange gazeux évoluant dans le cylindre et ω la valeur de la compression isothermique du même mélange[18]. Cette formule indique que le rendement dans le cas qui nous occupe est égal au rapport de la différence entre les compressions adiabatiques et isothermiques, à la compression adiabatique du mélange considéré.

Cette remarque va nous permettre de donner un procédé graphique pour le tracé de la courbe de rendement que nous nous proposons d'établir.

18) On a d'ailleurs $n_1 = n_\omega$.

Portons en abscisses les nombres qui expriment les volumes des cylindres en fonction des volumes de chambre de compression pris pour unité (fig. 79). Ces nombres sont les mêmes que ceux qui représentent les compressions isothermiques puisque celles-ci varient en raison inverse des volumes occupés par les gaz.

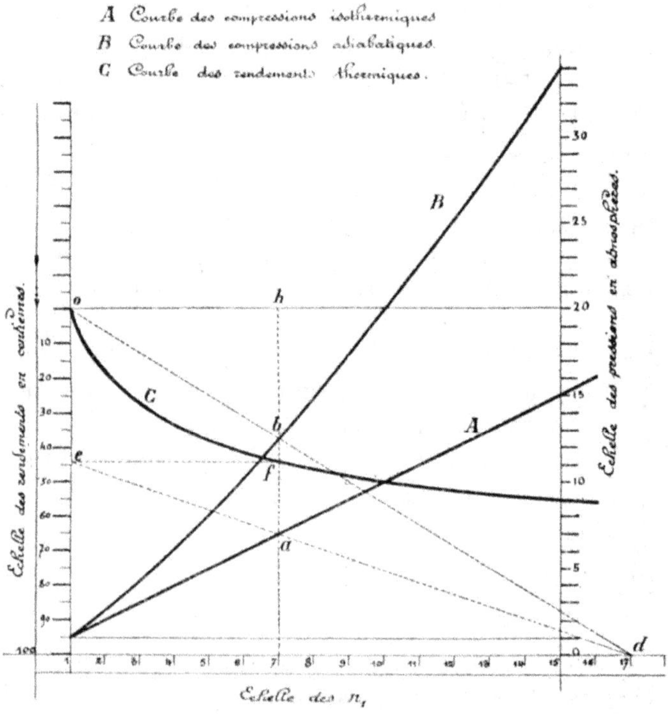

Fig. 79. — Courbe des rendements thermiques des moteurs à explosion en fonction de la valeur des compressions.

Si nous portons en ordonnées, sur la droite de la figure, l'échelle des pressions, les compressions isothermiques seront donc représentées par une ligne droite A. Partant de la même origine, la ligne B représente les compressions adiabatiques correspondantes à chaque valeur de $n_1 = \omega$[19].

19) Cette courbe peut s'obtenir graphiquement (n° 31).

Chaque ordonnée de la courbe B satisfait à l'expression $\pi = n_1^\gamma$, γ étant pris égal à 1,3, valeur moyenne relevée sur les courbes d'indicateurs. Si du point 7 par exemple, nous élevons une perpendiculaire à l'échelle des volumes, nous avons par simple construction :

$$ab = \pi - \omega \quad \text{et} \quad 7b = \pi$$

Pour avoir le rapport exprimé en centièmes de ces deux longueurs, c'est-à-dire le rendement du cycle pour une valeur déterminée de la compression, nous élevons à gauche de la figure une échelle divisée en 100 parties égales, le zéro se trouvant au sommet de l'échelle.

Traçant la ligne *ob* jusqu'à sa rencontre en *d* avec l'échelle des volumes et menant la ligne *da* jusqu'à sa rencontre en *e* avec l'échelle des rendements, *oe* exprime en centièmes le rendement du cycle correspondant à $n_1 = 7$.

Traçant l'horizontale passant par *e* jusqu'à sa rencontre *f* avec la ligne B, le point *f* d'intersection est un point de la courbe cherchée.

On a en effet par la formation de triangles semblables :

$$\frac{ba}{b7} = \frac{oe}{100} = \frac{\pi - \omega}{\pi} = \rho$$

Opérant ainsi pour tous les points des courbes A et B, on trouve la courbe C.

Les abscisses de cette dernière courbe doivent se lire dans le sens *oh* et les ordonnées dans le sens *hf*.

On voit que cette courbe C qui d'abord croit très vite s'aplatit bientôt avec une tendance marquée à s'allonger dans un sens parallèle à l'axe *oh*. Il n'y a donc pas d'intérêt à pousser la compression au-delà d'une quinzaine d'atmosphères.

Il résulte de ces observations qu'une variation de compression dans les valeurs élevées de 10 à 15 kgr. influe peu sur les rendements et c'est pourquoi le réglage par admission variable est alors avantageux.

Il faut d'ailleurs remarquer qu'en réduisant les compressions par des admissions de plus en plus courtes on ne se trouve plus dans les conditions ordinaires du cycle de Beau de Rochas, car le rapport du volume de la chambre de compression au volume total du cylindre ne change pas et par conséquent, la valeur de la détente reste constante.

On réalise donc ainsi successivement des cycles à détente prolongée par rapport à leur volume réel d'admission et leur rendement reste par ce fait bien plus élevé que si ce supplément de détente n'existait pas.

A titre d'exemple, considérons un moteur dont la compression en pleine charge atteint 13 atmosphères : son rendement théorique est de 44,6%. En supposant que pour tourner à vide il faille réduire les admissions à 23% de la cylindrée, ce qui est à peu près exact, la compression avec un cycle ordinaire de Beau de Rochas ne donnerait qu'un rendement de 27%, mais par suite de la conservation de la détente prolongée, ce rendement remonte à 40,2%.

En résumé donc, à la condition que les mélanges admis brûlent toujours aussi rapidement et aussi complètement, le rendement indiqué d'un moteur à réglage quantitatif ne devrait diminuer que de 10% en passant de la pleine charge à la marche à vide, pourvu toutefois que la compression initiale de pleine charge atteigne de 12 à 15 atmosphères.

Des résultats récents d'essais prouvent d'ailleurs qu'on peut tendre vers ces données de la théorie.

186. — Contrairement à ce que nous venons de dire de l'avantage des réglages quantitatifs, il semblerait résulter de nombreux essais faits en Allemagne, sur de grands moteurs, qu'en somme les réglages qualitatif et quantitatif se valent et donnent aux faibles charges des résultats équivalents.

La vérité, c'est que dans ces essais on a bien examiné des moteurs à réglage quantitatif, c'est-à-dire à admissions variables, mais cette condition ne suffit pas pour obtenir de bons résultats ;

il faut encore que les mélanges admis restent de composition constante, sans quoi on ne fait alors qu'une sorte de réglage mixte par appauvrissement et diminution de compression qui déforment fortement les diagrammes et font baisser les rendements tout aussi rapidement que les réglages simplement qualitatifs. Autant en rester alors à ce dernier procédé.

Faire des admissions variables d'un mélange de composition constante n'est pas en effet aussi facile à réaliser qu'on pourrait le croire au premier abord : lorsqu'on aspire deux gaz différents en même temps, comme de l'air et du gaz, les moindres variations de pertes de charge dans les conduits ou dans les lumières des cylindres déterminent des débits sensiblement variables des deux éléments qui doivent constituer le mélange. — Cette observation n'a pas assez retenu jusqu'ici l'attention des constructeurs, ainsi que nous allons le voir par la description des principaux systèmes de distribution employés.

a.— La soupape de mélange est commandée indirectement par un jeu de leviers qui prend son mouvement sur le levier même de commande de la soupape principale d'admission. Un galet interposé entre deux leviers droits, dont les articulations sont tournées en sens inverse, détermine suivant la position qu'il occupe une amplitude variable du levier commandé, alors que le levier qui commande garde une amplitude constante. Le levier commandé est naturellement celui qui appuie directement sur la tige de la soupape de mélange.

La position du galet qui roule entre les leviers dépend de l'action du régulateur ; il s'ensuit que lorsque le galet se déplace, les levées de la soupape de mélange sont plus ou moins grandes, bien que les durées d'ouverture restent constantes. — En opérant ainsi, les soupapes de mélange restent donc ouvertes pendant le maximum du temps d'aspiration mais elles s'ouvrent d'autant moins que la machine est plus déchargée.

On obtient donc ainsi une réduction d'admission par un laminage de plus en plus grand. La fig. 80 montre un réglage de ce genre comportant un mécanisme spécial de commande par

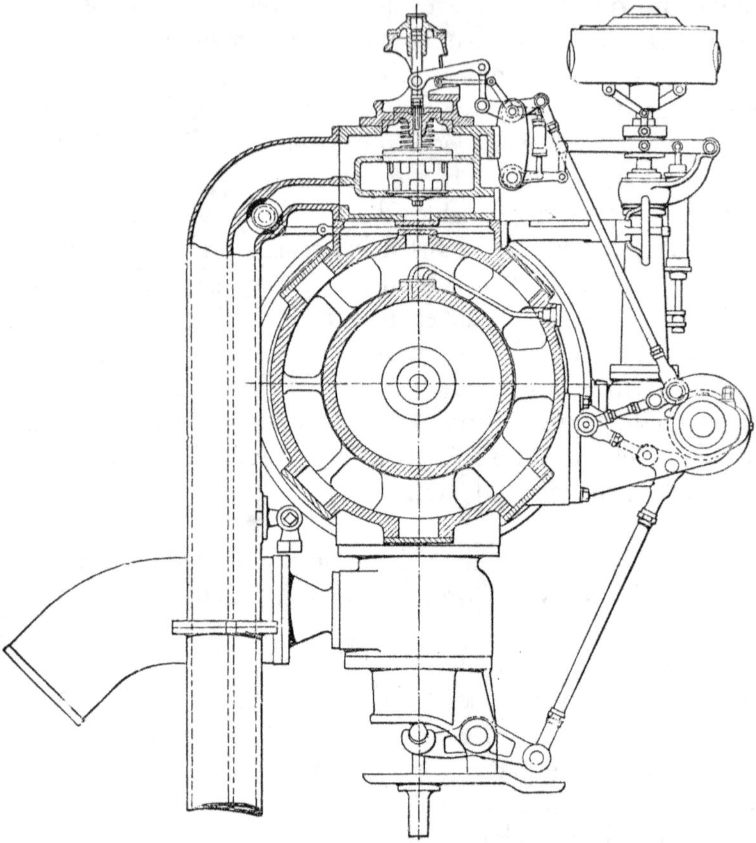

Fig. 80. — Réglage quantitatif par levée variable de la soupape de mélange (Ehrhardt et Shemer).

cames, bielles et levier, de la soupape de mélange d'air et de gaz. Le galet dont les positions variables déterminent des levées plus ou moins grandes de la soupape, roule ici sur un plan incliné fixe. L'amplitude du mouvement de commande restant constant, il est clair que plus le galet de réglage descend sur son plan incliné et moins sera grande la levée de la soupape de mélange : celle-ci est constituée par une soupape à double siège, celui du haut obturant l'air, et celui du bas le gaz. Les sections d'ouverture d'air et de gaz restent donc proportionnelles.

Néanmoins la pratique montre que, par ces moyens, la composition du mélange tonnant ne reste pas constante, parce que les laminages causent dans les orifices des pertes de charge variables qui modifient les aspirations. Lorsqu'on relève des diagrammes sur moteur muni d'une telle distribution, on voit que les combustions se font d'une façon de plus en plus ralentie au fur et à mesure que les dépressions à l'admission augmentent dans les cylindres. C'est l'indice certain d'une variation dans la composition des mélanges.

b. — Comme exemple de réglage qualitatif simple nous donnerons celui du moteur « Union ». Dans cette machine les soupapes d'admission proprement dites seules sont commandées et ces commandes sont invariables (fig. 81).

En arrière des soupapes d'admission se trouve une soupape automatique pour l'admission simultanée de l'air et du gaz. Cette soupape porte deux sièges concentriques disposés sur un même cône; elle recouvre un conduit central d'arrivée de gaz et un conduit annulaire d'arrivée d'air. Les passages de l'air sont réglables à la main par une crémaillère agissant sur une couronne mobile percée d'ouvertures qui découvrent plus ou moins les orifices d'une couronne fixe.

Le débit de gaz se règle par un papillon. Ces deux commandes sont solidaires. La soupape porte une tige qui traverse le couvercle de la boîte de mélange et se termine extérieurement par une sorte de disque conique sous lequel, par une petite soupape latérale, l'air peut entrer au moment où les aspirations du moteur forcent la soupape et son disque à se lever. L'air emprisonné sous le disque ne peut s'échapper que lentement, de sorte que la soupape revient doucement sur son siège ou même reste soulevée si les aspirations se succèdent très rapidement. Dans le conduit allant au cylindre se trouve un papillon placé sous la dépendance du régulateur qui obstrue de plus en plus le passage du mélange au fur et à mesure de la décharge du moteur.

Le cylindre par ce fait se remplit de moins en moins et c'est ce qui constitue le réglage par admission variable.

La soupape de mélange de son côté s'ouvre d'autant moins évidemment que le conduit d'aspiration allant au cylindre est plus fermé.

Au point de vue de la correction des diagrammes, ce procédé est encore moins bon que le précédent, parce que les soupapes

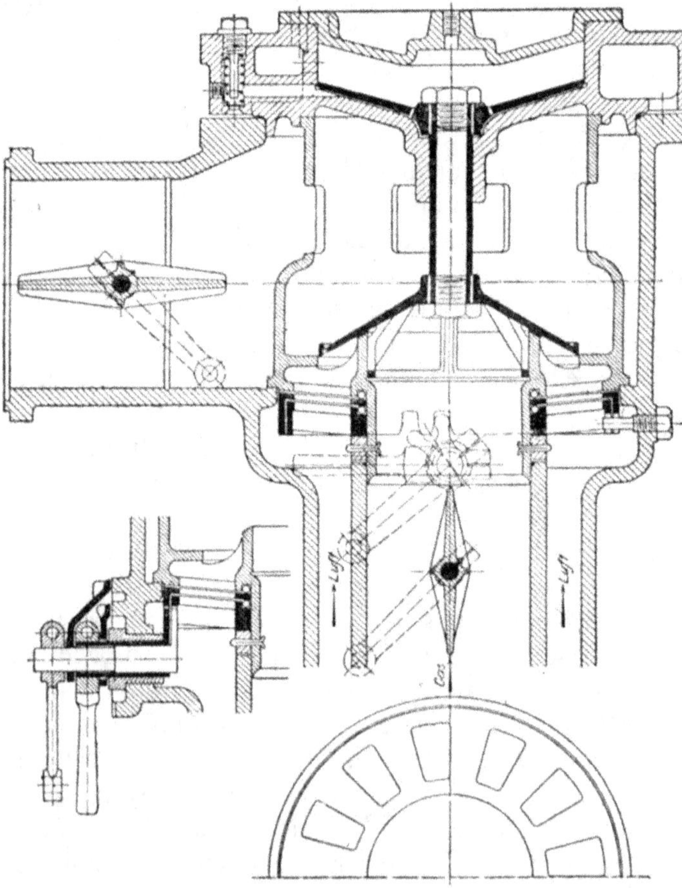

Fig. 81. — Réglage quantitatif par soupape automatique d'air et de gaz (Union).

automatiques d'aspiration n'ont jamais de levées bien régulières, surtout lorsqu'elles sont de grandes dimensions. Néanmoins pour des moteurs à simple effet d'une puissance ne dépassant pas cent chevaux, la soupape de mélange automatique donne souvent des résultats suffisants.

On a aussi essayé de mouvoir les soupapes par l'intermédiaire de leviers à déclic dont on provoquait le déclenchement à un moment variable de leur course, de façon à couper brusquement les admissions. Le procédé est évidemment meilleur, mais on paraît, là encore, n'avoir eu recours qu'à des dispositifs qui créent également des pertes de charge variables.

Par imitation des systèmes à déclic employés dans la construction des machines à vapeur, les organes de distribution sont soulevés d'un mouvement continu et c'est par la rencontre d'un obstacle dont la position dépend des mouvements du régulateur que le déclic se produit.

Il est clair que, dans ce cas, pendant toute la durée des admissions, les lumières sont découvertes de quantités qui varient suivant la charge du moteur. Ces variations d'ouverture suffisent pour troubler le mélange et conduire à des diagrammes déformés.

La fig. 82 montre une distribution de ce genre constituée par un mouvement à déclic d'entraînement d'un tiroir d'admission variable d'air et de gaz. Le tiroir retombe brusquement pour couper l'admission quand, dans son mouvement de levée, le levier de déclenchement rencontre un obstacle dont la position dépend de la hauteur du régulateur. Le tiroir est entraîné par 3 tringles à 120°, fixé au piston d'un dash-pot à air placé à la partie supérieure de la boîte.

Remarquons que la soupape d'échappement, dans ce système, est bloquée pendant l'aspiration par un mouvement assez compliqué de leviers.

Nous avons vu, par les descriptions précédentes, qu'au lieu d'employer des soupapes doubles pour l'admission de l'air et du gaz, les constructeurs ont eu souvent recours à l'emploi de tiroirs cylindriques qu'ils plaçaient de préférence concentriquement à la

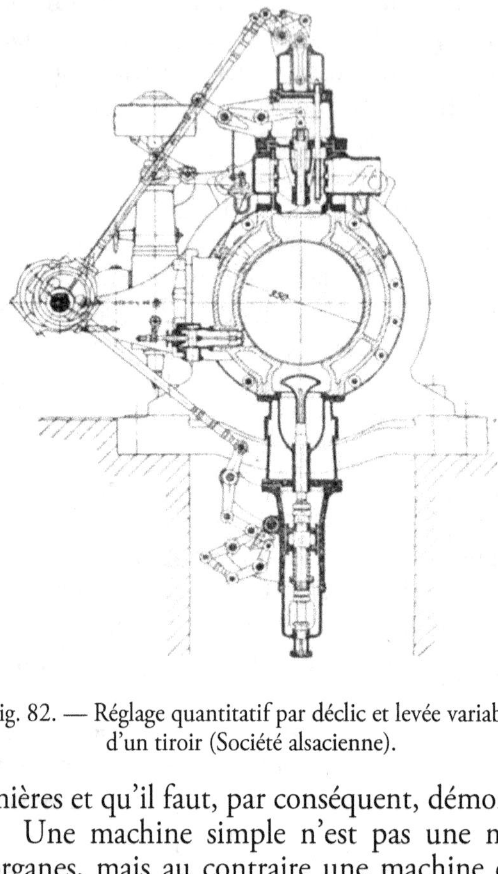

Fig. 82. — Réglage quantitatif par déclic et levée variable d'un tiroir (Société alsacienne).

soupape d'admission : on obtient par ce moyen une simplification d'aspect mais non une simplification mécanique, car on rend ainsi plus difficile le démontage des pièces. Nous estimons qu'il est préférable, dans tous les cas, de mettre les organes de mélange à côté des soupapes d'admission, parce que, lorsque l'épuration des gaz laisse à désirer, ce sont toujours les soupapes à gaz qui se salissent les premières et qu'il faut, par conséquent, démonter le plus souvent.

Une machine simple n'est pas une machine qui cache ses organes, mais au contraire une machine dont toutes les parties sont facilement réglables et visitables. L'aspect extérieur est d'importance secondaire.

Remarquons, en passant, que le tiroir cylindrique a l'inconvénient de nécessiter un graissage et que, lorsque les gaz contiennent des impuretés, ces tiroirs peuvent gripper dans leur logement et causer ainsi des arrêts. L'emploi de soupapes pour la distribution des moteurs à gaz est de beaucoup préférable.

Dans le type de moteur dont nous avons donné la description complète plus haut (n° 174), nous avons résolu le problème de l'admission variable d'un mélange de composition constante d'une manière relativement simple. Nous avons dit que dans cette machine la soupape de mélange était commandée par le mouvement même de la soupape d'admission : ce mouvement est disposé de telle manière que l'ouverture de la soupape de mélange est très accélérée pour arriver, en un temps aussi court que possible, à un état de repos, en attendant le moment où le déclic doit se produire. A cet effet, les leviers de commande sont orientés, comme dans certains distributeurs Corlis, où l'on voit notamment les obturateurs rester sensiblement immobiles pendant une partie du temps de leur fonctionnement (fig. 83). Il est clair que dans ce cas, ce n'est pas le mouvement même d'ouverture de la soupape qui peut provoquer le déclenchement du déclic aussi, dans cette machine, a-t-on dû employer un mouvement spécial à cet effet.

Ainsi que nous l'avons vu, l'origine du mouvement de déclenchement est pris sur un point de la grande bielle de commande de l'admission qui décrit une courbe en œuf : on peut obtenir ainsi par des bielles et des leviers convenablement disposés, un mouvement alternatif orienté dans n'importe quel sens. Dans l'espèce, le mouvement est renvoyé à la soupape de mélange par l'intermédiaire d'un levier d'équerre dont la position du centre d'oscillation dépend de la hauteur du collier du régulateur. La pièce de déclic porte une queue concentrique à l'axe des leviers qu'elle rend momentanément solidaires l'un de l'autre, de façon que, dans le mouvement relatif de ces leviers, cette queue puisse être considérée comme immobile.

Un galet placé à l'extrémité d'un levier qui décrit, sous l'influence du renvoi dont nous venons de parler, un angle dans un sens normal à l'arc formé par la queue du déclic vient, à un certain moment, appuyer sur cette queue et provoquer ainsi le déclenchement qui séparera les leviers de commande et assurera la fermeture brusque de la soupape de mélange.

L'angle décrit par le galet de la rupture reste constant mais, par suite du changement de position du levier d'équerre de renvoi de mouvement, cet angle occupe des positions variables dans son plan ; il s'ensuit évidemment que ce galet arrivera à produire le déclenchement des leviers de réglage à des moments différents suivant la position occupée par la timonerie du régulateur.

Remarquons qu'avec ce dispositif, même pour de très courtes admissions, pendant le temps que durent les aspirations, il ne peut y avoir aucune modification de pertes de charge dans les conduites ou lumière soit d'air soit de gaz, du fait de la distribution. On se trouve donc bien ainsi dans les meilleures conditions pour que les admissions variables se fassent avec un mélange de composition constante. — En fait, les relevés de diagrammes faits sur les machines pourvues de cette distribution montrent que ceux-ci restent bien corrects quelles que soient les variations de charge : or ceci est évidemment la conséquence de la constance de composition des mélanges admis.

Les avantages de ce système ont été mis en lumière par les essais faits par M. A. Wetz et E. François aux ateliers du Thiriau (Belgique), en décembre 1907. Le résultat le plus intéressant à retenir de ces essais, c'est qu'à 70% environ de sa charge maximum, le moteur de 1 000 chevaux indiqués en expérience a accusé un rendement thermique aussi élevé que celui trouvé sur les meilleurs moteurs modernes lorsqu'ils fonctionnent à pleine charge[20].

Il n'est donc plus vrai de dire, que le moteur à gaz n'est économique qu'au maximum de sa charge : tout dépend de la distribution dont il est muni.

20) Dans ces essais, avec une compression de 13 atm., la consommation du ch. H. E. effectif est descendue à 350 grammes de charbon pur, pour une charge de 700 chx. environ. Quant au ch.H. I., il fut obtenu avec une dépense de 1820 calories, ce qui correspond à un rendement indiqué de 35%.

CHAPITRE VI

Mécanismes d'allumage

187. Conditions que doit remplir un bon allumage. — 188. Allumage par transport de flamme (Kœrting). — 189. Allumage à tube (Guillou). — 190. Allumages électriques par bobines et accumulateurs ou piles. — 191. Bobines à trembleurs. — 192. Distributeur de courant primaire. —193. Installation d'un allumage par bobine. — 194. Dispositifs d'avance à l'allumage. — 195. Piles et accumulateurs. — 196. Allumages par bobines des moteurs à effets multiples. — 197. Distributeur d'étincelles pour quatre allumages. — 198. Bougies d'allumage à haute tension. —199. Emploi pour l'allumage de courants de haute fréquence. — 200. Allumage à basse tension et à rupture par magnéto. — 201. Description de magnétos. — 202. Commandes de magnétos à déclenchements. — 203. Inflammateur à rupture. — 204. Magnétos rotatives. — 205. Commandes pneumatiques des rupteurs. — 206. Allumages électromagnétiques. — 207. Magnétos à haute tension.

187. — Les questions d'allumage ont dans les moteurs à gaz une importance évidemment primordiale. La puissance de ces machines ne se manifestant qu'au moment de la déflagration des mélanges combustibles employés, il est clair que si l'allumage fait défaut, l'action motrice n'existe plus.

Il ne suffit d'ailleurs pas, dans les moteurs à explosion, que l'allumage ait simplement lieu pour que le fonctionnement soit jugé satisfaisant, il faut encore que l'allumage se fasse à des moments et dans des conditions déterminées de façon que les diagrammes restent corrects, c'est-à-dire que les combustions aient lieu très sensiblement à volume constant.

Pour qu'il en soit ainsi, il y a des conditions à remplir dont nous avons déjà parlé et qui concernent la composition des mélanges tonnants et leur formation, mais il en est d'autres qui dépendent exclusivement des procédés d'allumage ou du bon fonctionnement des organes ou des mécanismes employés à cet effet.

188. — Nous ne reviendrons pas sur les allumages par transport de flamme par tiroir que nous avons décrits dans la partie historique de ce livre et dont l'usage a été complètement abandonné.

Nous ne dirons un mot que de l'ancien allumage Kœrting à cause de son originalité et parce qu'il pourrait encore recevoir des applications dans les cas particuliers où il serait intéressant de disposer l'allumeur à un endroit tel que le mécanisme employé puisse servir à purger les cylindres.

Ce système se compose d'un ajutage rentrant percé latéralement d'un trou. Dans l'intérieur de cet ajutage se meut une tige formant soupape forée intérieurement en forme de cône dont le sommet, percé d'un très petit orifice, est tourné vers le cylindre dans l'intérieur duquel l'allumage doit se produire.

Cette pièce est mobile et est repoussée sur son siège par l'effet de la compression.

Sous le siège se trouvent percés deux petits trous faisant communiquer le cône intérieur avec la périphérie. La grande base du cône communique avec l'extérieur par une série de lumières en face de l'une desquelles est maintenue en permanence une petite flamme de gaz. Un butoir placé dans l'axe de l'ajutage vient périodiquement obturer le cône en repoussant la tige mobile. L'amplitude du mouvement est limitée par un écrou creux fixé en bout de l'ajutage : cette amplitude est néanmoins suffisante pour que les trous percés dans la partie conique viennent en face du trou latéral de l'ajutage.

Le fonctionnement est le suivant : pendant l'aspiration, le butoir étant immobile à son extrémité de course (fig. 84) une rentrée d'air chasse les gaz brûlés qui pourraient rester dans les canaux.

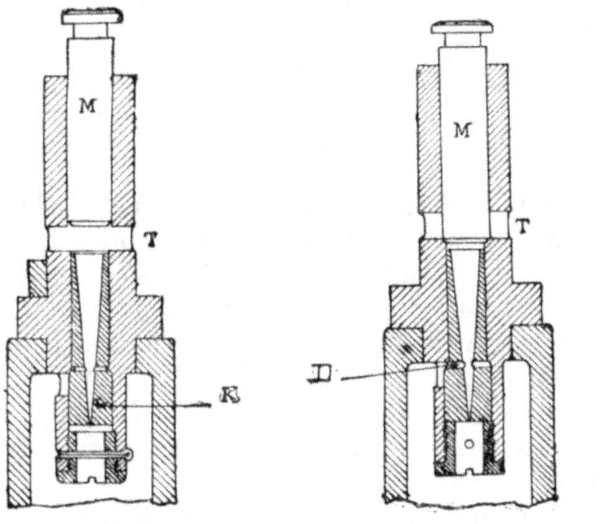

Position des organes pendant la compression.

Position des organes au moment de l'allumage.

M. Butoir. — T. Lumières extérieures. — K. Pièce mobile de transport de flamme.

Fig. 84 et 85. — Allumeur à gaz Kœrting.

Pendant la compression, la tige creuse étant sur son siège, une légère fuite de gaz tonnant se fait par le sommet du cône. Ce gaz se détendant dans le cône arrive sans vitesse sur le brûleur permanent et s'allume. La flamme gagne alors de proche en proche jusqu'à l'intérieur du cône.

Lorsqu'à fin de course le butoir descend sur le cône, les gaz enflammés se mettent en équilibre de pression avec les gaz du cylindre et quand les trous latéraux du cône et de l'ajutage arrivent en regard, l'allumage a lieu par contact avec la flamme transportée. La fig. 85 montre la position relative des organes à ce moment.

Il faut noter qu'avec ce système il y a une légère fuite permanente pendant toute la durée de la compression.

On voit qu'en disposant cet allumeur à l'endroit où peuvent se rassembler les excès d'huile, toujours nuisibles au bon fonctionnement des machines, on aurait une purge automatique des cylindres. Avec les hautes compressions, on n'aurait vraisemblablement pas besoin du mouvement de la tige mobile et l'obturation du cône suffirait pour provoquer l'allumage.

189. — L'allumage à tube qui a succédé à l'allumage par transport de flamme tend lui-même à disparaître. Il est pourtant bien pratique d'emploi pour les moteurs placés dans des milieux poussiéreux ou humides. Nous ne donnerons la description que d'un des derniers systèmes qui ait subsisté : il est dû à M. Guillou, un spécialiste en matière d'allumage.

Ce système est facilement adaptable à n'importe quelle machine : il est peu encombrant, de forme élégante et entièrement automatique.

L'allumeur proprement dit est constitué par un petit tube en porcelaine, de quelque centimètres de long leur seulement, fermé par un bout. L'autre extrémité libre porte un bourrelet qui se trouve pincé entre deux pièces métalliques maintenues en pression par le serrage d'une vis passant dans un étrier, ainsi que le montre la fig. 86. Ce tube en porcelaine spéciale passe perpendiculairement à travers un tube formant cheminée, et est protégé par un revêtement métallique. La cheminée est garnie d'amiante intérieurement pour empêcher les déperditions de chaleur : elle porte à sa partie inférieure un brûleur Bunsen (fig. 86 et 87).

Le tube en porcelaine communique avec le cylindre par un canal brisé de petit diamètre sur le parcours duquel se trouve en dérivation un logement cylindrique de capacité variable par l'addition ou la suppression de rondelles métalliques qui se vissent sur une tige fixée au bouchon de fermeture de cette capacité.

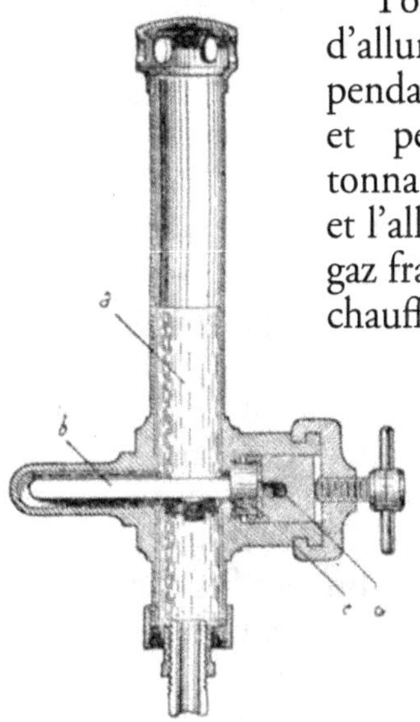

Tous les conduits, y compris le tube d'allumage, restent pleins de gaz brûlés pendant le temps d'aspiration du moteur, et pendant la compression, les gaz tonnants commencent par refouler ces gaz et l'allumage ne se produit que lorsque les gaz frais atteignent la partie rouge du tube chauffé par le brûleur Bunsen.

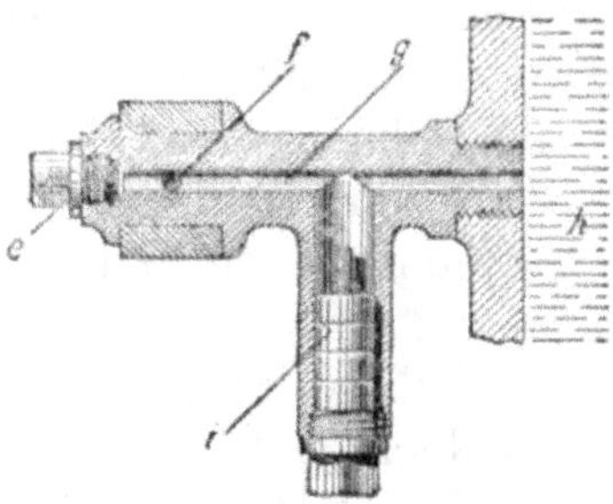

a, cheminée ; *b*, tube de porcelaine ; *c*, étrier d'attache ; *d*, trou vers le cylindre ; *e*, bouchon ; *f*, canal vers le tube ; *g*, canal vers le cylindre ; *h*, cylindre ; *i*, capacité variable.

Fig. 86 et 87. — Allumage par tube incandescent (Guillou).

On conçoit que, suivant la grandeur des conduits entre le tube et le cylindre, l'allumage se produira plus ou moins tôt et c'est pourquoi on a réservé en dérivation, avant l'arrivée des gaz au tube, une capacité de volume variable à volonté.

En procédant par tâtonnements on peut arriver par ce système à avoir en pleine charge un allumage très satisfaisant. Il faut remarquer néanmoins que ces sortes d'allumage ne conviennent qu'à des moteurs toujours uniformément chargés ou ayant un réglage par « tout ou rien », car si la composition ou la compression des mélanges vient à changer, l'intensité et le moment de l'allumage pourront varier.

On a quelquefois des difficultés avec les allumages à tube aux mises en marche, parce qu'en faisant tourner à faible vitesse le moteur, les allumages se produisent trop tôt. Il est même souvent arrivé des accidents par des retours en arrière du volant lorsque l'allumage se produit avant le point mort quand on est en train de lancer la machine.

Il est facile de remédier à ces inconvénients : d'abord presque tous les moteurs portent un dispositif pour diminuer les compressions pendant les mises en marche, soit par la réouverture partielle au 2e temps de la soupape d'échappement, soit par l'ouverture d'un robinet placé vers le milieu de l'alésage du cylindre. La compression étant alors moins forte qu'en marche normale, l'allumage tend à se faire automatiquement en retard.

Si ces dispositions ne suffisaient pas, le meilleur moyen pour retarder momentanément l'allumage serait alors de laisser refroidir un peu le tube en modérant l'action du brûleur Bunsen.

Avec le dispositif Guillou la dépense en gaz pour l'allumage est très faible.

En automobile on employa longtemps pour l'allumage des tubes de platine chauffés à l'essence : on obtient de meilleurs résultats avec la porcelaine, mais cette matière est trop fragile pour être employée à cet usage sur des voitures.

Il faut encore noter qu'il est très difficile d'obtenir une incandescence suffisante en chauffant les tubes au gaz pauvre.

Pour avoir un bon allumage avec des tubes, il faut que ceux-ci soient portés au blanc.

Il est remarquable de constater qu'avec des tubes si chauds qu'ils soient, on n'obtient jamais vraiment l'allumage à volume constant : on a ou un allumage brutal et anticipé, ou la courbe d'explosion est légèrement inclinée sur la verticale.

190. — On donne généralement aujourd'hui la préférence aux allumages électriques.

Pendant très longtemps on ne se servit que de l'allumage à haute tension obtenue par piles et bobines d'induction. Par ce procédé on fait jaillir directement dans l'intérieur du cylindre, au moment où l'allumage doit se produire, une étincelle entre deux électrodes dont l'une est isolée.

Les bobines d'induction, toutes dérivées des bobines de Rhumkorf, se composent de deux enroulements superposés, l'un à gros fil dans lequel passe un courant de basse tension et l'autre de fil fin dans lequel se développe un courant de haute tension au moment où l'on provoque la rupture du courant primaire. Ce courant de haute tension est capable de se manifester par une étincelle brillante jaillissant entre deux pointes plus ou moins rapprochées formant les extrémités de l'enroulement à fil fin.

Comme la rupture entre les contacts fermant le circuit de courant primaire détermine entre eux une forte étincelle qui les détériorerait très rapidement, on les relie chacun à une borne d'un condensateur formé de feuilles isolantes intercalées entre des feuilles de clinquant. L'électricité s'emmagasine ainsi à la surface de ces feuilles pour renforcer le courant primaire à la fermeture au lieu de brûler les contacts. Sans un condensateur bien établi une bobine ne peut donner de bons résultats.

En provoquant mécaniquement, au moment de l'allumage, une seule rupture de courant primaire, on obtient naturellement une seule étincelle de haute tension. Certains constructeurs estiment que c'est suffisant : quand le courant primaire est à assez haut voltage c'est vrai, mais quand on ne dispose, comme c'est souvent le cas, que de quatre volts, ne compter pour l'allumage que sur une seule étincelle est un peu téméraire car on s'expose alors à avoir de fréquents ratés.

La fig. 88 montre le dispositif ordinairement employé pour la fermeture puis la rupture brusque du courant primaire.

Sur l'un des arbres de distribution se trouve montée une came échancrée à rampes brusques. Une lame flexible s'appuie sur la came par un talon qui tombe périodiquement dans l'échancrure. Dans cette dernière position un contact platiné disposé au milieu de la lame s'appuie sur une vis également platinée, de position réglable, montée sur une borne isolée électriquement.

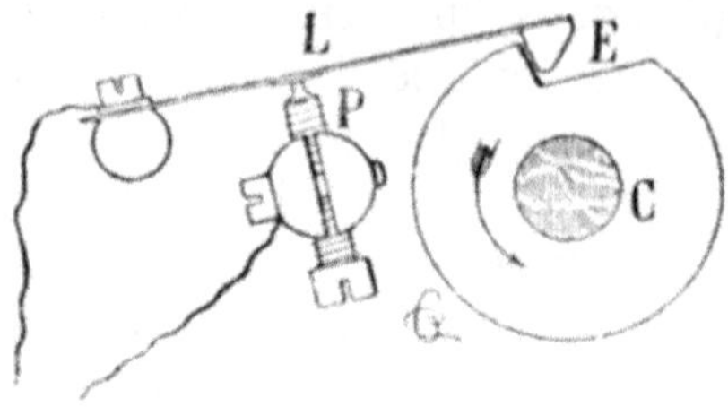

C, arbre de distribution ; E, came à encoche ; P, vis platinée ; L, lame de contact.

Fig. 88. — Commutateur mécanique d'allumage.

Après un court contact de la vis et de la lame, celle-ci est relevée brusquement, ce qui, on le conçoit, permet de couper le courant primaire si ces organes sont interposés dans le circuit électrique.

Pour avoir une série d'étincelles au lieu d'une seule, on a employé comme lame de contact dans le dispositif de la fig. 88 une lame de ressort assez mince pour vibrer et déterminer ainsi une série de contacts et de ruptures pendant le temps où le talon de la lame reste dans l'échancrure de la came. Le réglage des contacts dans ce cas est très délicat: aujourd'hui la lame vibrante n'est plus employée.

191. — Pour obtenir des séries d'étincelles au moment des allumages, on préfère employer des bobines dites à trembleurs. Ces bobines portent en leur milieu un noyau de fer doux qui s'aimante au moment du passage du courant primaire. On profite de cette propriété pour déterminer automatiquement des fermetures et des ruptures de courant.

En face de l'extrémité du noyau de fer doux se trouve disposée une petite masse métallique placée à l'extrémité d'une lame de ressort. Au repos, cette lame repose sur l'extrémité d'une vis réglable. Les supports de la vis et de la lame sont isolés; ils sont interposés dans le circuit électrique. Quand on terme le courant primaire, le noyau de fer doux attire le ressort: immédiatement - le circuit est rompu et une étincelle de haute tension jaillit dans le circuit secondaire. Le courant primaire ayant cessé de passer, l'aimantation du noyau de fer doux disparaît et le ressort vient reprendre contact avec la vis.

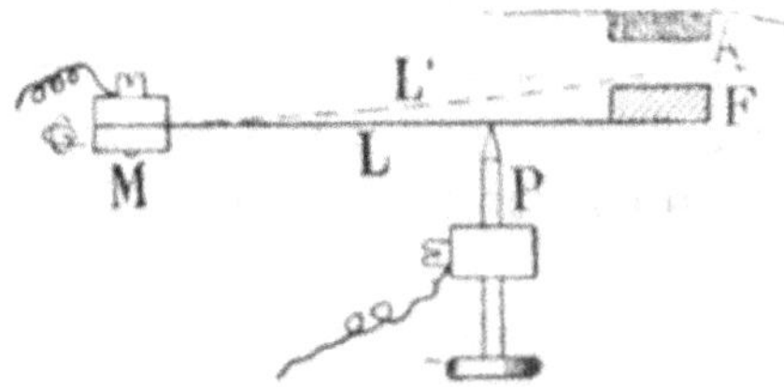

A, noyau de fer doux ; L, lame vibrante ; F, masse de fer doux; M, borne isolée ; P, vis platinée ; L', position de la lame attirée.

Fig. 89. — Trembleur de bobine d'induction.

Le courant passe alors de nouveau et les mêmes phénomènes se reproduisent indéfiniment (fig. 89).

On obtient ainsi des vibrations assez rapides pour que l'étincelle de haute tension produite paraisse continue.

Avant le développement de la construction automobile on trouvait assez difficilement de bonnes bobines d'induction; aujourd'hui au contraire on en trouve d'excellentes à des prix relativement bas.

Pour augmenter la puissance des étincelles données par les bobines, M. Carpentier a imaginé il y a quelques années de déterminer des ruptures plus brusques de contact par l'action d'une sorte de petit marteau léger qui seul est attiré par le noyau de fer doux et vient frapper en vitesse la laine mince, sans masse, qui donne les contacts. Par ce procédé on obtient des étincelles non seulement plus fortes, mais encore d'une fréquence beaucoup plus grande, les pièces mises en mouvement présentant moins d'inertie que les anciens trembleurs.

La plupart des bobines qu'on trouve dans le commerce sont à trembleurs-vibreurs du système Carpentier ou dérivées de ce système. Ces dispositifs sont plus délicats de réglage que les trembleurs à masse et il faut remarquer que pour l'allumage des moteurs dont le nombre de tours ne dépasse pas deux cents à la minute, ces derniers sont bien suffisants.

192. — La fig. 90 donne un dispositif de fermeture automatique du courant primaire quand les allumages doivent avoir lieu.

Une lame de ressort s'appuie constamment, par une masse portée à son extrémité, sur une came en matière isolante montée sur un arbre isolé, tournant à la vitesse de l'arbre de distribution. A un endroit de sa circonférence, la came isolée porte une partie métallique solidaire de l'arbre. Un frotteur met l'arbre en communication avec l'un des pôles de la source d'électricité, tandis que l'autre pôle est relié avec la lame qui s'appuie sur la came isolante. On conçoit que chaque fois que le contact entre cette dernière lame et l'arbre sera établi, le courant passera.

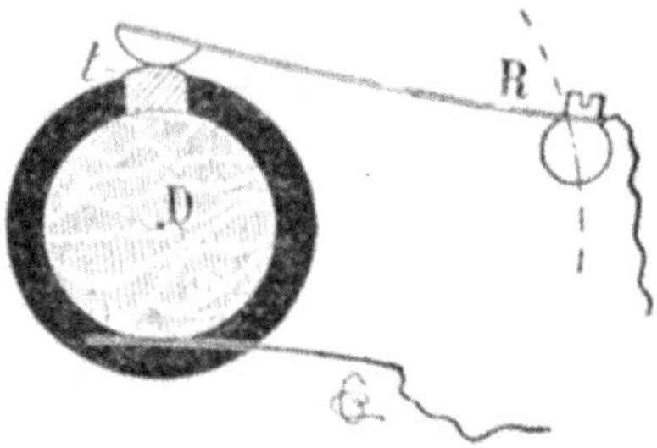

D, Arbre de distribution. — l, contact métallique. — R, ressort de contact.

Fig. 90. — Distributeur de courant primaire.

Des dispositifs de ce genre sont à employer quand on prend le courant sur une batterie d'accumulateurs servant à l'éclairage, car il faut, dans des installations de ce genre, éviter des mises à la terre.

193. — La fig. 91 donne le schéma de montage d'un allumage de moteur par accumulateur et bobine à circuit primaire complètement isolé.

Le pôle positif de la batterie est relié à celui de la bobine par l'intermédiaire du distributeur de courant. Les pôles négatifs sont reliés directement l'un à l'autre.

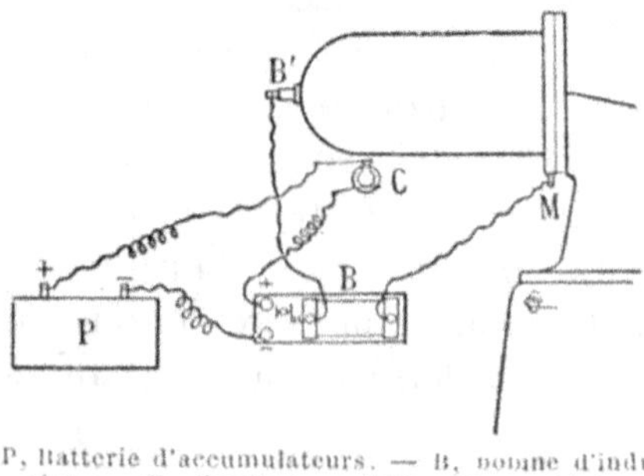

P, Batterie d'accumulateurs. — B, bobine d'induction. — C, distributeur d'étincelle. — B', bougie d'allumage. — M, masse de moteur.

Fig. 91. — Schéma d'un allumage par accumulateurs et bobine.

Quant aux bornes du courant secondaire, l'une est reliée par un fil à la bougie d'allumage et l'autre est mise en court-circuit avec la masse même du moteur. En général on préfère produire l'allumage par des accumulateurs séparés et dans ce cas le montage peut se simplifier.

On relie alors directement entre elles les bornes positives des accumulateurs et de la bobine, puis la borne négative de celle-ci à la borne de masse du circuit secondaire. Quant à la borne négative des accumulateurs on la met en communication avec la lame isolée d'un distributeur automatique de courant. Lorsqu'un bossage d'une came métallique vient toucher cette lame, le courant primaire se ferme par la masse.

194. — Remarquons qu'avec les dispositifs des fig. 89 et 90 rien n'est plus facile que de faire varier le moment de l'allumage : il suffit en effet de faire tourner tout le système autour de l'arbre de distribution.

Comme c'est par ce moyen qu'on a constaté les avantages d'une avance à l'allumage au point de vue du redressement des diagrammes, on désigne souvent incorrectement en automobile les distributeurs de courant sous le nom d'avance. On sait mieux de quoi on parle en appelant ces appareils des distributeurs d'étincelles.

195. — Comme source d'électricité, quand on ne dispose d'aucun moyen pour recharger des accumulateurs, on se sert de piles.

Les plus efficaces, parce qu'elles ont une durée assez grande et donnent deux volts par élément, ce sont les piles au bichromate de soude.

On trouve aussi aujourd'hui dans les fournitures pour automobile une grande variété de piles à liquides ou sèches qui peuvent être employées pour l'allumage des moteurs fixes.

En général les piles sont assez coûteuses d'entretien.

Pour que les accumulateurs d'allumage ne se détériorent pas rapidement, il est bon de ne pas les laisser se décharger en dessous de 3,9 volts.

196. — Pour l'allumage des moteurs à effets multiples ou des moteurs à plusieurs cylindres par accumulateurs et bobines, deux méthodes sont employées: ou bien on emploie un distributeur de courant primaire qui commande autant de bobines qu'il y a d'allumages à effectuer, ou bien on fait fonctionner une bobine autant de fois qu'il y a d'allumages distincts à produire, et on dérive par un distributeur secondaire le courant de haute tension successivement à chacune des bougies.

Le premier procédé fut longtemps préféré en automobile: il présente l'avantage d'un isolement facile du courant de haute tension; par contre il a le grave inconvénient de nécessiter autant de réglages de trembleurs de bobine qu'il y a d'allumages.

Le second, que nous avons adopté dès la construction de nos premiers moteurs à double effet, est plus simple, mais il nécessite l'emploi d'un distributeur de courant de haute tension qui doit être particulièrement bien isolé, car si une dérivation pouvait se produire entre les fils, on risquerait des allumages intempestifs qui troubleraient profondément la marche du moteur.

Dans tous les cas, c'est un avantage important que de n'avoir qu'un trembleur à régler.

Avec des appareils bien entretenus et bien compris, les deux procédés se valent.

La figure 92 montre un distributeur de courant primaire à quatre départs pouvant servir à l'allumage d'un moteur double effet tandem ou d'un moteur à quatre cylindres ou à un triplex en supprimant un des contacts.

Cet appareil imaginé par la maison Nilmelior comporte une came qui soulève alternativement des galets solidaires de lames flexibles portant en leur milieu un contact platiné qui vient s'appuyer sur une vis également platinée, isolée électriquement et reliée au pôle négatif d'une batterie d'accumulateurs de deux ou trois éléments. Dans ce système le courant s'établit successivement dans chaque bobine par une mise à la masse. En arrière du plateau, en ébonite ou en fibre, qui porte les bornes d'attaches des vis et des lames, passent les fils de connexions qui

Fig. 92. — Distributeur d'étincelles pour moteur à quatre cylindres à double effet tandem (Nilmelior).

aboutissent à quatre bornes excentrées d'où partent les fils pour aller aux bobines. Le trou qu'on voit en avant de ces bornes sert à attacher une biellette qui permet de faire tourner l'ensemble du mécanisme pour donner au moteur de l'avance ou du retard à l'allumage, à volonté.

198. — Les bougies d'allumage ou inflammateurs se composent essentiellement d'un tampon dans lequel passe une lige métallique isolée de la masse par un tube de porcelaine ou une garniture formée de rondelles de mica fortement comprimées. De la tige isolée part une pointe qu'on place en face d'une autre pointe fixée à la masse métallique du tampon.

Le courant de haute tension arrive à la tige isolée et l'étincelle jaillit entre les pointes.

C'est Lenoir qui paraît avoir le premier en 1860 employé les bougies en porcelaine. Pour fixer ces bougies dans leur monture on se servait alors d'un scellement au plomb.

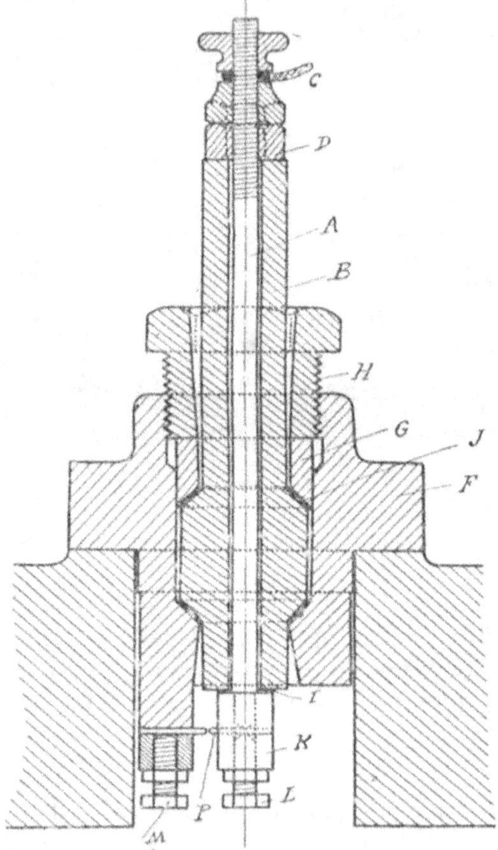

A, tige isolée ; B, bougie de porcelaine ; C, fil de haute tension ; D, écrous de serrage ; F, tampon de fixation ; G, bague de serrage ; H, écrou de serrage ; J et I, joints métallo-plastiques ; K, tête de tige ; P, pointes de platine ; M et L, vis de serrage.

Fig. 93. — Inflammateur de haute tension démontable (Letombe).

En automobile on donna la préférence à un scellement au plâtre. Ces modes de fixation avaient l'inconvénient, de rendre les bougies indémontables ; or quand une porcelaine est fendue, le courant de haute tension passe par la fente et l'allumage n'a plus lieu. Avec des scellements au plâtre ou au plomb, il faut donc, en cas d'avarie, au lieu de remplacer simplement la bougie, remplacer le tampon tout entier.

Pour remédier à cet inconvénient nous avons employé, dès 1890, le dispositif représenté par la fig. 93. La bougie se compose d'un tube de porcelaine portant une partie renflée biconique. Le tampon reçoit la bougie sur une sorte de siège de soupape qu'on garnit d'une rondelle métallo-plastique.

Pour le serrage en place de la bougie on se sert d'une bague qui appuie également sur un joint métallo-plastique et qui est poussée par un écrou creux qui se manoeuvre de l'extérieur. On voit que pour remplacer la porcelaine, il suffit de dévisser l'écrou. Quand une bougie est montée bien droite sans toucher au métal en dehors de ses joints, elle peut durer indéfiniment.

Quand une bougie vient d'être remplacée, il est bon de resserrer l'écrou après quelques heures de marche et quand la bougie est chaude.

Les casses de bougies sont en général dues à un mauvais montage ou un mauvais serrage.

La tige centrale qui amène le courant est vissée du côté du cylindre dans une tête en acier portant un trou transversal dans lequel on fait passer un fil de platine. Ce dernier se fixe dans une position convenable par une vis à contre-écrou placée au bout de la tige.

À l'extérieur, la tige est maintenue par un serrage sur rondelle par écrou et contre-écrou entre lesquels on pince le fil de haute tension qui amène le courant.

Le tampon porte en face de l'extrémité de la tige un appendice percé d'un trou dans lequel on fait passer un fil de platine fixé comme celui de la tige et placé en regard de celui-ci. C'est entre les deux extrémités de ces deux fils que jaillit l'étincelle.

Ce montage a l'avantage de permettre un réglage précis et un remplacement facile des pièces.

Il faut noter, pour le réglage des pointes d'un tampon, que l'étincelle sera, contrairement à ce qu'on croit généralement, d'autant plus chaude qu'elle sera plus courte. On n'est limité dans le rapprochement des pointes que par la crainte de voir des impuretés se loger trop facilement entre les pointes et provoquer ainsi des courts circuits. Quand on peut passer à frottement doux entre les pointes un carton de l'épaisseur d'une carte de visite, l'écartement est bon.

Pour juger si une bobine donne une étincelle suffisante,il est bon d'interposer entre les pointes une mince feuille de mica : l'étincelle en jaillissant sera obligée de contourner le mica et on jugera ainsi de sa longueur possible.

Dans ces conditions, la longueur totale de l'étincelle doit être, pour des moteurs à haute compression, d'environ 15 millimètres dans l'air. C'est parce que la résistance de l'air au passage de l'étincelle va en croissant très rapidement avec l'augmentation de compression, qu'il est nécessaire de rapprocher beaucoup les pointes des inflammateurs.

On trouve aujourd'hui dans le commerce, grâce au développement de l'industrie automobile, des quantités de modèles de bougies en porcelaine ou en mica, dont le prix est peu élevé et qui donnent d'excellents résultats. On ne peut pourtant pas toujours les employer pour les moteurs fixes à cause de leur longueur souvent insuffisante.

On a préconisé à un certain moment en automobile l'emploi de bougies à plusieurs pointes, de façon à obtenir plusieurs étincelles en même temps. On ne faisait ainsi qu'affaiblir l'allumage. L'étincelle multiple peut fonctionner sans inconvénient sur un moteur d'automobile parce que la compression y est faible mais, dans tous les cas, l'étincelle unique et courte doit toujours être préférée pour les moteurs fixes.

Quand un moteur doit rester assez longtemps sans marcher, du samedi au lundi par exemple, il est bon de retirer les inflammateurs et de les placer à la chaleur jusqu'au moment où on aura à s'en servir car, si par condensation des produits de la combustion à l'arrêt, une gouttelette d'eau venait à se déposer entre les pointes, l'allumage ne se produirait pas à la mise en marche du moteur.

Les excès d'huile ou les combustions imparfaites font des dépôts charbonneux sur les parties isolantes des bougies et déterminent des courts circuits qui empêchent les allumages.

Il faut donc entretenir les bougies dans un grand état de propreté, plus encore pour la haute tension que pour la basse tension dont nous nous occuperons plus loin.

Avec l'allumage à haute tension, il faut aussi veiller à ce que les pointes entre lesquelles doit jaillir l'étincelle ne soient pas mobiles dans leur logement, car dans ce cas l'allumage serait incertain.

199. — Pour produire des étincelles plus longues malgré la résistance des gaz comprimés, Sir Oliver Lodge interpose un condensateur sur le secondaire muni d'un éclateur, suivant les dispositions en usage pour l'obtention des courants de haute fréquence. Il paraîtrait qu'avec ce système, ni les encrassements ni les gouttelettes d'eau ne peuvent empêcher l'allumage de se produire. C'est évidemment un avantage sérieux sur l'allumage ordinaire à bobine, malgré les quelques réglages complémentaires auxquels il donne lieu.

200. — Pour les moteurs fixes et en particulier pour les grands moteurs, l'allumage qui, lorsqu'il est bien compris et bien installé, donne les meilleurs résultats, est sans contredit l'allumage à « basse tension et à rupture », le courant étant fourni par une magnéto.

Le principe de ce système d'allumage est le suivant : un courant est lancé directement dans la bougie d'un inflammateur dont la tige isolée est mise provisoirement en court circuit avec la masse, dans l'intérieur du cylindre, par l'action d'un marteau oscillant.

Au moment où le courant est bien établi, par un dispositif mécanique extérieur, on vient rompre le contact entre le marteau et la tige isolée de la bougie. Cet arrachement produit une étincelle de rupture très chaude qui allume avec une grande sûreté tous les mélanges explosifs. Peu importe ici la résistance du milieu, parce que par le fait même qu'il y a eu contact entre le marteau et la tige isolée, la rupture ne saurait se faire sans étincelle.

Ce genre d'allumage est bien moins sensible aux encrassements et à l'humidité que les allumages à haute tension pour plusieurs raisons : d'abord comme le courant est à basse tension, l'isolement de la tige centrale de l'inflammateur est plus facile et en outre le choc répété du marteau pour établir le court-circuit tend à nettoyer les contacts.

Le meilleur métal à employer pour les contacts, en dehors du platine qui coûte trop cher, est le nickel pur. On emploie aussi souvent le ferro-nickel, mais ce composé a l'inconvénient de donner aux arrêts une rouille composée d'oxyde de fer qui peut s'opposer au passage du courant.

Avant de donner un exemple d'application d'un allumage de ce genre, nous allons dire en quoi consistent les magnétos, appareils dont l'emploi va sans cesse en croissant.

201. — Une magnéto se compose essentiellement d'une série d'aimants en fer à cheval entre les pôles épanouis desquels se déplace une bobine portant un enroulement de fil.

La bobine se compose d'une âme en fer doux en forme de cylindre. Cette âme est creusée de profondes encoches longitudinales dans lesquelles est enroulé un fil isolé. Cette bobine, en se déplaçant dans le « champ magnétique » des aimants, peut occuper deux positions extrêmes (fig. 94 et 95). Dans la première position l'induction est maximum, dans la seconde elle est nulle.

L'aimant constitue le système inducteur et la bobine l'induit.

En faisant tourner la bobine, l'induction variant, un courant prend naissance dans le fil enroulé par l'effet même de cette variation.

L'une des extrémités du fil est mise à la masse en le rattachant à l'âme de la bobine et l'autre aboutit à une bague isolée d'où le courant est repris par un frotteur pour être conduit à l'inflammateur.

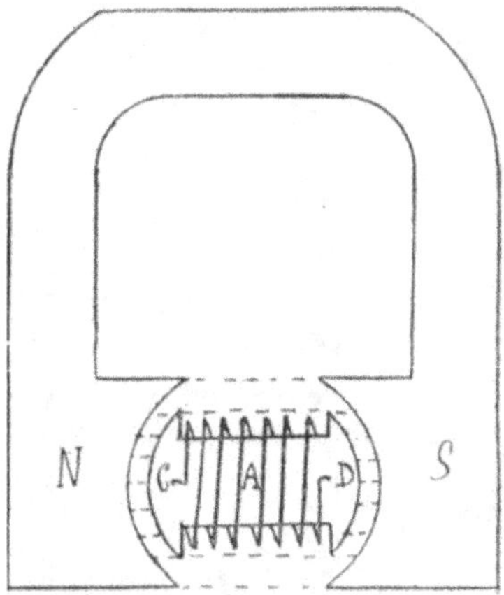

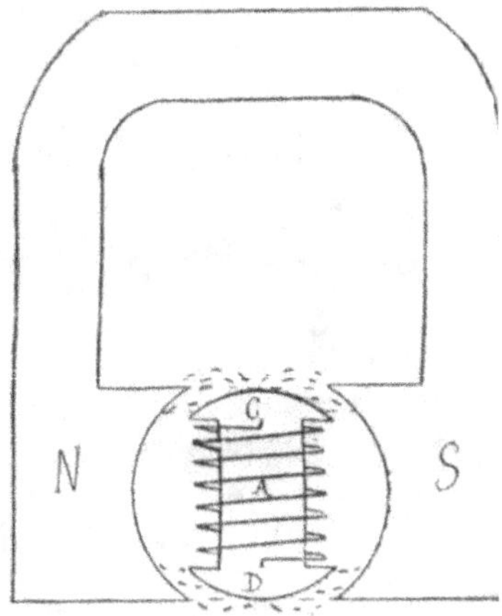

N et S, pièces polaires ; C A D, bobine d'induction.

Fig. 94

Fig. 95

Dans les mécanismes à rupture, on s'arrange pour que l'étincelle se produise au moment où le courant induit est maximum.

La fig. 96 montre une magnéto à basse tension démontée. En haut se voit le tunnel formé par les aimants et la bobine légèrement sortie de son logement ; à droite se trouve la vue extérieure d'un aimant et en dessous une photographie de la bobine seule.

Lorsque la bobine tourne d'un mouvement continu on obtient un courant alternatif, ce qui est sans inconvénient. D'ailleurs comme avec les magnétos, l'allumage est toujours obtenu par une seule étincelle, il suffit pour produire le courant d'une simple oscillation de la bobine.

Comme le courant d'une magnéto est d'autant plus puissant que la bobine se déplace avec plus de rapidité dans le champ magnétique, on produit dans les moteurs fixes une oscillation brusque de la bobine, par le rappel énergique d'un système de ressorts qui suit le déclenchement d'un mouvement d'entraînement angulaire de l'axe de commande. On profite du mouvement ainsi obtenu pour produire en même temps la

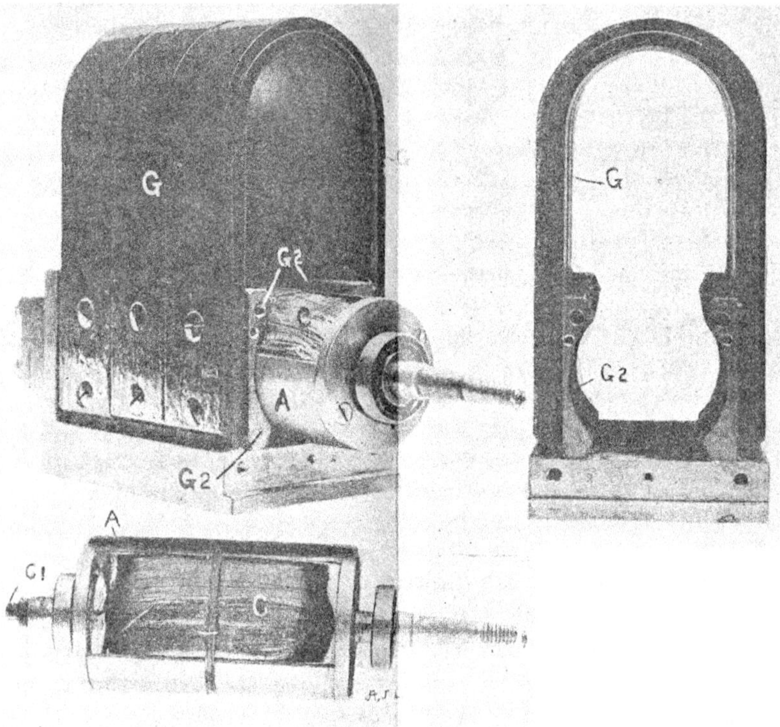

G, Aimants. — G_2, Pôles des aimants. — *A*, Armature de la bobine. — *C*, Enroulement.

Fig. 96. — Magnéto à basse tension (voir p. 359).

rupture des contacts sur le tampon d'allumage au moment où le courant est à son maximum d'intensité.

202. — La fig. 97 montre une application de ce système à l'allumage du moteur Bollinckx décrit plus haut. Sur l'axe de la magnéto placée horizontalement est calée une manivelle d'où part une tringle reliée à un levier placé perpendiculairement au-dessus de l'arbre de distribution.

Un appendice fixé sur la face latérale d'un plateau monté sur cet arbre vient périodiquement rencontrer l'extrémité de ce levier qui, après avoir été ainsi écarté d'un certain angle, retombe brusquement lorsqu'il redevient libre. Tout le système est rappelé dans sa position moyenne par l'action de deux ressorts agissant en sens inverse sur un renflement de la tringle de commande de la magnéto.

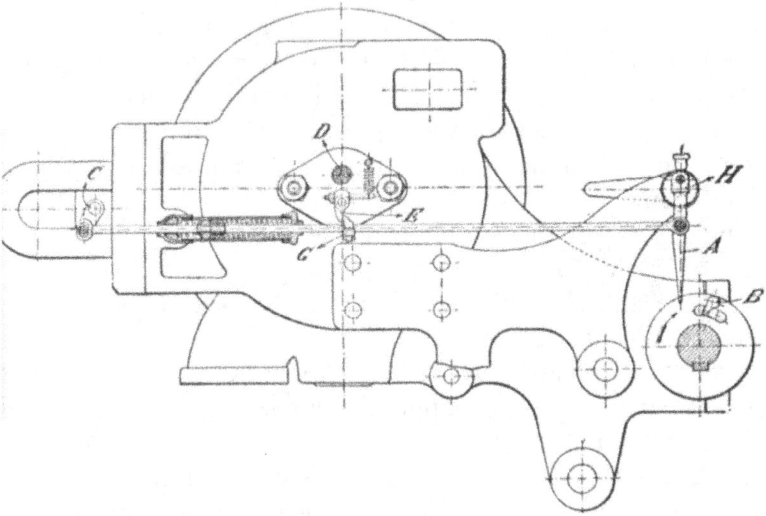

A, Levier de commande. — *B*, Appendice d'entrainement. — *C*, Magnéto. — *G*, Doigts de rupture. — *D*, Bougie isolée. — *E*, Levier du marteau de contact.

Fig. 97. — Allumage à magnéto à déclenchement (Bollinckx).

Un doigt, de position réglable à volonté, est fixé sur la tringle et vient frapper, au moment du déclenchement, sur le petit levier qui commande le marteau de rupture du tampon d'allumage.

Avec les dispositifs de ce genre, l'appendice d'entraînement du levier de commande peut occuper deux positions : une donnant l'allumage en retard pour la mise en route et l'autre l'allumage en avance quand le moteur a pris sa vitesse.

Le passage d'une position à l'autre se fait en appuyant avec le doigt, pendant la marche, sur une queue de l'appendice d'entraînement. En montant l'axe du levier de commande de la magnéto sur excentrique on peut aussi obtenir une variation du moment de l'allumage par le relèvement ou l'abaissement de l'extrémité de ce levier par rapport à l'appendice du plateau calé sur l'arbre de distribution.

Le réglage de l'ensemble du mécanisme consiste à faire qu'au repos la bobine soit découverte d'un millimètre environ par les masses polaires, alors que le doigt de la tringle de commande arrive juste sur le levier du tampon sans avoir pourtant encore provoqué la rupture. En somme c'est l'inertie des pièces qui, en faisant dépasser aux organes leur position moyenne, provoque la rupture sur le tampon au moment où le courant induit est arrivé à son maximum.

On conçoit qu'on puisse imaginer à l'infini des dispositifs pour arriver au même résultat.

Chaque constructeur prend les dispositions qui conviennent le mieux à son genre de construction.

Très souvent l'arbre de la magnéto porte un croisillon sur lequel tirent deux ressorts opposés pour le rappel de la bobine dans sa position moyenne.

Le croisillon étant monté sur un cône et maintenu en place par le simple serrage d'un écrou, le réglage de la position qu'il convient de lui donner est très facile.

203. — La fig. 98 montre une coupe de l'inflammateur Bollinckx.

La tige centrale est placée dans une monture isolante de forme conique qui est maintenue dans son logement par la pression même des explosions.

La commande du marteau de contact se fait par une tige portant un cône à sa sortie du cylindre, de façon à éviter les fuites.

Le levier extérieur de commande est fixé sur cette tige par un simple serrage, de façon à faciliter le réglage des pièces.

Un ressort extérieur tend constamment à rappeler le marteau au contact de la tige isolée.

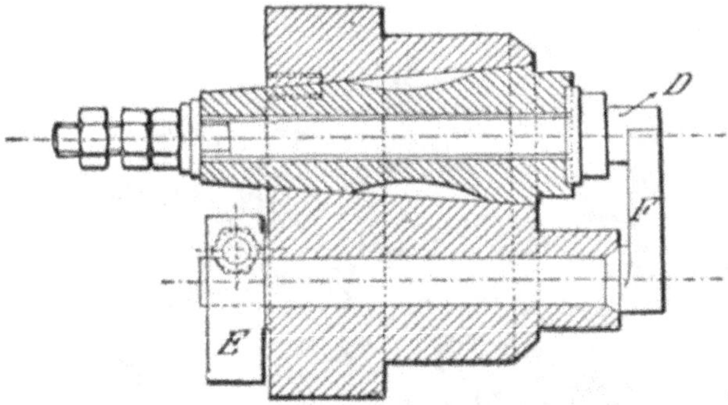

D, tige isolée. — F, Marteau. — E, Levier de commande.

Fig. 98. — Tampon d'allumage à rupture.

La fig. 99 représente une vue extérieure du tampon et la fig. 100, l'extrémité du même tampon du côté où il pénètre dans le cylindre.

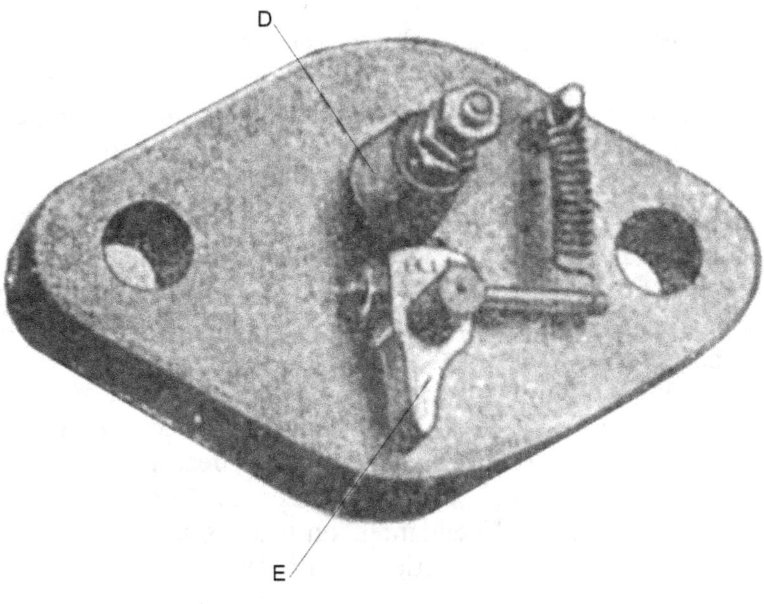

Fig. 99. — Vue extérieure d'un tampon d'allumage à rupture.

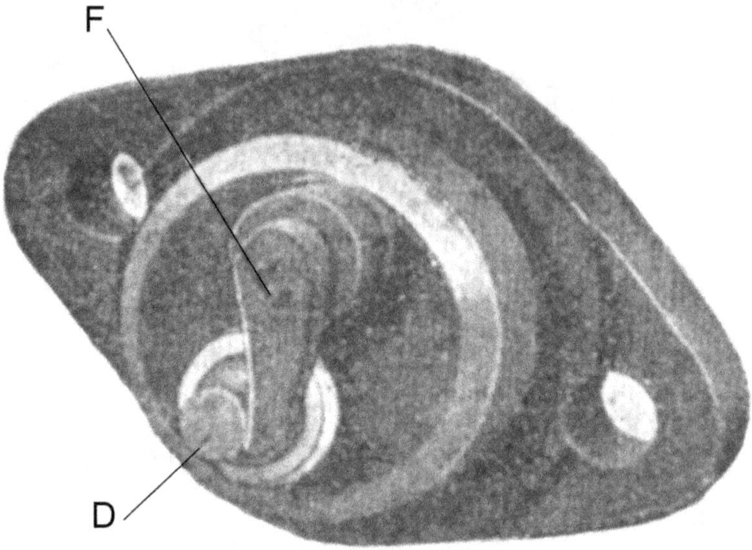

Fig. 100. — Vue d'un tampon d'allumage à rupture, du côté des contacts.

204. — Pour l'allumage à basse tension et à rupture on peut employer, si le moteur tourne assez vite, une magnéto rotative commandée par engrenages ou par chaîne. Dans ce cas, la commande mécanique des marteaux d'inflammateurs se règle encore d'après la position de la bobine d'induction de la magnéto, de la manière que nous avons déjà donnée mais alors, une seule magnéto suffit pour produire deux, trois, quatre, six et même huit allumages successifs.

Sur les moteurs d'automobile, on n'emploie que des magnétos rotatives. On peut aussi employer avec avantage les magnétos rotatives sur les moteurs fixes à effets multiples, à la condition toutefois de pouvoir disposer au démarrage d'une source d'électricité indépendante, constituée soit par un circuit d'éclairage, soit par une batterie d'accumulateurs d'au moins huit volts : il faut noter qu'avec l'emploi d'accumulateurs ou d'un circuit d'éclairage pour produire un allumage à rupture à basse tension, il faut interposer, entre le distributeur de courant et les inflammateurs à alimenter, une bobine de self-induction.

205. — Pour l'application de l'allumage à basse tension à des moteurs anciens dont les tampons seraient difficilement accessibles, M. Guillou a imaginé un dispositif ingénieux de transmission de mouvement par l'air comprimé pour la manœuvre à distance des rupteurs de tampons.

Dans ce système on emploie une magnéto ordinaire, à déclenchement et à rappel de mouvement dans la position moyenne. Le levier de commande de la magnéto actionne un petit piston à air dont le cylindre se remplit par un trou percé dans la paroi. L'air ainsi admis est comprimé lorsque

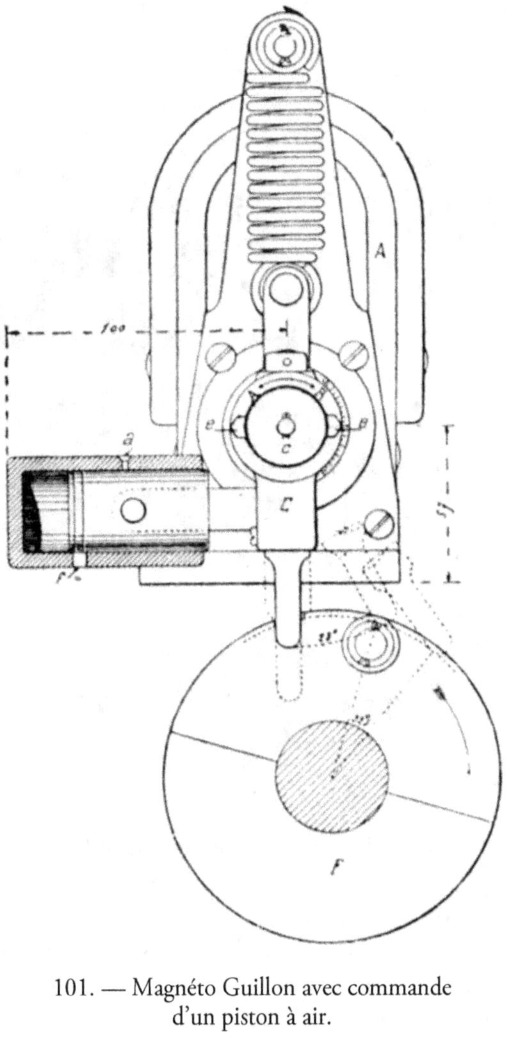

101. — Magnéto Guillon avec commande d'un piston à air.

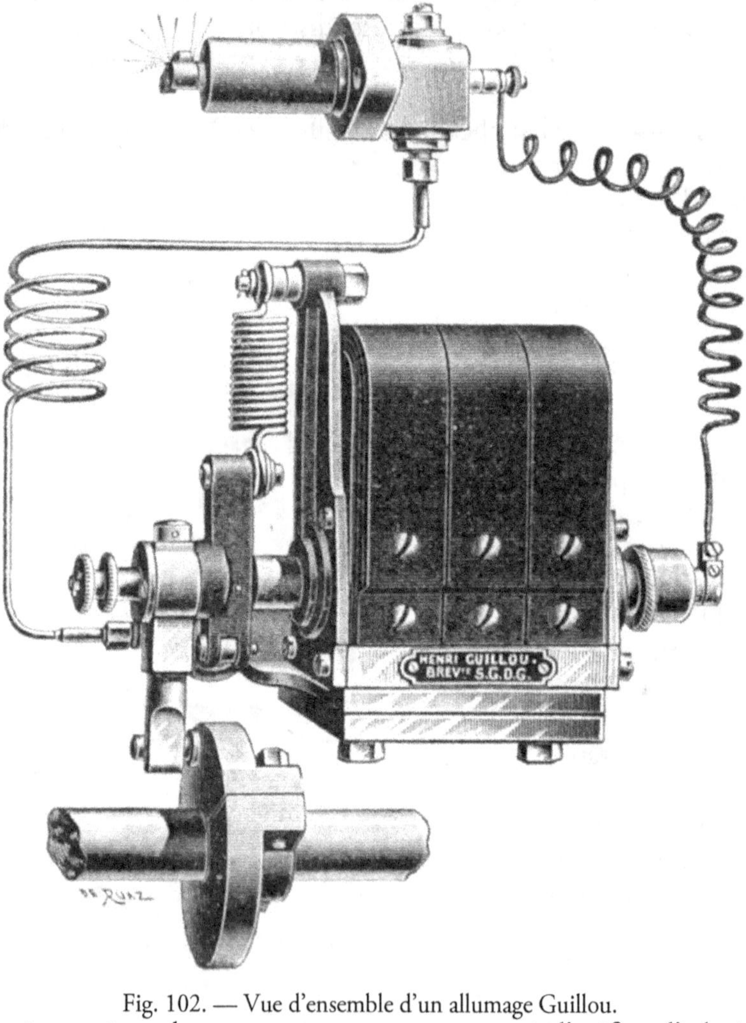

Fig. 102. — Vue d'ensemble d'un allumage Guillou.

le piston vient dans son mouvement recouvrir l'orifice d'admission (fig. 101).

Le levier est écarté de sa position moyenne par la broche d'un plateau en deux pièces monté sur l'arbre de distribution. C'est dans ce mouvement que le petit piston aspire de l'air. Au moment

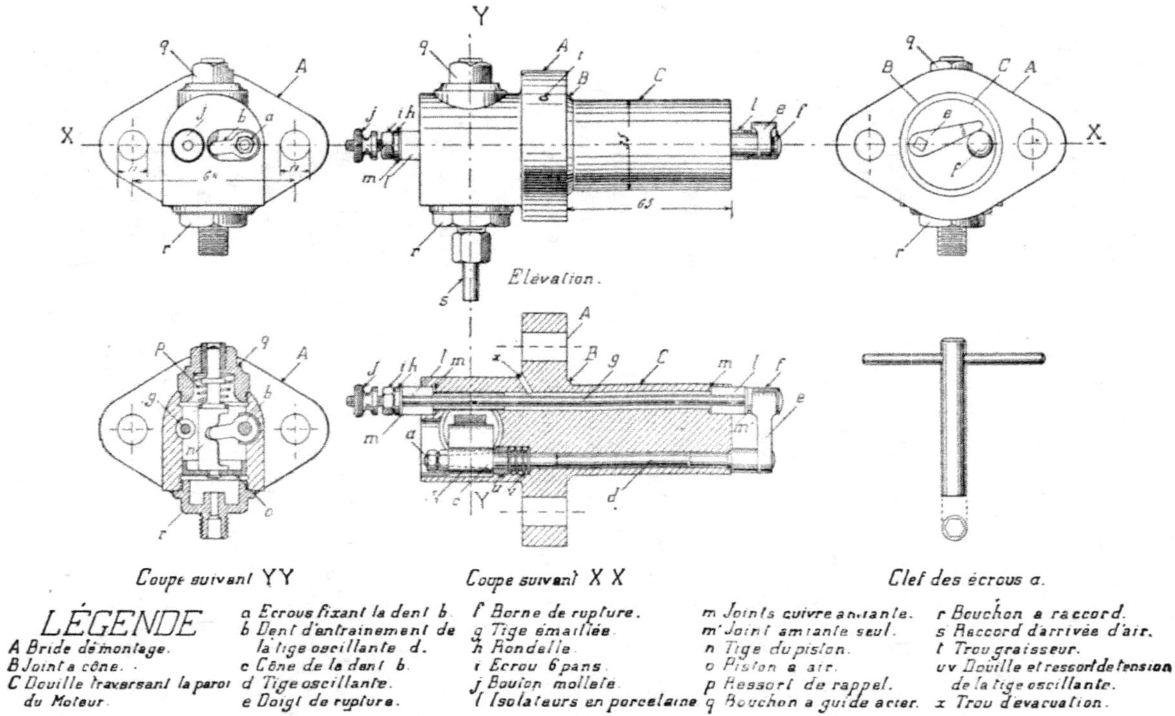

Fig. 103. – Vues extérieures et coupes d'un tampon Guillou.

où le levier devient libre, la bobine de la magnéto, ramenée vivement en arrière, donne naissance à un courant qui, par un fil, va à la borne isolée de l'inflammateur. L'air brusquement comprimé en même temps par le piston va, en passant par un tuyau de très faible diamètre, agir sur un autre piston placé sur l'inflammateur : ce dernier, en heurtant le levier de commande du marteau, provoque la rupture des contacts et par conséquent l'allumage.

La fig. 102 montre une vue d'ensemble du mécanisme et la fig. 103 des vues extérieures et des coupes de l'inflammateur.

L'avance et le retard à l'allumage se fait par l'allongement ou le raccourcissement du levier de commande de la magnéto en tournant les boutons moletés figurés en bout de l'axe d'oscillation (fig. 102).

La perfection de la construction des mécanismes fait que cet allumage fonctionne bien.

Nous avons également utilisé l'air comprimé pour la commande de plusieurs tampons en combinaison avec l'emploi d'une magnéto rotative. Avec une bonne exécution ce système est avantageux à employer sur les moteurs à effets multiples.

206. — La société de Nuremberg préfère employer pour l'allumage de ses grands moteurs une commande électro-magnétique des organes de rupture de ses tampons.

Le courant est pris, dans ce cas, sur une batterie d'accumulateurs ou sur un circuit d'éclairage. Afin d'éviter les mises à la terre, la tige d'amenée du courant et la tige du marteau sont toutes les deux isolées (fig. 104).

La rupture est obtenue par l'action d'un levier mis en mouvement par l'attraction d'un solénoïde interposé dans le circuit au moment où le courant est lancé dans le tampon.

On a imaginé aussi, pour l'allumage électro-magnétique, des tampons dont tout le mécanisme de rupture est à l'intérieur des tampons. Avec des gaz très propres, ces dispositifs donnent satisfaction.

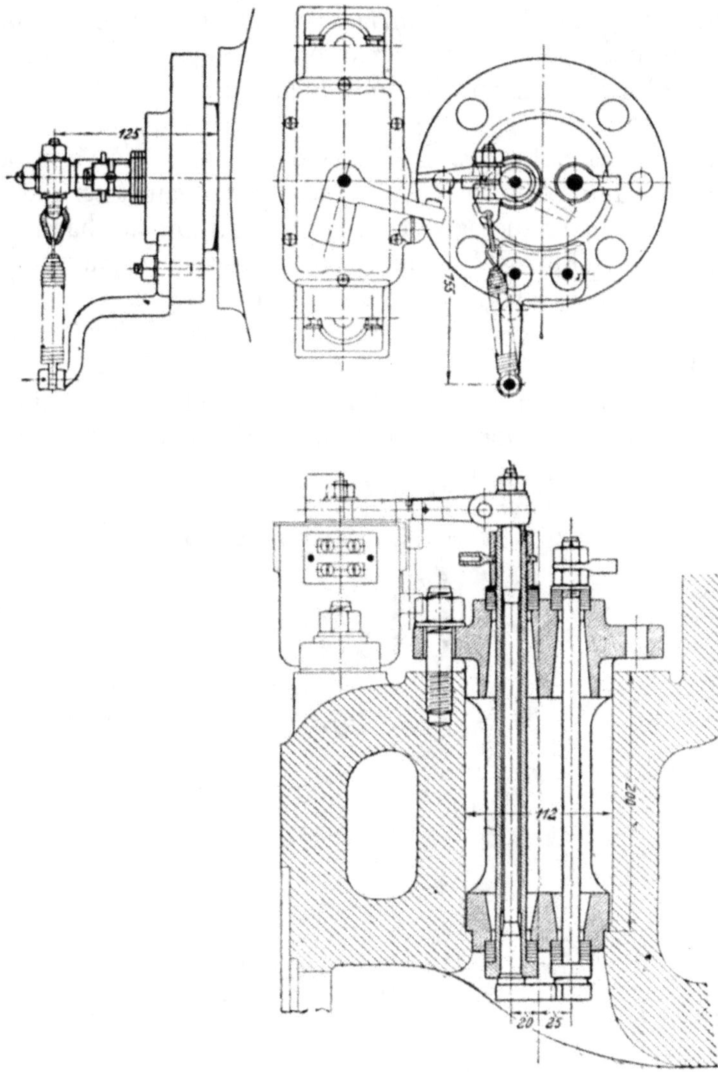

Fig. 104. — Tampon d'allumage à commande électro-magnétique (Nuremberg).

En résumé la basse tension et la rupture donnent d'excellents résultats et lorsque de tels allumages laissent à désirer ce n'est pas le système qu'il faut incriminer mais presque toujours l'exécution des pièces de transmission de mouvement.

207. — La basse tension est également très employée sur les moteurs d'automobile, mais comme ce système coûte assez cher et qu'il complique les mécanismes, un grand nombre de chauffeurs lui préfèrent l'allumage à haute tension, mais avec magnéto.

Pourvu que les bougies soient en bon état et les fils bien isolés, on obtient d'ailleurs ainsi, surtout avec l'essence, un excellent allumage.

Dans ce cas, le courant des magnétos, jouant le rôle de courant primaire, doit passer dans une bobine d'induction qui fait partie

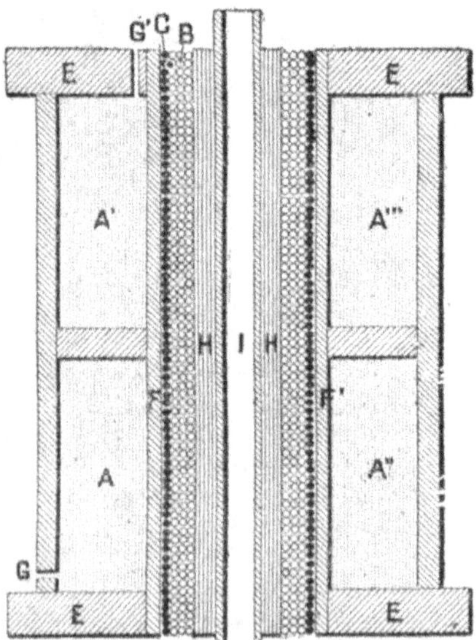

A, Fil induit. — B, Fil primaire. — H, Noyau de fer doux. — A, A', A''', Induit. — G, G', Entrée et sortie de l'induit. — I, Tube refroidisseur par l'air. — H, Fer doux. — B et C, Inducteurs. — F et F', Tubes isolants. — E, Joues de bobine.

Fig. 105. — Bobine d'induction Nilmelior.

de la magnéto elle-même ou qui est disposée à part. La fig. 105 montre une bobine de haute tension séparée.

C'est alors un distributeur de courant secondaire à haute tension qui détermine l'allumage successivement dans les différents effets du moteur.

Les magnétos à haute tension donnent une seule étincelle chaque fois qu'un mécanisme approprié vient couper le circuit primaire au moment où son intensité est maximum.

A titre d'exemple, nous décrirons la magnéto haute tension de la marque « Nilmelior » (Fig. 106).

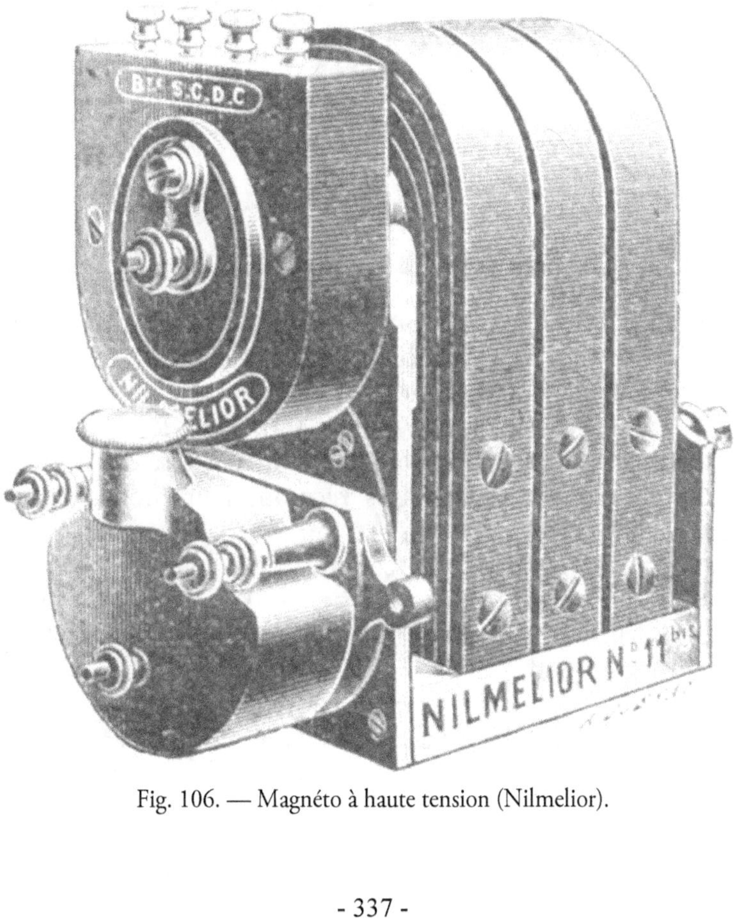

Fig. 106. — Magnéto à haute tension (Nilmelior).

Au point de vue de la disposition des aimants et de la bobine, la magnéto est constituée comme une magnéto à basse tension.

A une de ses extrémités, l'arbre de la bobine porte une came qui, deux fois par tour vient, en appuyant sur un levier d'équerre, rompre le contact de deux vis platinées entre lesquelles le courant a primitivement été établi (fig. 107).

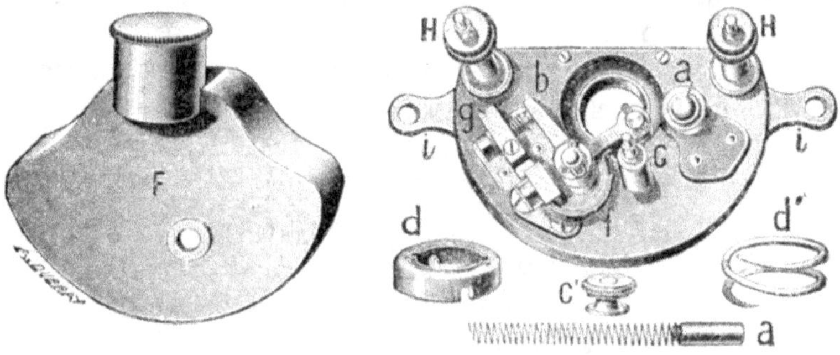

F, Carter. — H, Bornes de primaire. — a, Contact de primaire. — b, Levier de contact. — f, Ressort. — d, Rondelle de fixation. — d', Ressort.

Fig. 107.— Mécanisme de rupture d'une magnéto à haute tension (Nilmelior).

S'il s'agit d'une application à un moteur à quatre cylindres, la bobine doit tourner à la vitesse de l'arbre coudé. Le courant secondaire est réparti ensuite aux différents cylindres par un distributeur placé en face du tunnel formé par les aimants. Ce distributeur porte un arbre commandé à la vitesse des arbres de distribution par des engrenages recevant leur mouvement de l'arbre de la bobine.

En général, les prises de courant sont faites par de petits charbons poussés par des ressorts (fig. 108).

Les premières magnétos qui donnèrent de bons résultats furent celles de Simms-Bosh. Ces magnétos avaient la particularité de n'avoir ni induit, ni inducteur tournant. Pour faire varier le champ magnétique et produire les variations de courant dans ces appareils, on se servait d'un volet circulaire passant dans l'entrefer laissé entre les pièces polaires et la bobine.

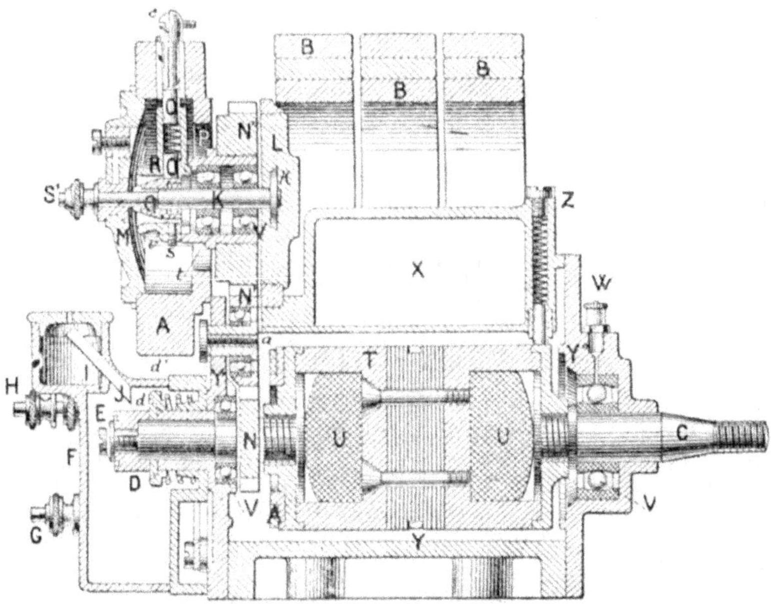

A, Distributeur de secondaire. — B, Aimants. — C, Arbre de commande. — D, Came. — E, Vis de came. — F, Couvercle d'allumage. — G, Bouton fixant le couvercle. — H. Borne de primaire. — I, Graisseur. — K, Axe de porte-charbon du secondaire. — N, N', N'', Pignon d'engrenage, — G', Bouton de fixation de couvercle. — V, Roulements à billes. — X, Condensateur. — Y, Socle. — Z, Charbon de masse. — *e*, Bornes de secondaire. — *d*, Bague fixant l'avance à l'allumage. — *s*, Ergot d'entrainement.

Fig. 108. — Coupe d'une magnéto à haute tension (Nilmelior).

Le volet était la seule partie mobile de la magnéto. L'avantage du système était de n'avoir que des prises de courant fixes, sans l'intermédiaire d'aucun frotteur.

Si aujourd'hui on tend à donner la préférence aux magnétos à induit tournant, c'est surtout parce que ces dernières peuvent se vendre moins cher que les magnétos à volet.

CHAPITRE VII

Moteurs à combustibles liquides

208. Conditions d'emploi des combustibles liquides. — 209. Origine des pétroles. — 210. Leur composition et leur pouvoir calorifique. — 211. Maximum du pouvoir calorifique d'un mélange d'air et de vapeur de pétrole. — 212. Le benzol : avantages et inconvénients résultant de l'emploi de ce produit. — 213. Composition et pouvoir calorifique du benzol et des vapeurs de benzol et d'air. — 214. L'alcool inconvénient de son prix do revient élevé. — 215. Composition et pouvoir calorifique de l'alcool et des vapeurs d'alcool et d'air. — 216. Les carburateurs : description d'un Longuemarre. — 217. Moteur Daimler à essence. — 218. Emploi du pétrole lampant ; le moteur Priestmann. — 219. Moteurs type Crob. — 220. Régulation par ouverture permanente de l'échappement. — 221. Moteurs type Hornsby. — 222. Rendements de ces moteurs. — 223. Moteurs mixtes Banki et Letombe. — 224. Moteurs à combustion : moteur Diesel.

208. — Les moteurs à combustibles liquides ne se distinguent pas en principe des moteurs à gaz, au moins lorsqu'ils sont établis pour marcher suivant le cycle à explosion à quatre ou à deux temps.

Il suffit dans ce cas de gazéifier les combustibles liquides pour les rendre propres à alimenter des moteurs à gaz ordinaires.

Ce n'est, par contre, qu'avec des combustibles employés à l'état liquide qu'on peut réaliser pratiquement le cycle à combustion.

Les combustibles liquides actuellement employés sont: le pétrole raffiné (dit pétrole lampant, parce qu'il est préparé en vue de son utilisation dans les lampes ordinaires à pétrole d'éclairage), l'essence de pétrole ou gazoline, le benzol et l'alcool, pur ou mélangé à des hydrocarbures.

On a fait aussi des essais pour l'utilisation des pétroles bruts, de la naphtaline, etc., mais ces produits n'ont pu encore jusqu'ici être employés industriellement.

209. — Le pétrole ou « Naphte » a été connu de toute antiquité, mais son importance industrielle ne s'est révélée qu'après que l'Américain Drake en eut trouvé par hasard une source jaillissante en creusant un puits en 1858 à Titusville en Pensylvanie.

Le pétrole existe en quantités très différentes dans les diverses régions du globe. On le trouve dans des poches naturelles, à des profondeurs variables, réparties dans les couches géologiques de tous les âges.

Certains savants considèrent le pétrole comme un produit de la décomposition des animaux et des végétaux préhistoriques; Berthelot attribua sa formation à l'action de la vapeur d'eau sur des carbures métalliques, à haute température.

Les gisements de pétrole les plus importants sont ceux des États-Unis et de Russie.

Le pétrole brut est un mélange de carbures d'hydrogène. Les pétroles américains, dont la densité varie de 0,780 à 0,805, ne comprennent guère que des carbures saturés (séries du formène). Les pétroles russes, dont la densité est voisine de 0,830, contiennent une notable proportion de carbures non saturés.

210. — En distillant le pétrole brut, on obtient successivement et au fur et à mesure que la température s'élève:

- A 70° l'éther de pétrole;
- De 70° à 120°, l'essence de pétrole ou gazoline;
- De 120° à 150°, la benzine;

- De 150° à 280°, le pétrole lampant ;
- De 280° à 400°, l'huile lourde ou oléonaphte, qui sert pour les graissages, et enfin la vaseline, la paraffine et du coke.

Les produits à purifier sont agités avec une petite quantité d'acide sulfurique, puis lavés à l'eau et neutralisés par la soude.

Les pétroles ont un pouvoir calorifique moyen inférieur de 11000 calories au kilogramme, qu'il s'agisse de produits lourds ou de produits légers. Le pouvoir calorifique supérieur atteint 12000 calories.

Les pétroles lampants ont une densité moyenne de 0,810 : ils ont donc un pouvoir calorifique au litre de 8 100 calories environ.

La densité des essences employées en automobile n'étant que de 0,680 à 0,720, leur pouvoir calorifique moyen au litre varie de 7 500 à 8 000 calories.

211. — Les analyses donnent en chiffres ronds pour la composition des pétroles, 15% d'hydrogène et 85% de carbone.

On peut déduire facilement de ces chiffres la quantité d'air nécessaire à la combustion complète d'un poids donné de pétrole, un kilogramme par exemple.

Les produits de la combustion sont de la vapeur d'eau et de l'acide carbonique.

Par la considération des poids moléculaires il faut, pour obtenir :

H^2O,	$(0,150 \times 16/2) =$	1,200 kg d'oxygène
CO^2,	$(0,850 \times 32/12) =$	2,266 -
En totalité . . .		3,466 kg d'oxygène

ce qui correspond à un volume d'oxygène de 2,430 m^3 ou 11,6 m^3 d'air.

Le litre d'air pesant 1,293 gr, ce dernier volume correspond à 15 kilogrammes.

Pour brûler un poids donné de pétrole il faut donc 15 fois son poids d'air. La densité des vapeurs de pétrole ne semble pas avoir encore été déterminée bien exactement.

On estime que les pétroles ordinaires et les essences, en se vaporisant, augmentent de 500 fois leur volume. Par conséquent dans un mélange tonnant constitué comme ci-dessus, il faut considérer qu'en volume il y a 25 fois plus d'air que de vapeur de pétrole, ou bien que la vapeur de pétrole n'occupe que 3,85% du volume total du mélange. On ne peut donc gagner beaucoup en puissance à introduire le pétrole liquide dans les cylindres au lieu de l'y envoyer à l'état de vapeur.

Une remarque importante, c'est que les hydrocarbures en général, et par conséquent les vapeurs de pétrole, se combinent à l'oxygène sans contraction. C'est une supériorité du pétrole sur lés gaz[21].

Nous pouvons maintenant calculer, comme nous l'avons fait pour les gaz, le maximum du pouvoir calorifique d'un mélange d'air et de vapeur de pétrole.

Avec un kilogramme d'essence par exemple on obtient :

$$11{,}600 + (1000 / 0{,}720) \times 500 = 12{,}295 \text{ m}^3$$

de mélange tonnant dont le pouvoir calorifique au mètre cube est de :

$$11\,100 / 12{,}295 = 896 \text{ calories}$$

Dans les cylindres des moteurs, par suite de la conservation de gaz brûlés dans les chambres d'explosion, on peut estimer que ce nombre doit se réduire de 14,2% comme pour le gaz d'éclairage (n° 123).

On a donc finalement pour le pouvoir calorifique du mètre cube:

$$896 \times 0{,}858 = 778 \text{ calories.}$$

En admettant que tout le liquide puisse être introduit au cylindre de façon à ce qu'il ne se vaporise que pendant la compression, ce qui est le cas de certains moteurs à pétrole lampant, le chiffre ci-dessus serait augmenté dans la proportion

21) Voir troisième partie, *Étude des gaz combustibles.*

du volume occupé par les vapeurs combustibles, soit de 3,85%, suivant la remarque faite ci-dessus.

On arrive ainsi au maximum de 805 calories par m³.

212. — Le benzol, dont la formule chimique peut être représentée par C^6H^6, est un sous-produit de la fabrication moderne du coke métallurgique. Il est assez difficile à obtenir pur : pour l'emploi dans les moteurs ce produit a besoin d'être rectifié, car il contient du sulfure de carbone qui attaque les métaux à chaud, de la naphtaline, des goudrons et des huiles lourdes, etc. qui donnent des résidus charbonneux.

Par tonne de houille distillée on obtient, dans les installations de fours à coke à récupération, 5 kg. de benzol rectifié ; on en retire aussi 1% en poids du goudron des usines à gaz.

La France en produit annuellement 8 000 tonnes et pourrait en produire 18 000 ; l'Allemagne en donne 60 000 et pourrait aller à 200 000 ; l'Angleterre en fait 25 000 tonnes.

Jusqu'ici ce produit n'a pas eu de débouché très important.

Le benzol n'étant pas soumis aux mêmes droits que le pétrole se vend actuellement 0,25 fr. le litre, tandis que l'essence, dont la consommation augmente constamment, ne peut s'obtenir actuellement en dessous de 0,35 fr. et on prévoit une hausse prochaine de ce combustible.

Dans Paris les différences en faveur du benzol sont encore plus considérables : 0,40 fr. pour le benzol et 0,60 fr. pour l'essence. Mais il faut remarquer que si, pour remploi dans les moteurs, il devient nécessaire de faire subir au benzol une rectification toute spéciale, son prix augmentera.

Le benzol jouit de la propriété particulière et curieuse de se volatiliser presque aussi facilement que l'essence de pétrole tout en ayant une densité beaucoup plus élevée : 0,885.

Quant aux vapeurs de benzol, elles pèsent 3,5 kg par m³ et ce nombre représente le poids de 4 litres de benzol liquide. Par conséquent le benzol, en se vaporisant, occupe 250 fois son volume primitif seulement.

Le pouvoir calorifique du benzol étant d'environ 10 000 calories par kg. il est au litre de 8 800 vol.; nous avions trouvé 7 500 seulement pour l'essence à 0,680.

Il y aurait donc un double avantage à substituer dans ces moteurs l'emploi du benzol à celui de l'essence.

Question de prix à part, on devrait, en « volume », dépenser avec le premier liquide 20% de moins qu'avec le second.

Jusqu'ici il n'en a pourtant rien été et c'est anormal. — Quand on étudiera les moteurs spécialement en vue de l'emploi du benzol, les consommations baisseront certainement. Dans les moteurs actuels le carbone du benzol ne brûle qu'en partie et donne lieu à des dépôts de suie qui encrassent les cylindres et les soupapes.

Le benzol jouissant de la propriété de se dissoudre facilement et complètement dans l'alcool, on a d'abord employé ce produit pour alimenter des moteurs à l'alcool carburé à 50%, plus facile d'emploi que le benzol pur. — Au point de vue économique, le prix élevé de l'alcool empêche que le procédé soit aussi avantageux qu'on l'avait cru tout d'abord.

213. — Le benzol contient en poids 92,3 de carbone et 7,7% d'hydrogène. Son pouvoir calorifique supérieur est de 10 000 calories, alors que son pouvoir inférieur est sensiblement de 9 700 calories.

Pour brûler complètement un kilogramme de benzol il faut en oxygène :

Pour obtenir	H^2O, 0,077 x (16 / 2) =	0,616 kg
	CO^2, 0,923 x (32 / 12) =	2,460 kg
	En totalité	3,076 kg

Ce qui correspond à un volume de 3,076/ 1,430 = 2,150 m^3 ou 10,22 m^3 d'air environ.

Le kilogramme de benzol réduit en vapeur occupe un volume de :

$$(1 / 0,885) \times 250 = 0,280 \text{ m}^3$$

soit 2,68% du mélange tonnant qu'il peut former avec l'air.

Le pouvoir calorifique de ce mélange est donc de:

9700 / 10 500 = 923 calories

Et en tenant compte des volumes des chambres comme précédemment, ce nombre se réduit à:

923 x 0,858 = 792

On voit par là, qu'à égalité de dimension de cylindre et à rendement thermique égal, l'essence et le benzol doivent donner aux moteurs des puissances sensiblement équivalentes.

214. — L'alcool pur est un produit qui convient bien pour l'alimentation des moteurs. On a cru longtemps que ce combustible ferait une concurrence victorieuse à l'essence de pétrole.

La pratique a démontré qu'il n'y fallait pas compter, attendu que tel qu'on le fabrique actuellement, l'alcool est forcément un produit cher: il ne pourrait devenir intéressant que comme sous-produit d'une autre fabrication qui serait par elle-même suffisamment rémunératrice.

La densité de l'alcool pur est de 0,794; il entre en ébullition à 78°. Sa formule chimique est C^2H^6O.

Mais on ne trouve pas dans le commerce d'alcool chimiquement pur. Il ne se vend que de l'alcool dénaturé à 90°, c'est-à-dire contenant 10% d'eau.

La densité de ce produit est 0,834 à l'état liquide et sa vapeur pèse 1,62 kg le mètre cube. On déduit immédiatement de ces chiffres, qu'en passant de l'état liquide à l'état de vapeur, l'alcool à 90° augmente sensiblement de 500 fois son volume.

En poids, l'analyse chimique montre que ce combustible contient 43,7% de carbone et 11,1% d'hydrogène.

Son pouvoir calorifique inférieur, c'est-à-dire vapeur d'eau non condensée, ressort à 5 364 calories par kg. Tenant compte de sa densité, son pouvoir calorifique au litre n'est donc que de 4 450 calories environ.

Le litre d'alcool dénaturé coûtant dans Paris et hors Paris 50 centimes, on voit que ce produit ne peut lutter comme prix ni avec l'essence ni, à fortiori, avec le benzol, du moins dans l'état actuel de sa fabrication.

215. — Pour brûler complètement un kilogramme d'alcool, il faut en oxygène de quoi saturer C^2 et seulement H^4, car un H^2O se forme seul.

Dans un kilogramme d'alcool à 90° il y a 437 grammes de carbone et 73 grammes d'hydrogène non saturé.

Le poids nécessaire d'oxygène pour la combustion est donné par les relations suivantes :

Pour obtenir	H^2O, 0,073 x (16 / 2) =	0,584 kg
	CO^2, 0,437 x (32 / 12) =	1,165 kg
	En totalité	1,749 kg

ce qui correspond à un volume de 1,223 m^3 ou 5,825 m^3 d'air.

On déduit de l'observation de la densité que le volume d'un kilogramme d'alcool à 90° est de :

$$1 / 0{,}834 = 1{,}200 \text{ l.}$$

A l'état de vapeur ce volume devient 500 fois plus grand.

Par conséquent le volume d'un kilogramme de vapeur d'alcool est de :

$$1{,}200 \times 500 = 600 \text{ litres}$$

soit 9,35% du mélange tonnant formé avec l'air.

Le pouvoir calorifique du mètre cube de ce mélange est de :

$$5364 / (5{,}825 + 600) = 834 \text{ calories}$$

Mais il faut tenir compte de l'augmentation de volume due à la réaction[22] et qui correspond à une augmentation proportionnelle de calories.

Le calcul montre que cette augmentation peut atteindre 6 %.

22) Ce qui est spécial à l'alcool.

Mais d'autre part, il y a lieu aussi de tenir compte de la réduction due aux volumes des chambres de compression qui, pour les fortes compressions admissibles pour l'alcool, est d'environ 6% également.

Il s'ensuit que le chiffre de 834 calories peut être pris sans modification.

A dimensions égales de cylindres, les moteurs à alcool devraient donc donner plus de puissance que les moteurs à essence ou à benzol.

Ce qui fait que l'alcool supporte bien les hautes compressions, c'est qu'au moment de la combustion, le mélange gazeux contient 23% de vapeur d'eau, ce qui empêche toute explosion brisante.

L'alcool à bon marché serait un excellent combustible pour les moteurs, mais au prix auquel on le vend, il ne saurait être intéressant.

On leurre les producteurs et les consommateurs en soutenant l'inverse.

D'après certains auteurs l'alcool, malgré son faible pouvoir calorifique, donnerait, mesuré au litre, des résultats équivalents à ceux donnés par l'essence, parce que par sa nature même il serait susceptible de donner aux moteurs un rendement thermique plus élevé. On peut certes gagner beaucoup par une notable augmentation des compressions, incompatibles avec l'emploi de l'essence, mais il ne saurait y avoir compensation même en dehors de toute considération de prix d'achat.

On a prétendu avoir trouvé une fois un rendement thermique en travail effectif de 35% avec un moteur à alcool. Nous estimons que ce chiffre est exagéré et que dans l'essai, on s'était au moins trompé sur le pouvoir calorifique du combustible. On pourrait déjà s'estimer très heureux si on arrivait pratiquement à un rendement de 28 à 30%.

216. — Pour gazéifier les liquides combustibles qui se réduisent facilement en vapeur, on emploie presque exclusivement aujourd'hui des carburateurs à niveau constant et à pulvérisation.

Nous donnerons comme exemple la description d'un des derniers types créés par la maison Longuemarre qui la première construisit ces sortes d'appareils.

Le liquide combustible s'écoulant d'un réservoir à niveau supérieur (ou élevé par la pression des gaz de l'échappement) se rend à la partie inférieure de la boîte dite à « niveau constant ».

L'arrivée du liquide dans cette boîte est fermée par un pointeau sur la tige duquel peut coulisser un « flotteur ». Ce flotteur, lorsque la boîte est insuffisamment remplie, repose par son pourtour sur des leviers articulés qui soulèvent le pointeau de façon à permettre la libre arrivée du liquide. Au fur et à mesure que la boîte se remplit le flotteur monte, le pointeau descend et il arrive un moment où l'arrivée du liquide est complètement suspendue : c'est quand ce liquide a pris dans la boîte un certain niveau qui désormais va rester constant.

En effet, chaque fois que le niveau tendra à descendre, le flotteur en agissant sur les leviers articulés forcera le pointeau à donner de nouveau passage au liquide jusqu'à ce que le niveau constant soit rétabli (fig. 109).

Sur le couvercle de la boîte se trouve un poussoir à ressort, manœuvrable à la main, qui permet de faire descendre de force le flotteur pour « noyer » le carburateur afin de faciliter la mise en marche du moteur à alimenter.

Un conduit latéral placé dans le bas de la boîte permet au liquide de s'écouler jusqu'au « gicleur », ajutage rétréci placé à hauteur du niveau constant et dans lequel le liquide vient affleurer.

Dans le carburateur que nous décrivons, le gicleur est constitué par une série de fines rainures creusées dans un bouchon conique. Le gicleur est placé dans une chambre qui communique d'une part avec l'atmosphère et d'autre part avec l'aspiration du moteur.

L'air entre dans l'appareil à hauteur du gicleur et se mélange au liquide qui jaillit sous l'influence de la dépression causée par l'aspiration du moteur. Un bout de tuyau recouvrant le gicleur force l'air à passer en partie tout autour de celui-ci pour mieux entraîner le liquide en le pulvérisant. Le mélange passe ensuite et avant de se rendre au moteur à travers une plaque percée de trous qui peuvent être partiellement obstrués par la manoeuvre d'un levier placé à la partie supérieure, de façon à faire varier le mélange d'air carburé et d'air pur.

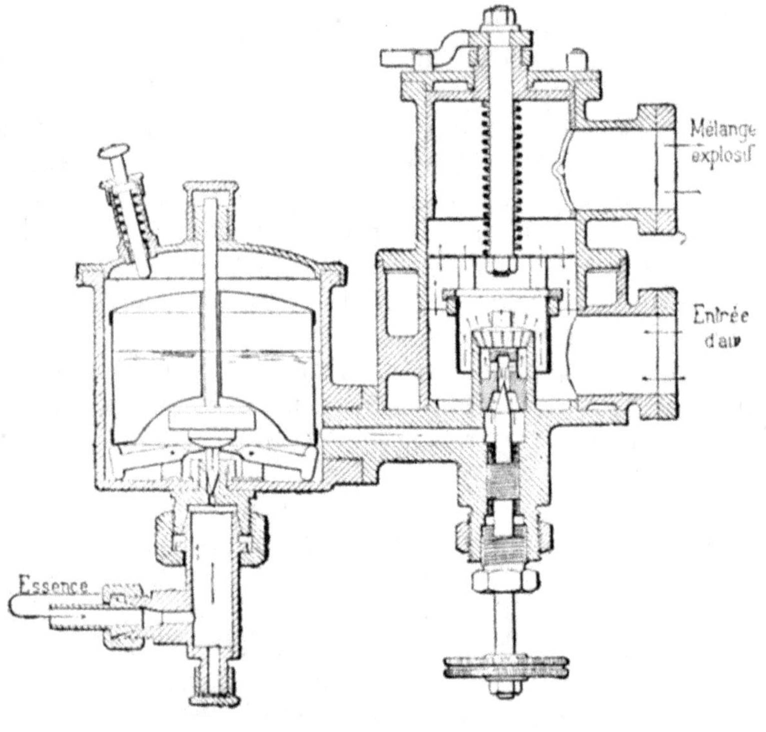

Fig. 109. — Carburateur Longuemarre.

L'arrivée du liquide au gicleur peut d'autre part se régler par la manoeuvre d'une vis pointeau placée à la partie inférieure. Beaucoup de systèmes de carburateurs n'ont pas ce dernier réglage qui est pourtant souvent très utile.

Un boisseau, qui se manoeuvre également de la partie supérieure, permet de fermer plus ou moins le conduit allant au moteur, de façon à régler ainsi, si on le veut, la puissance de celui-ci par laminage. Si volatil que soit un liquide, il ne peut néanmoins se vaporiser sans absorber une certaine quantité de chaleur. Dans un carburateur, si on ne recourt pas à un réchauffage, la chaleur nécessaire à l'évaporation des liquides est empruntée aux parois de l'appareil qui ne tardent pas à se recouvrir extérieurement de givre et on risque alors des irrégularités d'alimentation du moteur par suite de condensations dans les conduites.

Tous les carburateurs en général sont réchauffés, soit qu'on chauffe préalablement l'air qui passe dans l'appareil en le faisant circuler autour du tuyau d'échappement, soit qu'une dérivation de l'échappement ou de la circulation d'eau des cylindres passe dans une double enveloppe du carburateur.

Le genre de carburateur que nous venons de décrire convient très bien aux moteurs fixes dont la vitesse doit demeurer constante : son adaptation, soit sur le conduit de gaz, soit sur le conduit d'air d'un moteur à gaz, permet de transformer immédiatement celui-ci en un moteur à essence.

Il faut remarquer qu'avec l'emploi de liquides volatils et des carburateurs, la soupape à gaz des moteurs peut être supprimée, à moins que cet organe ne soit utile à conserver pour un réglage par « tout ou rien ».

Nous ne parlerons pas ici des carburateurs construits pour moteurs d'automobiles qui doivent avoir des dispositions spéciales pour permettre des variations de vitesse considérables.

Avec les carburateurs on peut utiliser comme combustibles : l'essence de pétrole, le benzol, l'alcool carburé et l'alcool pur.

Pour l'emploi de l'essence un léger réchauffage de carburateur suffit, mais pour le benzol et l'alcool, il faut un réchauffage assez intense, sous peine d'avoir un dépôt inutilisable de liquide dans les conduits d'aspiration. Dans ces derniers cas même il faut, surtout en hiver, pour la mise en marche, ou démarrer à l'essence, ou réchauffer artificiellement d'abord le carburateur.

On a souvent proposé de simples carburateurs, fortement réchauffés par les gaz d'échappement, pour l'emploi de pétrole lampant dans les moteurs. On n'a jamais abouti ainsi qu'à des consommations exagérées et à des encrassements excessifs de moteur.

Il n'y a rien à faire dans cette voie et nous verrons plus loin comment il faut s'y prendre pour employer économiquement les huiles lourdes de pétrole.

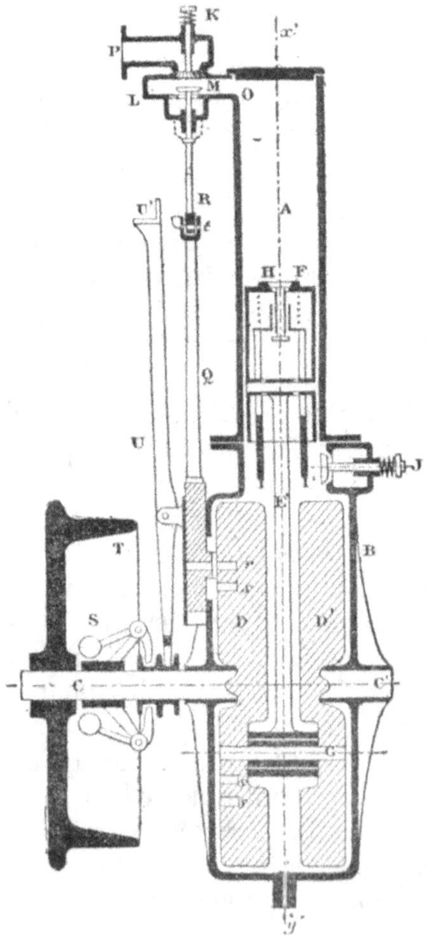

Fig. 110. — Moteur Daimler, coupe par la distribution.

217. — A titre documentaire nous donnerons la description du moteur à essence de Daimler, le créateur des moteurs d'automobiles.

Ce moteur se construisit surtout à deux cylindres formant entre eux l'angle le plus aigu possible, les deux pistons étant actionnés par le même bouton de manivelle. En marchant à 4 temps et en croisant les temps, on obtenait ainsi un coup utile par tour.

Les fig. 110 et 111 donnent des coupes schématiques de ce genre de moteur.

Les cylindres sont montés sur un carter étanche dans lequel tournent des plateaux manivelles formant volants. L'un des plateaux porte une rainure en

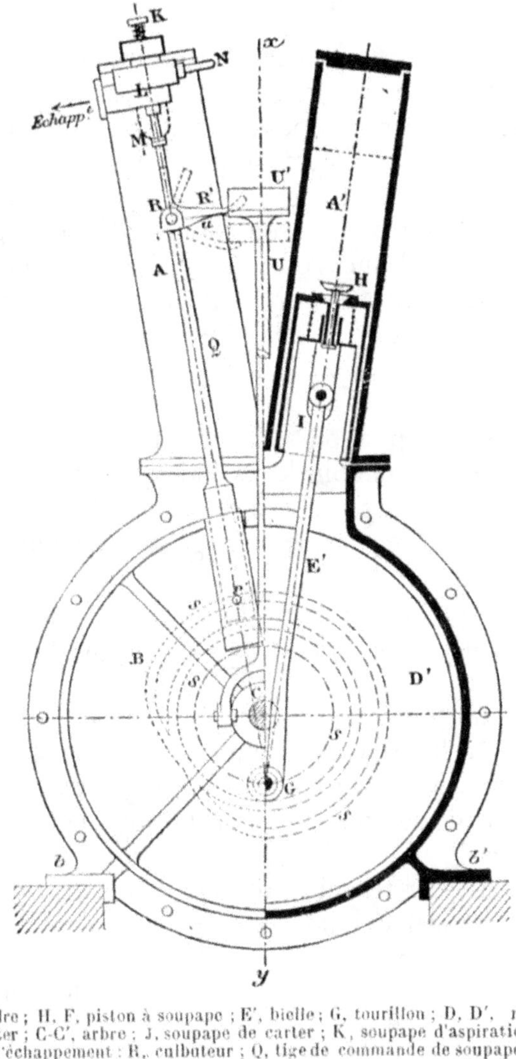

A, cylindre ; H, F, piston à soupape ; E', bielle ; G, tourillon ; D, D', manivelles ; B, carter ; C-C', arbre ; J, soupape de carter ; K, soupape d'aspiration ; M, soupape d'échappement ; R, culbuteur ; Q, tige de commande de soupape ; r, s, rainures de distribution ; U, U', commande des culbuteurs ; S, régulateur ; T, poulie.

Fig. 111. — Moteur Daimler, vu de face et coupe par un cylindre.

forme de huit replié à boucles inégales dans laquelle sont engagés, par des ouvertures percées dans le carter, deux petits sabots opposés qui actionnent respectivement chacun une soupape d'échappement du moteur une fois tous les deux tours.

On voit en effet par la disposition des rainures que lorsqu'un sabot quitte une boucle, il ne peut que s'engager dans l'autre, de sorte qu'il ne passe que par la grande boucle qui, seule, permet le déplacement suffisant pour le soulèvement des soupapes, qu'un tour sur deux. Grâce à une exécution très soignée et à une trempe très dure des pièces, cette distribution étonnante a donné de très bons résultats. On préfère néanmoins aujourd'hui avoir recours à des arbres de distribution à demi-vitesse pour actionner les soupapes.

Les soupapes d'aspiration sont automatiques. Daimler avait imaginé, pour mieux remplir les cylindres, de munir les pistons de ses moteurs de soupapes à travers lesquelles passait en fin d'aspiration l'air aspiré par une soupape spéciale, puis comprimé dans le carter étanche.

La grandeur des espaces morts du carter empêche qu'on puisse retirer un avantage appréciable de cette disposition qui a été abandonnée.

Le réglage du moteur se faisait par « tout ou rien » par non ouverture de la soupape d'échappement. A cet effet les tiges d'actionnement des soupapes se terminaient par des « culbuteurs » sortes de leviers d'équerre, maintenus normalement en direction par des ressorts.

Quand le moteur tendait à tourner trop vite, un régulateur déplaçait un grand levier dont l'extrémité en forme de palette venait se placer devant les branches d'équerre des culbuteurs. Le mouvement des tiges faisait alors basculer les culbuteurs dont les butoirs manquaient les queues de soupapes.

Ce mode de réglage faisait beaucoup chauffer les cylindres : son seul avantage était d'être simple. — Comme d'une manière générale on a renoncé aux réglages par « tout ou rien », il n'est plus employé aujourd'hui.

Fig. 112. — Moteur Daimler à un cylindre.

La fig. 112 montre un moteur de même système, mais à un seul cylindre. A droite se voit un carburateur à niveau constant et à gauche la cheminée d'un allumage à tube avec chauffage à essence, dispositif qui a été abandonné également.

218. — Pour les applications industrielles, l'emploi de l'essence ou de l'alcool est en général trop onéreux, aussi a-t-on cherché à employer dans les moteurs directement du pétrole lampant, dont le prix est moins élevé.

En France même, à part quelques cas particuliers, l'emploi du pétrole lourd n'a qu'un intérêt secondaire, car les droits de douane dont il est frappé en font toujours un combustible cher. — Un moteur à gaz pauvre est dans tous les cas plus économique qu'un moteur à pétrole.

Pour marquer les étapes par où on a passé dans la construction des moteurs à pétrole, nous décrirons d'abord le moteur Priestman qui le premier utilisa les huiles lourdes.

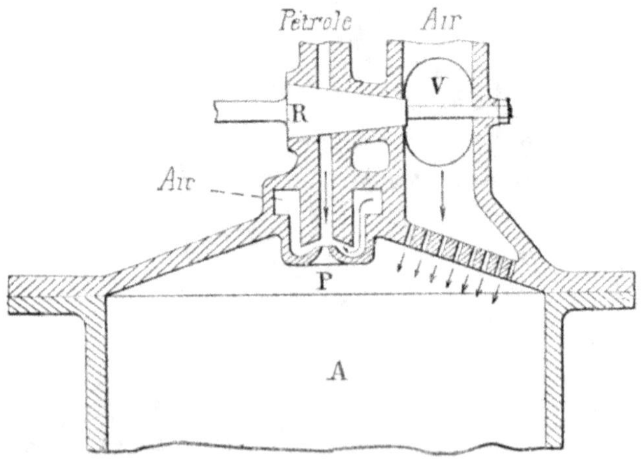

A, Réchauffeur ; P, Pulvérisateur ; R, Boisseau de réglage du pétrole ; V, Papillon de réglage de l'air.

Fig. 113. — Moteur Priestmann. Distributeur de pétrole et d'air.

C'est un moteur à quatre temps à soupape d'aspiration automatique.

Sous le cylindre se trouve placée une boîte à double enveloppe entre les parois desquelles circulent les gaz d'échappement. — C'est dans cette boîte que se forme le mélange carburé par des vapeurs de pétrole. — A cet effet, l'extrémité de la boîte porte un pulvérisateur (fig. 113), dans le centre duquel arrive un jet de pétrole sous la pression d'air comprimé fourni par un réservoir constamment alimenté par une pompe solidaire de la tige de commande de l'échappement. A la mise en route, la mise en pression du réservoir se fait par une pompe à main figurée à l'avant de la machine (fig. 114).

Fig. 114. — Moteur Priestman.

Le jet de pétrole forme injecteur dans un ajutage rentrant et il en résulte un entraînement d'air par des trous percés tout autour de l'ajutage. On a ainsi une pulvérisation du pétrole dans l'air.

La fig. 115 donne une coupe agrandie de ce pulvérisateur. L'air complémentaire arrive latéralement à travers une paroi perforée.

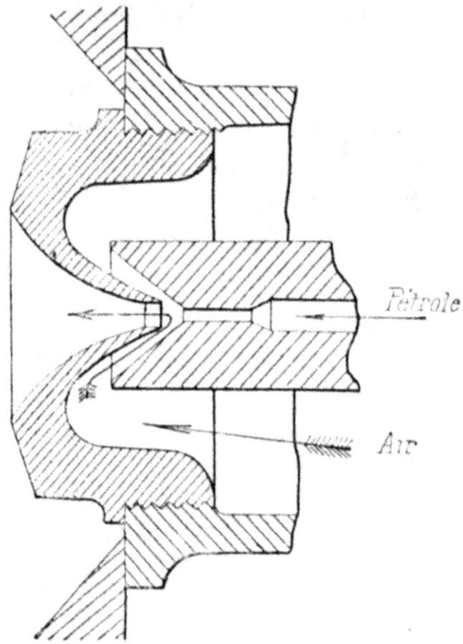

Fig. 115. — Moteur Priestman détail du pulvérisateur.

Dans son passage à travers la caisse de réchauffage, le pétrole, en fines gouttelettes en suspension dans l'air, se transforme en vapeur et forme alors le mélange carburé admis au cylindre.

En réalité par ce dispositif, on ne fait qu'une distillation fractionnée du pétrole lourd lancé par le pulvérisateur et ce qu'on admet au cylindre à l'état de vapeur ce ne sont que les parties les plus légères. On retire en effet de la boîte de réchauffage un résidu de grande densité qui peut servir d'huile de graissage, mais on en fabrique ainsi sans le vouloir une trop grande quantité. C'est grâce à cette distillation fractionnée que les moteurs Priestman ont la réputation, méritée d'ailleurs, de marcher sans causer d'encrassement.

Dans ce moteur, le régulateur agit de façon à réduire proportionnellement les admissions d'air et de pétrole : à cet effet, il fait tourner un axe qui traverse les conduits d'arrivée d'air et de pétrole et porte, pour obturer le pétrole, une clef de robinet et pour obturer l'air, un papillon (fig. 113).

La fig. 116 montre un moteur Priestman monté sur chariot et pouvant servir de locomobile.

219. — Pour vaporiser complètement le pétrole destiné aux moteurs, on a dû avoir recours à un chauffage beaucoup plus effectif et il fallut surtout recourir à des dispositifs supprimant

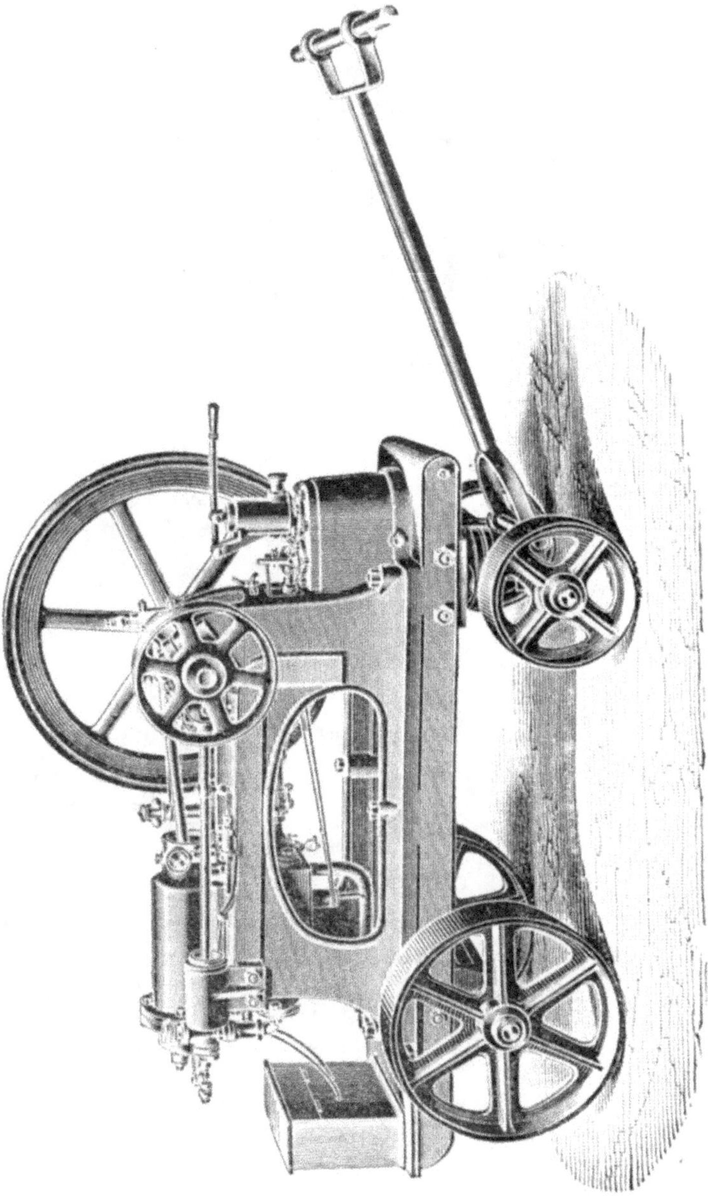

Fig. 116. – Locomobile Priestman à pétrole.

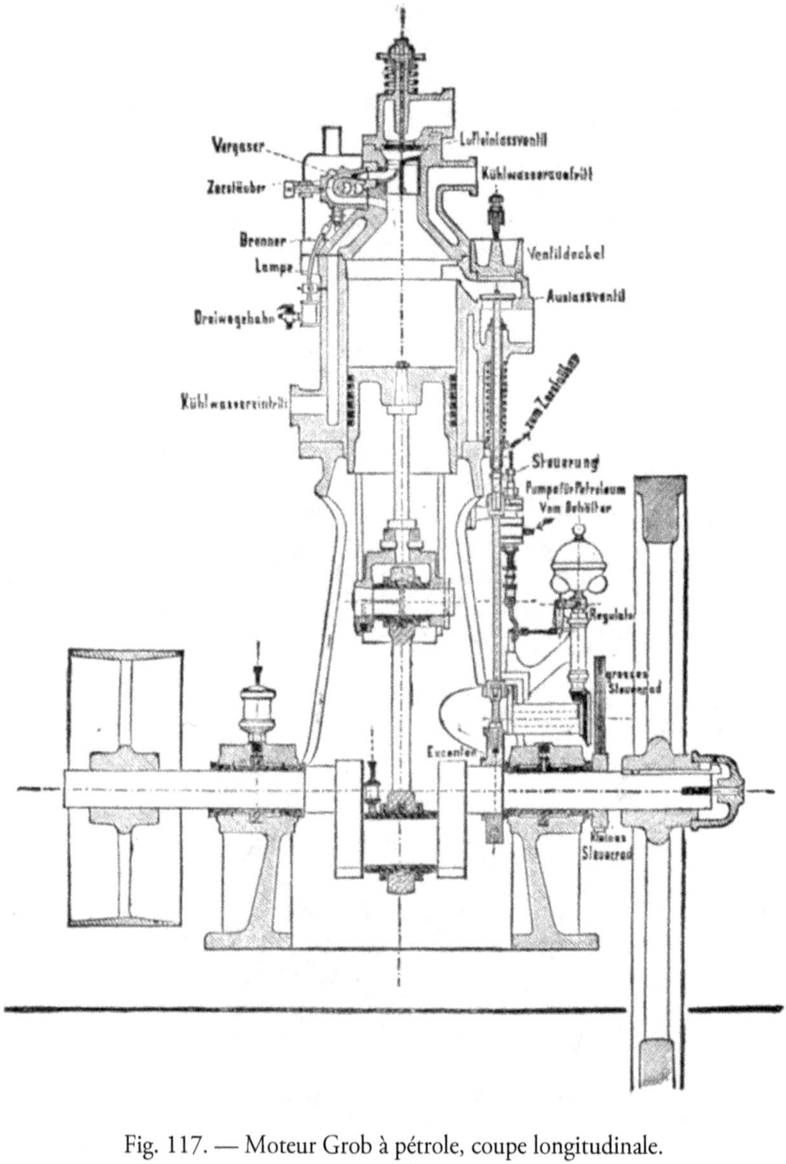

Fig. 117. — Moteur Grob à pétrole, coupe longitudinale.

tout conduit entre les vaporisateurs et les cylindres. Les systèmes qui donnent les meilleurs résultats sont ceux dans lesquels le vaporisateur fait en quelque sorte partie du cylindre.

Le moteur Grob fut la première machine construite sur ce principe : c'est un moteur à quatre temps à soupape d'échappement commandé et à soupape d'aspiration automatique (fig. 117, 118, 119).

La culasse se termine en l'orme de tronc de cône aboutissant dans le conduit d'aspiration. Sous la soupape d'admission et latéralement se trouve appliqué un tube recourbé en fonte, muni d'ailettes, communiquant par ses deux extrémités avec la culasse du cylindre.

Un déflecteur force une partie de l'air admis par la soupape d'admission à passer par le tube qui, chauffé par un éolypile à pétrole, joue le rôle de vaporisateur.

Le pétrole est envoyé directement au vaporisateur par une pompe spéciale.

A la fin de la compression, le mélange refoulé dans le vaporisateur s'allume automatiquement.

Dans les systèmes dérivés de celui-ci, le pétrole arrive dans le vaporisateur en même temps qu'un peu d'air, par le jeu d'une petite soupape d'aspiration.

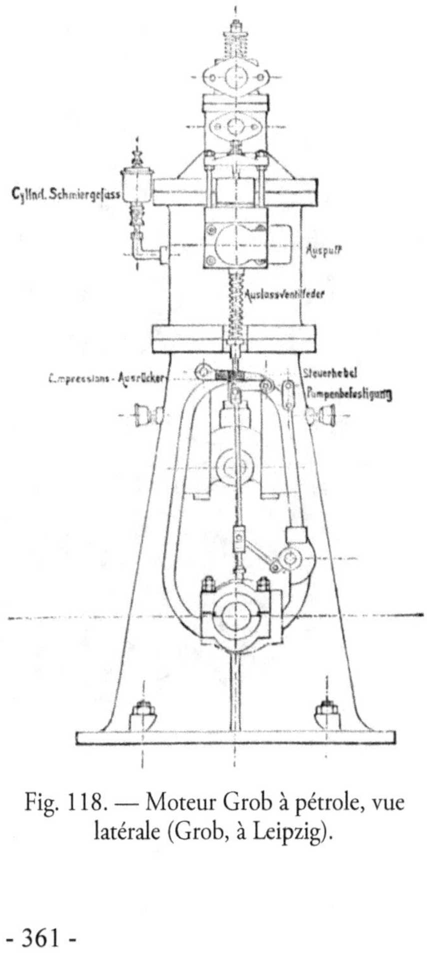

Fig. 118. — Moteur Grob à pétrole, vue latérale (Grob, à Leipzig).

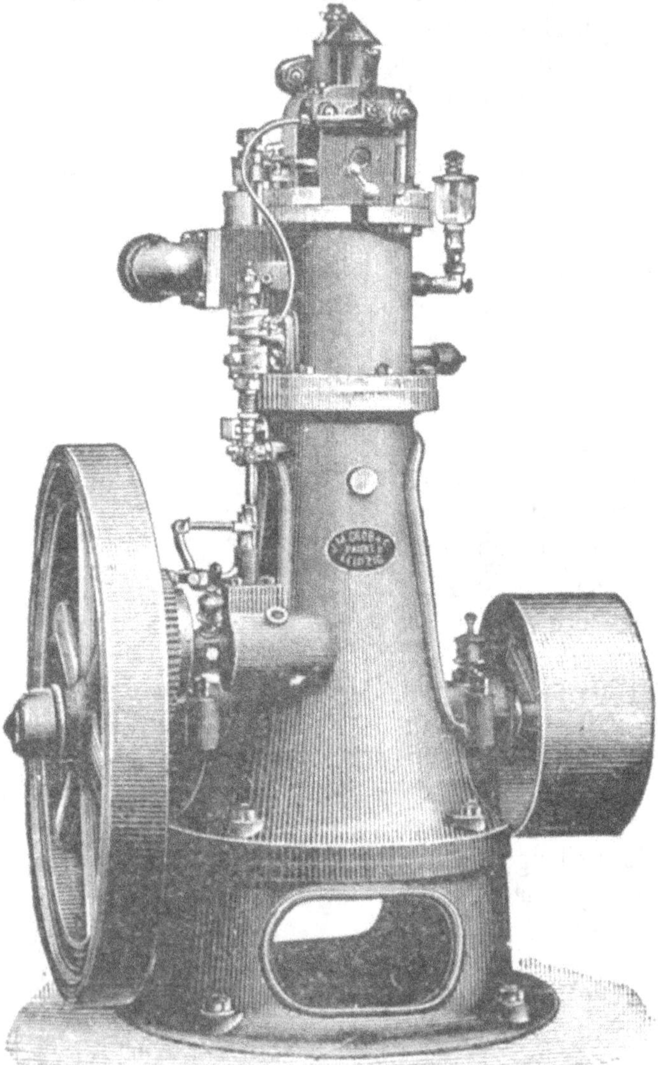

Fig. 119. — Moteur Grob à pétrole, vue extérieure (Grob, à Leipzig).

220. — La régulation s'opère en tenant ouverte la soupape d'échappement. A cet effet le régulateur soulève un doigt qui vient se placer sous un taquet solidaire de la tige de commande de la soupape d'échappement pour l'empêcher de redescendre complètement. Pendant les passages à vide, le cylindre aspire et refoule des gaz brûlés sans produire aucune compression. Ce procédé vaut mieux que celui qui consiste à laisser la soupape d'échappement fermée pour suspendre les explosions. La fig. 120 montre un dispositif simple d'enclenchement pour régler un moteur par l'ouverture permanente de la soupape d'échappement.

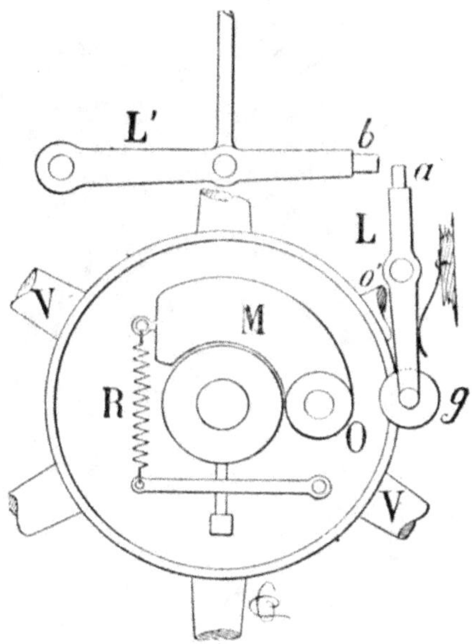

L', levier de commande de l'échappement ; L, levier d'enclanchement ; *a*, *b*, tocs d'enclanchement ; V, volant ; M, masse centrifuge ; O, axe d'articulation ; R, ressort.

Fig. 120. — Dispositif de réglage par l'ouverture permanente de l'échappement.

Une masse articulée dans le volant et rappelée par un ressort vient, lorsque la force centrifuge l'éloigne du centre de l'arbre, frapper sur un galet solidaire d'un levier qui, en basculant, se place sous le levier de commande de la soupape d'échappement.

La fig. 121 (pages 368-369) montre un groupe électrogène avec moteur Grob monté sur chariot. La fig. 122 fait voir une application d'un moteur à pétrole à la commande d'une grue.

Fig. 122. – Application d'un moteur à pétrole à la commande d'une grue.

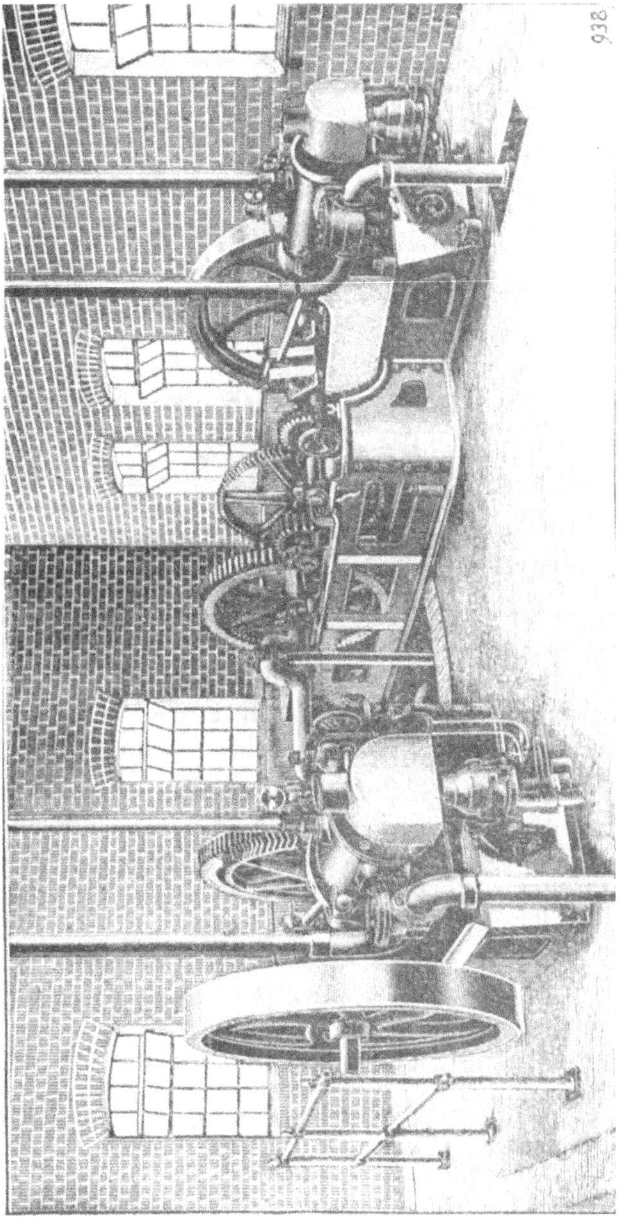

Fig. 123. – Moteurs Hornsby actionnant des pompes.

221. — Lorsqu'on peut considérer la dépense de combustible comme secondaire, on peut adopter des dispositions de moteur à pétrole encore plus simples que celles de Grob. Il suffit de faire communiquer la culasse du cylindre par un passage rétréci avec une capacité de forme sphérique dans laquelle une pompe injecte directement du pétrole soit pendant l'aspiration, soit pendant la compression. La capacité formant vaporisateur est chauffée au rouge sombre par une lampe avant la mise en route et ensuite, la chaleur des explosions suffit, du moins en pleine charge, pour maintenir les parois de cette capacité à une température suffisante pour vaporiser le pétrole et assurer les allumages en fin de compression. Avec ce système, les dépôts se cantonnent dans le vaporisateur et ne vont pas encrasser le cylindre et les soupapes du moteur. Le réglage dans ces machines se fait par une dérivation pratiquée sur le refoulement de la pompe à pétrole. Le moteur Hornsby est le prototype des moteurs de ce genre. La fig. 123 donne une vue d'installation des moteurs Hornsby commandant des pompes.

222. — Les moteurs à pétrole lampant que nous venons de décrire ont, comme les moteurs à essence, des consommations assez élevées: 350 à 500 grammes par cheval-heure effectif. C'est excessif par rapport à ce qu'on obtient avec les gaz.

En effet, en prenant même la plus basse consommation de 350 gr., comme le pouvoir calorifique des pétroles est de 11 000 calories environ, on a encore ainsi une dépense par ch-H de 3850 calories, alors que théoriquement 636 suffisent[23]; c'est donc un rendement thermique de 16,5% seulement, alors qu'avec le gaz on arrive aujourd'hui assez facilement à 25%.

Ce défaut provient en partie d'une combustion incomplète, mais surtout de ce fait que les moteurs à essence ou à pétrole

23) En effet, un cheval vaut 75 kilogrammètres par seconde et par conséquent produit pendant une heure ou 3600 secondes: 75 x 3600 = 270 000 kilogrammètres; comme d'autre part une calorie vaut 425 kilogrammètres, le cheval-heure représente 270 000/425= 636 calories.

lampant ne peuvent supporter de hautes compressions préalables. Déjà avec une compression de 5 kgr., on a souvent des détonations brisantes qui écrasent les coussinets où causent même quelquefois des ruptures d'arbres. Pour que ces moteurs fonctionnent avec douceur, on a dû jusqu'ici maintenir leur compression entre 3 et 4 kilogrammes.

Dans ces conditions la théorie indique que les consommations ne sauraient être réduites.

223. — Banki tourna la difficulté en injectant dans le cylindre des moteurs de l'eau en même temps que de l'essence.

Cet inventeur remarqua en effet que lorsque la vapeur de pétrole était mélangée de vapeur d'eau, le mélange tonnant se comportait comme les mélanges d'air et de gaz pauvre : il put ainsi réaliser des moteurs marchant avec 15 kgr. de compression. Le résultat fut ce qu'il devait être : la consommation d'essence descendit à moins de 250 gr. par Ch. H. E. Industriellement pourtant ce genre de moteur n'eut pas grand succès, parce qu'il se montra d'un réglage difficile. En effet l'eau injectée directement dans les cylindres ne pouvait se vaporiser que pendant la compression ou l'explosion et à chaque compression une partie plus ou moins abondante de cette eau passait à travers les cercles du piston. Il en résultait des irrégularités dans la combustion, très préjudiciables à la bonne marche.

On a souvent attribué les hauts rendements obtenus par Banki à la vaporisation de l'eau introduite dans les cylindres, en disant que la détente de la vapeur venait s'ajouter à celle des gaz. C'est une erreur : en effet, la vaporisation d'une quantité d'eau aux dépens de la chaleur des gaz ne peut au contraire qu'être une cause d'abaissement de rendement, attendu qu'on perd alors la chaleur latente de vaporisation de l'eau par l'échappement. La haute compression seule est cause des hauts rendements constatés.

Nous avons obtenu avec plus de facilité des résultats au moins aussi économiques que ceux trouvés par Banki, en introduisant dans le mélange tonnant non de l'eau, mais de la vapeur formée

Fig. 121. – Groupe électrogène avec moteur

Grob monté sur un chariot, voir page 363.

préalablement aux dépens de la chaleur de l'échappement. La fig. 124 donne une coupe par la distribution d'un moteur établi suivant ce principe. La soupape d'échappement est commandée par une came à la manière ordinaire, mais le levier de commande peut décrire un angle en sens inverse de son mouvement normal grâce à un creux pratiqué dans la came.

La soupape d'admission, équipée comme une soupape automatique, tend à s'ouvrir sous l'action d'un ressort secondaire qui ne peut agir que lorsqu'un levier qui le maintient comprimé devient libre.

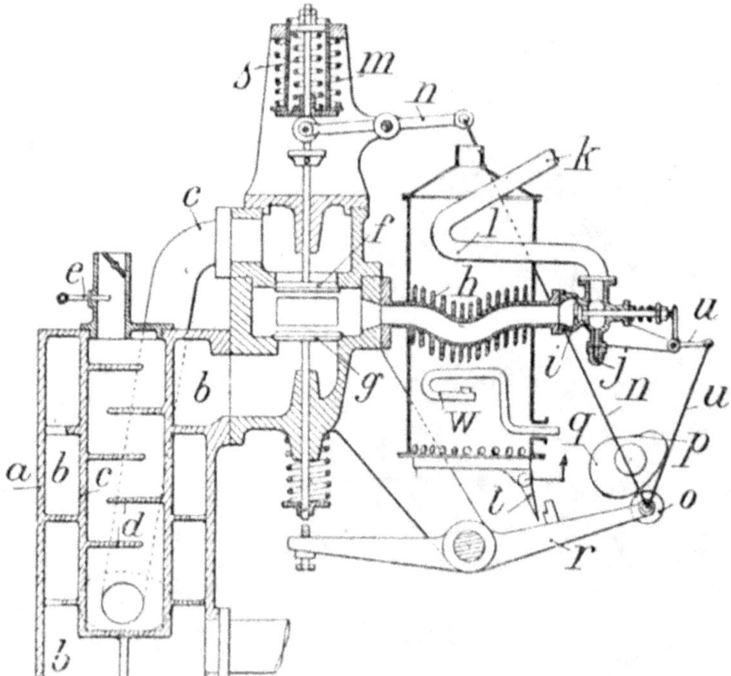

f, soupape d'admission ; *g*, soupape d'échappement ; *d*, vaporisateur d'eau *h*, vaporisateur de pétrole.

Fig. 124. — Moteur à pétrole lourd (Letombe).

L'extrémité de ce dernier levier est reliée par une bielle à l'axe du galet de commande du levier d'échappement, de sorte que la soupape d'admission ne peut agir que lorsque le galet descend dans le creux de la came.

Par l'action d'une deuxième biellette, une petite soupape d'admission de pétrole peut s'ouvrir en même temps que la soupape d'admission.

Le réglage s'opère par l'ouverture permanente de la soupape d'échappement. On voit par la liaison des mécanismes que pendant ce temps, les soupapes d'admission restent fermées. Il s'agit donc ici d'un réglage par « tout ou rien ».

Le pétrole arrive en charge par un trou percé dans le siège de la soupape d'admission placé en bout d'un tube vaporisateur à ailettes.

En même temps que le pétrole, il pénètre dans ce tube une petite quantité d'air chauffé par les gaz brûlés de la lampe de chauffage du vaporisateur.

L'air comburant arrive d'autre part par la soupape d'admission, mais après avoir traversé un pot à chicanes dans l'enveloppe duquel circulent les gaz d'échappement. Un jet d'eau réglable pénètre dans le pot en même temps que l'air, de sorte qu'il ne peut arriver au cylindre que de l'air plus ou moins saturé d'humidité. Avec ce système, on marche en toute sécurité avec des compressions de 15 kilogrammes et par conséquent dans des conditions très économiques.

La présence de la vapeur d'eau dans le mélange n'a qu'un seul inconvénient, c'est de réduire un peu la pression moyenne des diagrammes.

Pour des moteurs fixes cette réduction n'a pas grand inconvénient.

224. — Le système de moteur qui convient le mieux pour l'emploi des combustibles liquides et en particulier des combustibles à densité élevée, comme le naphte, c'est le moteur à combustion à très haute compression, genre Diesel.

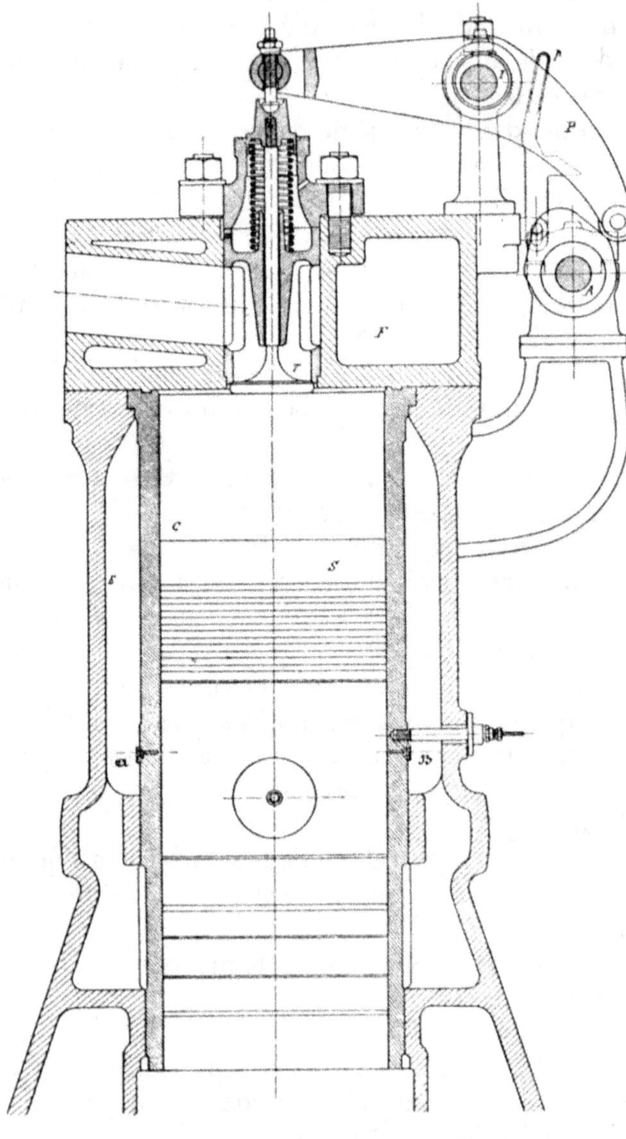

Fig. 125. — Moteur Diesel, coupe par la soupape d'admission.

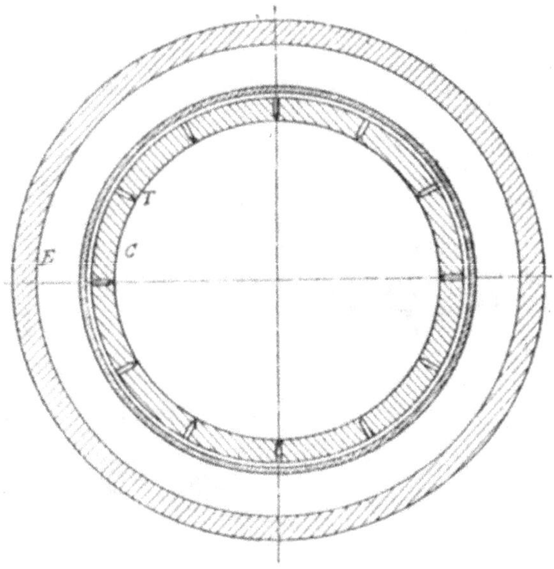

Fig. 126. — Moteur Diesel, système de graissage du cylindre.

Nous avons donné, n°s 45 et 113, la théorie de ces moteurs et nous n'y reviendrons pas : nous nous contenterons de donner ici la description du Diesel de 500 chevaux qui fut exposé par la maison Carels à l'exposition de Liège en 1905.

Le cycle des moteurs Diesel est à quatre temps. A l'aspiration, les cylindres ne prennent que de l'air pur. Cet air, comprimé jusque vers 40 kgr. pendant le deuxième temps, prend une température élevée.

C'est alors qu'au commencement de la course motrice, on injecte dans le cylindre un jet de pétrole pulvérisé par une petite quantité d'air, comprimé par des pompes à une pression supérieure au maximum de la compression normale du moteur.

Le pétrole pulvérisé brûle spontanément et sensiblement à pression constante en entrant dans l'air surchauffé par la compression.

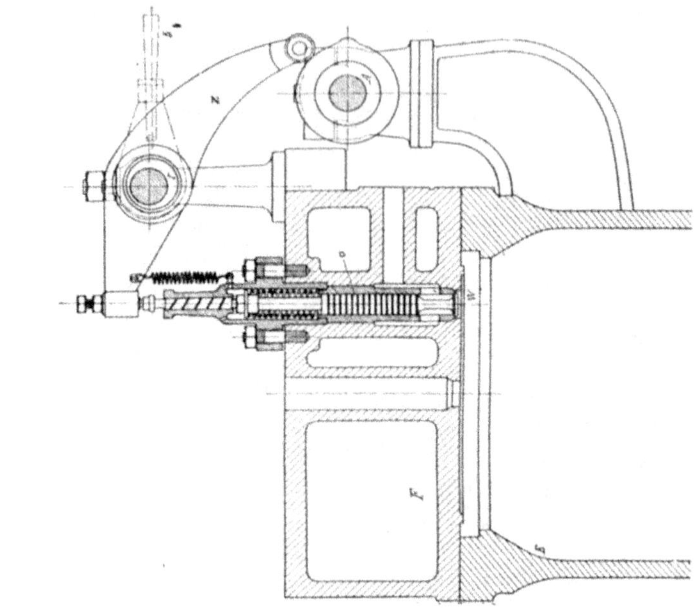

Fig. 128 – Moteur Diesel, soupape d'injection du pétrole.

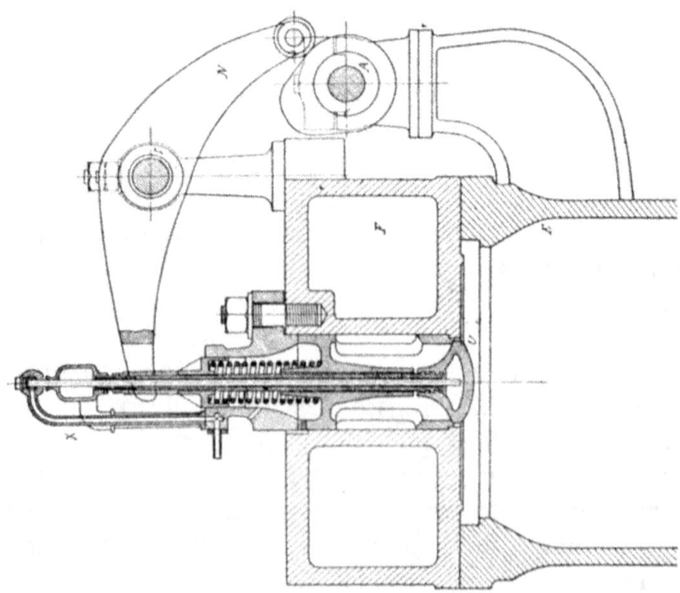

Fig. 127 – Moteur Diesel, soupape d'échappement.

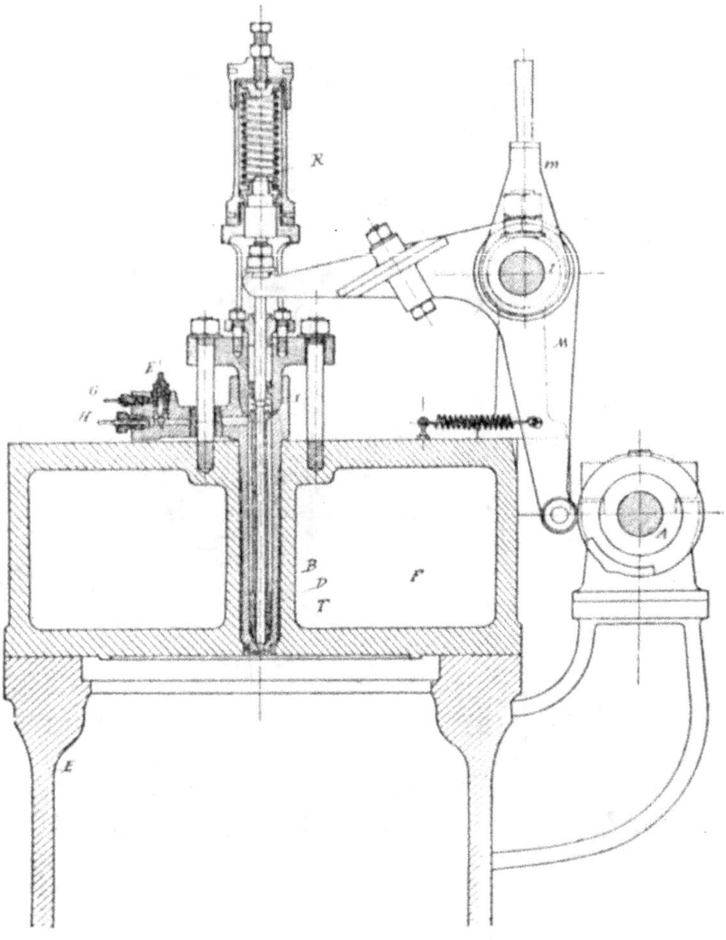

Fig. 129. — Moteur Diesel, soupape de mise en marche.

Le réglage se fait en agissant sur le débit de la pompe à pétrole. Avec ce genre de moteur, et grâce aux hautes compressions réalisées, les consommations obtenues sont très réduites : il donne couramment le ch. H. E. avec 200 à 220 grammes de pétrole lourd. On est même descendu dans des essais à 180 grammes, ce

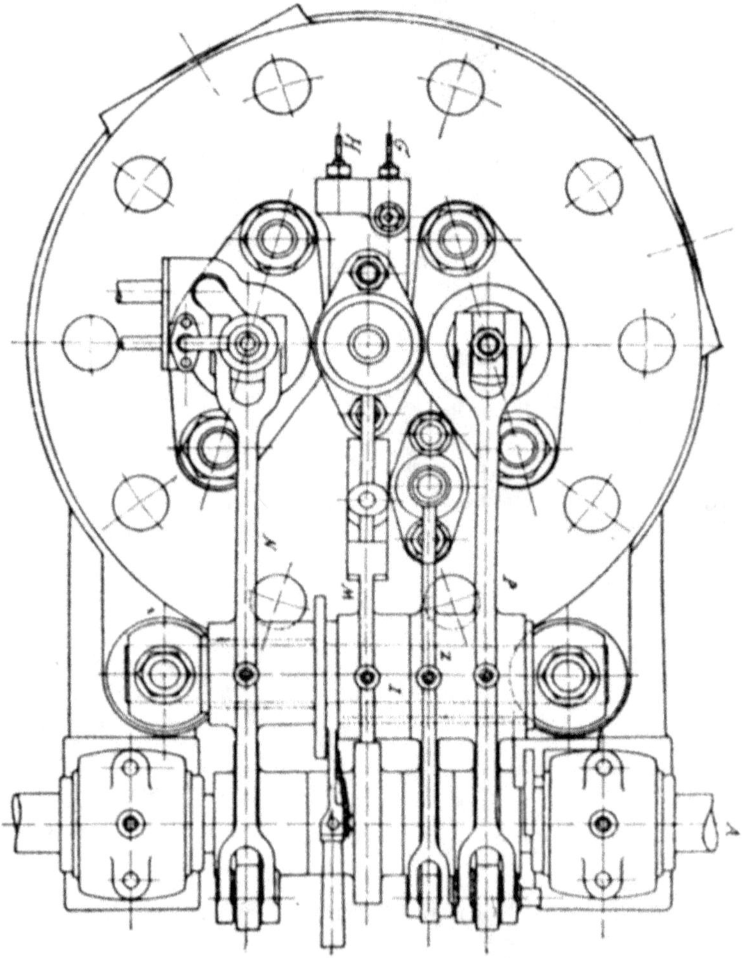

Fig. 130. — Moteur Diesel, vue en plan des leviers de distribution.

qui fait une dépense par ch. h. de 1980 calories correspondant à un rendement thermique de 32%.

C'est très beau, mais ce n'est pourtant pas mieux que ce qu'on obtient avec les grands moteurs à gaz en utilisant cependant des compressions bien moindres.

Pour réaliser d'aussi hautes compressions dans les cylindres, il faut une grande perfection dans la construction. — Les pistons doivent épouser parfaitement l'alésage des cylindres et les cercles être d'une étanchéité parfaite. Si ces conditions ne sont pas réalisées, le moteur ne peut marcher convenablement.

Le moteur de l'exposition de Liège se composait de trois cylindres jumelés avec manivelles à 120°. Les fonds de cylindre portaient tout le jeu des soupapes.

La fig. 125 montre la coupe d'un cylindre: l'enveloppe est fondue avec le bâti et le tube de frottement est rapporté. En haut de la figure on voit la soupape d'admission à siège rapporté, avec sa commande par levier recevant son mouvement d'un arbre à came placé à la partie supérieure de la machine. Le graissage des cylindres se fait par une rainure percée de trous et recouverte d'un anneau du côté de la circulation d'eau (fig. 126).

La fig. 127 montre une coupe de la soupape d'échappement à siège rapporté et à circulation d'eau et la fig. 128, la soupape d'injection de pétrole.

Sur la fig. 129, on voit une soupape de mise en route par l'air comprimé et enfin, la fig. 130 donne une vue en plan du mécanisme des leviers actionnant les différentes soupapes.

La mise en route des moteurs tant à gaz qu'à pétrole se fait maintenant toujours par l'air comprimé.

CHAPITRE VII

PUISSANCES ET CONSOMMATIONS DES MOTEURS

225. FORMULES PERMETTANT DE CALCULER LA PUISSANCE DES MOTEURS À GAZ. — 226. DÉTERMINATION DES PRESSIONS MOYENNES. — 227. MAXIMUM DES PRESSIONS MOYENNES QUE PEUVENT DONNER LES MÉLANGES TONNANTS. — 228. CALCUL DU RENDEMENT ET DES CONSOMMATIONS DES MOTEURS.

225. — La puissance des machines s'exprime en fonction de la surface utile des pistons, de la course de ces pistons, du nombre de tours de l'arbre moteur et de la pression moyenne des diagrammes.

Appelant :

S, la surface des pistons exprimée en cm^2 ;

C, la course de ces pistons en mètres ;

n, le nombre de tours de la machine ;

P*m*, la pression moyenne des diagrammes, c'est-à-dire la pression constante par cm^2 qui donnerait sur les pistons le même travail que la pression de la détente des gaz ;

pm = 0,80 P*m*, la pression moyenne effective pour tenir compte immédiatement du rendement mécanique des moteurs ;

V*m* = (2C / 60) *n*, la vitesse moyenne des pistons en mètres par seconde ;

On a pour l'expression du travail (n° 7) en *chevaux effectifs* d'un moteur à 4 temps à simple effet :

$$T = (S.pm.Vm) / (75 \times 4) = (S\ pm.Vm) / 300$$

Pour des moteurs à plusieurs cylindres ou pour des moteurs à effets multiples, en désignant par *k* le nombre de faces de pistons en travail et par *z* un coefficient de réduction pour tenir compte de la section des tiges de piston lorsqu'il y en a, la formule devient :

$$T = ((S.pm.Vm) / 300)\ k.z$$

z est égale à 0,97 pour un moteur à double effet, 0,95 pour un triple effet tandem et 0,93 pour un quadruple effet tandem.

Pour les moteurs industriels, les vitesses moyennes V*m* varient de 2,50 m à 5 m, suivant la taille des machines.

La vitesse de 4 m. est devenue tout à fait normale.

226. — Quant à la pression moyenne, elle varie naturellement avec la nature des gaz employés et le rendement thermique des moteurs, qui lui-même dépend des rapports volumétriques de compression (n° 54).

S'il s'agit d'évaluer la puissance d'un moteur en essai, on détermine P*m* en planimétrant les diagrammes relevés en marche (n° 27) et on en déduit p*m* par l'observation du travail effectif absorbé, soit par une dynamo, soit par un frein.

Pour juger de ce que peut donner une machine construite ou pour déterminer les dimensions d'une machine à construire, on se reporte généralement à des valeurs de *pm* déduites d'essais sur des moteurs existants.

On peut aussi calculer directement la pression moyenne lorsqu'on connaît le rapport volumétrique de compression n_1 et le maximum de la pression d'explosion P.

Remarquons d'ailleurs qu'il est indispensable d'être fixé sur ces valeurs avant de commencer l'étude des organes d'un moteur.

Nous avons démontré au Congrès de mécanique de 1900[24] que les pressions moyennes s'expriment par les formules suivantes, en supposant un remplissage parfait des cylindres.

24) Voir la note de la page 80.

$$Pm = \rho\,(y - 1)\ \ ((P - \pi) / (n_1 - 1))$$ pour les moteurs à explosion,

et $$Pm = \rho\,[((n_0 - 1)\pi) / (n_1 - 1)]\,[(y / (y - 1))]$$

pour les moteurs à combustion[25].

227. — Il y a une autre valeur qu'il est souvent très intéressant de connaître, c'est le maximum de puissance vers lequel peut tendre un moteur de dimensions déterminées.

Cette valeur se déduit de la pression moyenne calculée directement en tenant compte du maximum Q du pouvoir calorifique du mélange tonnant employé par la formule :

$$p \text{ max.} = 0{,}72\ [(Q \times 425^{[26]}) / 10\,000]$$

Nous avons établi le tableau ci-dessous en tenant compte des valeurs de Q, déterminées pour les mélanges tonnants les plus usuels aux n°s 123, 131, 135, 140, et des valeurs de n_1 qui conviennent à chaque nature de combustible employé.

Les valeurs des deux dernières colonnes de ce tableau correspondent à des mélanges qui contiennent strictement le volume d'air nécessaire pour une combustion complète.

Pratiquement on calcule les machines pour que, même en pleine charge, on marche avec un excès d'air de 20% environ, de façon à pouvoir parer à une variation de pouvoir calorifique accidentel des mélanges tonnants.

En pratique, on compte pour les gaz sur 4 kgr. de pression effective et pour l'essence, le benzol et l'alcool sur 4,5 à 5 kgr.

Nous pouvons remarquer, en comparant les colonnes (1), (3) et (6) de ce tableau que, contrairement à ce qu'on fait généralement, pour apprécier la puissance maximum que peut donner un moteur avec un combustible déterminé, ce n'est pas le pouvoir calorifique du combustible lui-même qu'il faut considérer, mais le pouvoir

25) Les ρ s'expriment par les formules du chapitre VII. Pour tenir compte du remplissage toujours imparfait des cylindres et de l'échauffement des gaz pendant l'admission, les chiffres trouvés doivent être multipliés par 0,90.

26) 425 est l'équivalent mécanique du travail. Le coefficient 0,72 = 0,9 x 0,8 tient compte du remplissage des cylindres et du rendement mécanique.

calorifique du mélange tonnant que ce combustible peut former avec l'air, sans excès d'oxygène. Il faut en outre tenir compte de la valeur des compressions dont sont susceptibles les mélanges employés, c'est-à-dire des valeurs de n_1.

Maximum des pressions moyennes effectives
(Cycle B. de Rochas).

POUVOIR calorifique inférieur du combustible	NATURE du COMBUSTIBLE	VALEUR de n_1	POUVOIR calorifique max. du mélange tonnant	p. MAX. indiquée	p. MAX. effective
(1)	(2)	(3)	(4)	(5)	(6)
au m³			au m³		
5000	Gaz de distillation	4	590	6,21	4,96
2600	Gaz à l'eau	4	605	6,40	5,12
1200	Gaz pauvre.	7	467	6,35	5,08
950	Gaz de H.-F.	8	436	6,27	5,01
au litre			au litre		
7500	Essence de pétrole.	3,5	778	7,45	5,95
8800	Benzol	3,5	792	7,06	6,07
4450	Alcool (à 90°) . . .	5	834	8,05	7,65

On constate ainsi que les gaz pauvres sont capables de donner les mêmes puissances que les gaz riches, malgré leur pouvoir calorifique moindre, simplement parce qu'ils supportent des compressions plus élevées que ces derniers[27].

Il est remarquable de constater que parmi les liquides combustibles, c'est l'alcool, dont le pouvoir calorifique est de beaucoup le plus bas, qui permet de pousser le plus les machines.

228. — Pour les moteurs fixes, ce qu'il importe surtout de pouvoir déterminer ce sont les consommations de combustibles. Ces consommations sont directement proportionnelles aux rendements thermiques des moteurs.

27) A compressions égales, la remarque ne serait pas vraie.

Nous avons appris à calculer ces rendements dans les chapitres VII et VIII et la figure 79 montre comment ceux-ci varient en fonction des compressions, c'est-à-dire de n_1 pour un cycle *B.* de Rochas.

Étant donné que le cheval-heure vaut théoriquement 636 calories, on peut déduire de la connaissance des rendements les consommations par cheval en calories : il est ensuite facile de passer aux consommations de combustible lorsqu'on connaît leur pouvoir calorifique.

Les chiffres de rendement obtenus directement par le calcul sont trop élevés parce qu'ils ne tiennent pas compte de l'imperfection des machines réelles. Il faut donc faire usage, pour se rapprocher des rendements vrais, d'un certain coefficient de réduction qui peut s'évaluer de la manière suivante :

La contraction des gaz après combustion fait perdre environ 5% et les combustions incomplètes également 5%. D'autre part il n'existe pas de machines sans quelques légères fuites, soit par les soupapes, soit par les pistons ; les échappements anticipés, les pertes de charge à l'aspiration et à l'évacuation donnent également lieu à des travaux négatifs.

En évaluant ces dernières pertes en bloc à 10%, on considère implicitement que le moteur considéré est très bien construit. Il s'ensuit que les rendements calculés devront être multipliés par :

$$0,95 \times 0,95 \times 0,90 = 0,81$$

pour obtenir le rendement réel indiqué[28].

Le rendement effectif s'obtiendra en multipliant le chiffre précédent par 0,8, valeur moyenne des rendements mécaniques des moteurs ; on obtient ainsi le coefficient 0,65.

28) D'autre part, pour les calculs de rendements, on tient suffisamment compte des déformations des diagrammes dues à l'action spéciale des parois en adoptant pour valeur de γ le nombre 1,3.

- Coefficient de réduction 0,65.
- Coefficient de réduction 0,48.
- En divisant par 10 les chiffres de cette colonne, on a sensiblement les consommations des moteurs par ch.-H-E en gr. d'essence ou de benzol.

Nous avons réuni dans un tableau les résultats du calcul pour des valeurs croissantes du rapport volumétrique de compression n_1. Les consommations y sont exprimées en litres de gaz d'éclairage et en grammes de charbons consommés dans les gazogènes.

Pour ces derniers chiffres, le coefficient de réduction devient 0,65 x 0,74 = 0,48 pour tenir compte du rendement propre des gazogènes et des pertes entre les gazogènes et les moteurs.

RAPPORT volumétrique de compression n_1	COMPRESSIONS en atmosphères π	COMPRESSIONS effectives en kgr.	RENDEMENTS théoriques ρ	Consommations par ch.-H. effectif — EN GAZ (1) — en calories (3)	EN GAZ (1) — en litres DE GAZ à 5000 c.	EN CHARBON (2) — en calories	EN CHARBON (2) — en gram. de charbon à 7200 c.	EN CHARBON (2) — en gram. de charbon à 8000 c.
2	2,46	1,38	18,5	5280	1055	7150	992	894
3	4,17	3,02	18	3490	698	4740	658	592
4	6,06	4,85	34	2875	575	3895	540	495
5	8,1	6,82	38	2570	515	3490	485	436
6	10,3	9	41	2380	476	3230	448	404
7	12,54	11,2	44,2	2210	442	3000	417	375
8	15	13,5	46,5	2100	420	2850	396	356
10	17,4	15,85	48,3	1950	391	2650	368	331
15	33,8	31,7	55,5	1760	352	2390	332	299
20	49	46,4	59,1	1655	331	2240	311	280

Même avec des gaz très pauvres on ne dépasse pas n_1=8. Nous avons néanmoins complété les calculs jusqu'à n_1= 20 pour montrer que si les rendements continuent à croître avec l'augmentation des compressions, cet accroissement, à partir d'un certain point, devient de plus en plus faible. C'est ainsi qu'on constate qu'en passant de 2,5 à 15 atm. de compression, le rendement croît de 60%, mais que de 15 atm. à 49, il ne croit plus guère que de 20%. Pourtant dans le 1er cas l'augmentation de compression est de 12,5 atm., alors que dans le 2e elle est de 34, soit près de trois fois plus.

Lorsque dans des essais on trouve des consommations inférieures à celles relevées dans le tableau ci-dessus, il y a lieu de douter des résultats obtenus, à moins qu'il ne s'agisse d'un cycle autre que celui de Beau de Rochas, bien entendu[29].

Dans tous les cas pour juger de la valeur d'un moteur, connaître le résultat d'un essai de consommation ne suffit pas: il est absolument indispensable de connaître en même temps les pouvoirs calorifiques exacts supérieur et inférieur du combustible employé et le rapport volumétrique de compression.

Avec les grands moteurs à gaz on obtient maintenant assez couramment des consommations en calories-gaz par ch. H.-E de 2300 calories et en calories-charbon de 3000. C'est inférieur de 50% environ à tout ce qu'on peut obtenir de mieux en vapeur même pour des marches d'essais.

Ces résultats expliquent l'énorme développement pris par les moteurs à gaz surtout en Allemagne et en Angleterre. Il est certain qu'en France, lorsque le moteur à gaz sera mieux connu, il tendra, comme à l'étranger, à prendre la place des machines à vapeur même pour les grandes puissances.

29) M. A. Witz a. trouvé en 1902, pour une de nos installations de 300 chevaux à gaz pauvre, une consommation par ch.-H.-E. de 372 gr. de charbon d'Anzin, la compression de régime étant inférieure à 10 kgr., mais ce moteur était à détente prolongée. La prolongation de la détente a l'inconvénient de nécessiter des cylindres très gros. C'est ainsi que le moteur dont il s'agit, réglé pour 300 ch., avait des dimensions de cylindre correspondant à un moteur de 400 ch. marchant suivant un cycle B. de Rochas,

Table des Matières

Première Partie
THÉORIE DES MOTEURS THERMIQUES

CHAPITRE I - Généralités sur l'Énergie 13

1. La matière et l'énergie. — 2. La chaleur solaire source d'énergie universelle. — 3. Utilisation des forces dites naturelles. — 4. Différentes formes de l'énergie. — 5. Exemples de transformation d'énergie.

CHAPITRE II – Éléments de Mécanique 20

6. Force. — 7. Travail. — 8. Puissance. — 9. Unités industrielles de puissance. — 10. Accélération. — 11. Vitesses. — 12. Masse. — 13. Différentes sortes d'accélération. — 14. Force centrifuge. — 15. Puissance vive. — 16. Moteurs thermiques.

CHAPITRE III – De la transformation de la chaleur en travail 28

17. Emploi d'un fluide élastique. — 18. La machine thermique élémentaire ; nécessité d'une perte de chaleur. — 19. Machines thermiques à pression.

CHAPITRE IV – Représentation graphique des états d'un gaz 34

20. Équivalent mécanique de la chaleur. — 21. Hypothèse des gaz parfaits. — 22. Loi de Mariotte. — 23. Loi de Gay-Lussac. — 24. Équation générale des gaz. — 25. Chaleurs spécifiques. — 26. Diagrammes en pression-volumes. — 27. Le travail est représenté par une surface. — 28. Équivalent

calorifique du travail. — 29. Évolutions réversibles. — 30. Propriétés des cycles fermés réversibles. — 31. Lignes isothermiques — 32. Lignes de pression constante. — 33. Lignes de volumes constants. — 34. Lignes adiabatiques. — 35. Construction des adiabatiques. — 36. Propriétés des courbes adiabatiques et isothermiques. — 37. Expression du travail effectué en suivant ces courbes. — 38. Entropie et diagramme entropique.

CHAPITRE V – Cycle de Carnot....................................51

39. Définition du cycle de Carnot. — 40. Cycle de Carnot en diagramme entropique. — 41. Calcul du rendement d'un cycle de Carnot. — 42. Entre deux températures données, le rendement du cycle de Carnot est maximum. — 43. Inutilité de comparer le rendement des cycles réels à celui d'un cycle de Carnot. 51

CHAPITRE VI – Cycles des machines à pistons 56

44. Machines élémentaires à pistons à mouvements alternatifs. — 45. Principe du fonctionnement d'un moteur à gaz moderne. — 46. Le cycle réel d'un moteur est-il assimilable à un cycle fermé réversible. — 47. Le principe do l'équivalence est général. — 48. Le rendement d'un cycle réel ne peut être qu'inférieur au cycle fermé réversible qu'il représente.

CHAPITRE VII – Étude des cycles principaux des moteurs à combustion interne.......63

49. Choix des notations. — 50. Formes particulières que peuvent prendre les équations des gaz. — 51. Cycle Beau de Hochas. — 52. Formules de détermination des volumes, pressions et températures des différents points remarquables du cycle. — 53. Différentes expressions de rendement du cycle. — 54. Le rendement croit avec la compression, mais non proportionnellement à celle-ci. — 55. Constance théorique du rendement pour des mélanges tonnants variables. — 56. Inconvénients du réglage qualitatif. — 57. Démonstration sans calcul de l'avantage des compressions élevées. — 58 Avantages des compressions adiabatiques :leur réversibilité. — 59. Inutilité de chercher à réaliser des compressions isothermiques dans les moteurs à gaz. — 60. Cycles à volume constant à détente complète. — 61. Limites inférieure et supérieure de rendement dans ce cas.

— 62. Théorème I. — Conditions d'égalité de rendement des cycles ayant même courbe de compression adiabatique. — 63. Principes importants résultant de la démonstration du théorème I. — 64. Cycles à combustion à pression constante et détente limitée.

CHAPITRE VIII – Cycles complexes 84

65. Décomposition d'un cycle quelconque en cycles élémentaires. — 66. Théorème II : le rendement d'un cycle quelconque est égal à la somme algébrique des rendements des cycles qui le composent. 67. Théorème III : à détente et pression d'explosion égales, le rendement d'un cycle croit quand la compression augmente. — 68. Principe du réglage par sur-compression — 69. Données indispensables à connaître pour juger des qualités d'un moteur. — 70. Cycle mixte à explosion et combustion à détente prolongée. — 71. Cycle ordinaire des moteurs à gaz. — 72. Exemple d'un calcul de rendement. — 73 Importance d'une combustion courte, qui suit une explosion. — 74. Inconvénients d'une combustion prolongée. — 75. Cycles à combustion irrégulière. — 76. Cycles à combustion isothermique. — 77. Remarques sur les chaleurs spécifiques des gaz. — 78. Les chaleurs spécifiques des gaz considérés comme permanents sont constantes. — 79. Conditions d'application des formules de rendement.

CHAPITRE IX – De l'action de paroi dans les moteurs à combustion interne.............105

80. Utilité des enveloppes d'eau des cylindres. — 81. La chaleur qui passe à travers la paroi n'est pas transformable en travail. — 82. Exemples faisant prévoir l'action particulière des parois. — 83. Précautions à prendre pour faire des constatations exactes. — 84. Cas d'une perte réelle à la paroi. — 85. Influence de la paroi froide à la mise en marche des moteurs. — 86. La différence de température entre les parois interne et externe d'un cylindre est toujours considérable. — 87. Par contact direct l'absorption de chaleur entre deux molécules est instantanée. — Expérience de M. Marcel Deprez.— 88. Répartition de la chaleur dans la paroi d'un cylindre. — 89. Théorie de l'action de paroi.

Deuxième Partie
HISTOIRE DES MOTEURS À GAZ

CHAPITRE I – Moteurs sans compressions 123
90. IDÉES DE LEBON. — 91. MOTEUR LENOIR. — 92. MOTEURS OTTO ET LANGEN. — 93. MOTEUR BISCHOP.

CHAPITRE II – Moteurs à compression préalable 129
94. MOTEUR OTTO À 4 TEMPS. -- 95. TIROIR DE DISTRIBUTION DU MOTEUR OTTO. — 96. MOTEUR CROSSLEY. — 97. PREMIERS MOTEURS À CIEUX TEMPS. — 98. MOTEUR DUGALD CLEREK. — 99. MOTEUR BENZ. — 100. MOTEUR RAVEL. — 101. MOTEUR DENIER. — 102. MOTEUR GRIFFIN. — 103. MOTEUR ATKINSON. — 104. MOTEUR CHARON — 105. MOTEUR DELAMANE. 106. MOTEUR LETOMBE À ADMISSION VARIABLE ET À DOUBLE EFFET. — 107. MOTEUR NIEL À DOUBLE EFFET. — 108. PREMIER DOUBLE-EFFET TANDEM. — 109. MOTEUR TRIPLEX. — 110. MOTEURS À COMBUSTION; MOTEUR DRAYTON. — 111. MOTEUR GARDIE. — 112. MOTEUR CAPITAINE. — 113. MOTEUR DIESEL

Troisième Partie
ÉTUDES DES GAZ COMBUSTIBLES

CHAPITRE I – Gaz riches 167
114. GAZ DE VILLE: SA FABRICATION. — 115. RENDEMENT EN CALORIES D'UN FOUR À CORNUES. — 116. PRIX GLU GAZ D'ÉCLAIRAGE. — 117. CAS OÙ L'EMPLOI DU GAZ DE VILLE POUR ALIMENTER DES MOTEURS À GAZ EST AVANTAGEUX. — 118. COMPOSITION DES GAZ D'ÉCLAIRAGE. — 119. CONTRACTION DES MÉLANGES DE GAZ ET D'AIR APRÈS COMBUSTION. — 120. CALCUL DU POUVOIR CALORIFIQUE. — 121. DÉTERMINATION DU VOLUME DES GAZ BRÛLÉS: EFFET D'UNE CONTRACTION. — 122. CONDITIONS À OBSERVER POUR ÉVITER LES COMBUSTIONS INCOMPLÈTES. — 123. DÉTERMINATION DU POUVOIR CALORIFIQUE DU MÉLANGE DE GAZ DE VILLE ET D'AIR. — 124. GAZ NATUREL. — 125. GAZ DE FOURS À COKE. — 126. COMPOSITION DES GAZ DE FOURS À COKE. — 127. PRINCIPE DE LA FABRICATION DU GAZ À L'EAU. — 128. COMPOSITION DU GAZ À L'EAU. — 129. APPLICATIONS. — 130. LE GAZ À L'EAU CONVIENT PEU AUX MOTEURS À GAZ. — 131. DÉTERMINATION DU POUVOIR CALORIFIQUE D'UN MÉLANGE DE GAZ À L'EAU ET D'AIR. — 132. GAZ D'HUILE. VAPEURS DE PÉTROLE.

CHAPITRE II – Gaz pauvres 186

133. GAZ DE GAZOGÈNE. — 134. COMPOSITION MOYENNE DES GAZ DE GAZOGÈNE. — 135. CALCUL DU POUVOIR CALORIFIQUE D'UN MÉLANGE DE GAZ PAUVRE ET D'AIR. — 136. GAZ DE HAUTS-FOURNEAUX. — 137. COMPOSITION MOYENNE DES GAZ DE HAUTS-FOURNEAUX. — 138. RENDEMENT THERMIQUE D'UN HAUT-FOURNEAU. — 139. PUISSANCE DISPONIBLE PAR LES GAZ D'UN HAUT-FOURNEAU. — 140, CALCUL DU POUVOIR CALORIFIQUE D'UN MÉLANGE DE GAZ DE HAUT-FOURNEAU ET D'AIR.

Quatrième Partie
ÉTUDE DES MOTEURS MODERNES

CHAPITRE I – Principes généraux 199

141. — PRÉFÉRENCE EXCLUSIVE DES MOTEURS À COMPRESSION PRÉALABLE. — 142. PRINCIPES DES MOTEURS À QUATRE TEMPS. — 143. FORME ÉLÉMENTAIRE DE CES MOTEURS. — 144. PRINCIPE DES MOTEURS À DEUX TEMPS. — 145. FORME ÉLÉMENTAIRE D'UN MOTEUR À DEUX TEMPS.

CHAPITRE II – Description des moteurs à quatre temps à simple effet 206

146. ORGANES PRINCIPAUX DES MOTEURS À QUATRE TEMPS. — 147. BÂTI. — 148. COUSSINETS. — 149. CYLINDRE. — 150. ARBRE. — 151. GRAISSAGE DE L'ARBRE. — 152. BIELLE MOTRICE. — 153. PISTON. — 154. GRAISSAGE DU PISTON. — 155. EMPLACEMENT DES BOÎTES DE DISTRIBUTION. — 156. ORGANES ACCESSOIRES.

CHAPITRE III – Description des moteurs à effets multiples..................................225

157. DÉFINITION DES MOTEURS À EFFETS MULTIPLES. — 158. LES DIFFÉRENTES DISPOSITIONS EMPLOYÉES SUCCESSIVEMENT. — 159. POIDS DES VOLANTS DES MOTEURS À EFFETS MULTIPLES COMPARÉS À CEUX DES MOTEURS À SIMPLE EFFET. — 160. IMPORTANCE DE L'ALLUMAGE. — 161. DESCRIPTION DES MOTEURS TRIPLE EFFET TANDEM. — 162. AVANTAGES DES DISTRIBUTIONS INDÉPENDANTES. — 163. GROUPEMENTS DE MOTEURS À SIMPLE EFFET. — 164. MOTEURS VERTICAUX. — 165. MOTEURS À PISTONS DIFFÉRENTIELS.

CHAPITRE IV – Les moteurs à gaz de grande puissance 242

166. Progrès des grands moteurs. — 167. Détails généraux de forme et de construction. — 168. Formes à donner aux cylindres ; positions des boîtes à soupapes. — 169. Description de quelques dispositifs de boîtes à soupapes. — 170. Construction des pistons et des arbres. 171. Les garnitures de tiges de piston. — 172. Moteurs à deux temps : moteur Oechelhauser. — 173. Moteur Koerting. — 174. Moteurs double-ciel tandem à quatre temps ; moteur Letombe.

CHAPITRE V – Systèmes de distribution et de réglage des moteurs à gaz................276

175. Du réglage par appauvrissement. — Avantage théorique, inconvénients pratiques. — 176. Des réglages par tout ou rien. — 177. Quelques dispositifs de réglage par « tout ou rien ». — 178. Régulateur à ressort (Niel). — 179. Réglages qualitatifs modernes. Réglage par sur-compression (Letombe). — 180. Mécanismes de réglage par sur-compression. — 181. Mécanismes de réglage qualitatif. — 182. Conditions à remplir pour un bon réglage. Nécessité de faire des machines économiques à charges réduites. — 183. Avantages des réglages quantitatifs. — 184. Dispositifs pour supprimer les forts ressorts de soupape. — 185. Tracé graphique des variations de rendements thermiques des moteurs à explosion en fonction des compressions. — 186. Description de quelques systèmes de réglage quantitatif.

CHAPITRE VI – Mécanismes d'allumage 307

187. Conditions que doit remplir un bon allumage. — 188. Allumage par transport de flamme (Kœrting). — 189. Allumage à tube (Guillou). — 190. Allumages électriques par bobines et accumulateurs ou piles. — 191. Bobines à trembleurs. — 192. Distributeur de courant primaire. —193. Installation d'un allumage par bobine. — 194. Dispositifs d'avance à l'allumage. — 195. Piles et accumulateurs. — 196. Allumages par bobines des moteurs à effets multiples. — 197. Distributeur d'étincelles pour quatre allumages. — 198. Bougies d'allumage à haute tension. —199. Emploi pour l'allumage de courants de haute fréquence. — 200. Allumage à basse tension et à rupture par magnéto. — 201. Description de magnétos. — 202. Commandes de magnétos à déclenchements. — 203. Inflammateur à rupture. — 204. Magnétos rotatives. — 205. Commandes pneumatiques des

RUPTEURS. — 206. ALLUMAGES ÉLECTROMAGNÉTIQUES. — 207. MAGNÉTOS À HAUTE TENSION.

CHAPITRE VII – Moteurs à combustibles liquides..........340

208. CONDITIONS D'EMPLOI DES COMBUSTIBLES LIQUIDES. — 209. ORIGINE DES PÉTROLES. — 210. LEUR COMPOSITION ET LEUR POUVOIR CALORIFIQUE. — 211. MAXIMUM DU POUVOIR CALORIFIQUE D'UN MÉLANGE D'AIR ET DE VAPEUR DE PÉTROLE. — 212. LE BENZOL : AVANTAGES ET INCONVÉNIENTS RÉSULTANT DE L'EMPLOI DE CE PRODUIT. — 213. COMPOSITION ET POUVOIR CALORIFIQUE DU BENZOL ET DES VAPEURS DE BENZOL ET D'AIR. — 214. L'ALCOOL INCONVÉNIENT DE SON PRIX DO REVIENT ÉLEVÉ. — 215. COMPOSITION ET POUVOIR CALORIFIQUE DE L'ALCOOL ET DES VAPEURS D'ALCOOL ET D'AIR. — 216. LES CARBURATEURS : DESCRIPTION D'UN LONGUEMARRE. — 217. MOTEUR DAIMLER À ESSENCE. — 218. EMPLOI DU PÉTROLE LAMPANT ; LE MOTEUR PRIESTMANN. — 219. MOTEURS TYPE CROB. — 220. RÉGULATION PAR OUVERTURE PERMANENTE DE L'ÉCHAPPEMENT. — 221. MOTEURS TYPE HORNSBY. — 222. RENDEMENTS DE CES MOTEURS. — 223. MOTEURS MIXTES BANKI ET LETOMBE. — 224. MOTEURS À COMBUSTION : MOTEUR DIESEL.

CHAPITRE VII – Puissances et consommations des moteurs...378

225. FORMULES PERMETTANT DE CALCULER LA PUISSANCE DES MOTEURS À GAZ. — 226. DÉTERMINATION DES PRESSIONS MOYENNES. — 227. MAXIMUM DES PRESSIONS MOYENNES QUE PEUVENT DONNER LES MÉLANGES TONNANTS. — 228. CALCUL DU RENDEMENT ET DES CONSOMMATIONS DES MOTEURS.

Imprimé en France
Lightning Source - 78310 Maurepas

SCIENCES & TECHNIQUES

www.decoopman.com

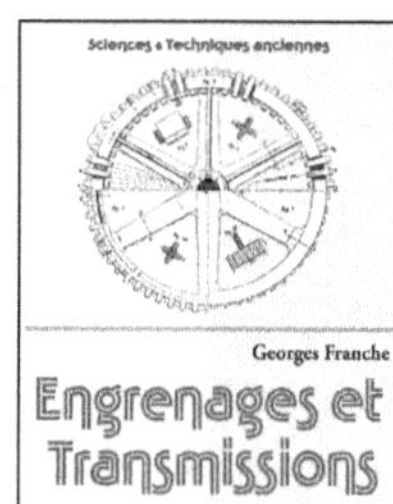

Sciences & Techniques

www.decoopman.com

www.ingramcontent.com/pod-product-compliance
Lightning Source LLC
La Vergne TN
LVHW010645051026
849532LV00001B/185
* 9 7 8 2 9 1 7 2 5 4 8 0 6 *